普通高等教育"十一五"国家级规划教材

高等学校自动化类专业系列教材

控制仪表及装置

第五版

孙自强 吴勤勤 刘 笛 等 编著

U0301621

化学工业出版社

·北京·

内容简介

本书详细介绍了过程控制中常见的变送器和转换器、模拟式控制器、数字式控制器、执行器、可编程控制器、集散控制系统和现场总线控制系统等的功能特点、结构原理和使用方法。

本书是第四次修订，结构上不再设立模拟式和数字式两大篇。在内容上进行了部分增删，力求反映当代自动化仪表的先进水平。适当增加了安全仪表系统概述，以满足教学需求。为便于读者自学，各章还附有思考题与习题。

本书可作为高等院校自动化、测控技术及仪器等相关专业的教材，还可供工矿企业职业培训及相关技术人员参考。

图书在版编目（CIP）数据

控制仪表及装置 / 孙自强等编著. — 5 版. —北京：
化学工业出版社，2023.3
普通高等教育"十一五"国家级规划教材
ISBN 978-7-122-42587-4

Ⅰ. ①控⋯ Ⅱ. ①孙⋯ Ⅲ. ①过程控制-检测仪表-
高等学校-教材 Ⅳ. ①TP216

中国版本图书馆 CIP 数据核字（2022）第 228698 号

责任编辑：郝英华	文字编辑：吴开亮
责任校对：李 爽	装帧设计：史利平

出版发行：化学工业出版社（北京市东城区青年湖南街 13 号　邮政编码 100011）
印　　刷：北京云浩印刷有限责任公司
装　　订：三河市振勇印装有限公司
787mm×1092mm　1/16　印张 18½　字数 480 千字　2023 年 6 月北京第 5 版第 1 次印刷

购书咨询：010-64518888　　　　　　　　售后服务：010-64518899
网　　址：http://www.cip.com.cn
凡购买本书，如有缺损质量问题，本社销售中心负责调换。

定　　价：68.00 元

前言

本书是在 2013 年出版的《控制仪表及装置》（第四版）基础上，为适应自动化技术迅速发展的形势而修订的。

《控制仪表及装置》以电子技术、微机原理、控制工程和计算机网络技术为基础，系统地阐述控制仪表与装置的结构、特点、功能和应用。全书共分七章，分别为变送器和转换器、模拟式控制器、数字式控制器、执行器、可编程控制器、集散控制系统和现场总线控制系统。

新版教材对前一版作了修改。在内容方面做了适当的增删，主要体现在：概论部分增加了安全仪表系统概述，变送器和转换器部分增加了智能变送器，执行器部分增加了智能阀门定位器，模拟式控制器部分内容予以精简；对数字式控制器、可编程控制器等部分予以精简、更新和补充，以满足自动化和仪表类专业的教学要求。

本书强调仪表的构成原理和分析方法，突出重点、抓住典型，注重理论联系实际，并引入最新仪表技术和研究成果，力求在内容上反映自动化仪表的先进水平。

修订工作由孙自强、吴勤勤负责。参加本次教材修订的还有王华忠（第三章、第五章）、刘笛（第六章）等。

由于编著者水平有限，书中难免存在不足之处，恳请读者批评指正。

编著者
2023 年 3 月

目录

概　论

第一章　变送器和转换器

第二章　模拟式控制器

第五章 可编程控制器

第六章 集散控制系统

第七章　现场总线控制系统

附　录　本书主要符号说明

参考文献

概　论 ▶▶

第一节　控制仪表与控制系统

控制仪表是实现生产过程自动化的重要工具。在自动控制系统中，检测仪表将被控变量转换成测量信号后输送给控制仪表，以便控制生产过程的正常进行，使被控变量达到预期的要求。

这里所指的控制仪表包括在自动控制系统中广泛使用的控制器、变送器、运算器、执行器等，以及新型控制仪表及装置。

图 0-1（a）表示由控制仪表与控制对象组成的简单控制系统框图。控制对象代表生产过程中的某个环节，控制对象输出的是被控变量，如压力、流量、温度等工艺变量。这些被控变量首先由检测元件变换为易于传递的物理量，再经变送器转换成相应的电信号。该电信号送到控制器中与给定值比较。控制器按照比较后得出的偏差，以一定的控制规律发出控制信号，控制执行器的动作，改变被控介质物料的数量或能量的大小，直至被控变量与给定值相等为止。

图 0-1（b）所示为由加热炉、温度变送器、控制器和执行器构成的一个单回路温度控制系统。温度变送器将温度信号转换为电信号，在控制仪表的作用下，通过执行器将加热炉的出口温度控制在规定范围之内。

一个控制系统除了图 0-1 中表示的几类控制仪表以外，还可根据需要设置转换器、运算器、操作器、显示装置和各种仪表系统，以完成复杂的控制任务。

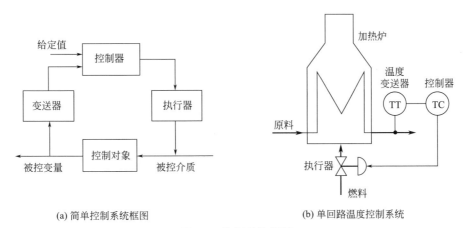

(a) 简单控制系统框图　　　　　　　　(b) 单回路温度控制系统

图 0-1　控制系统简图

第二节　控制仪表及装置的分类

控制仪表及装置可按能源形式、信号类型和结构形式进行分类。

一、按能源形式分类

控制仪表按能源形式可分为气动、电动、液动等几类。工业上通常使用气动控制仪表和电动控制仪表。

气动控制仪表的发展和应用已有数十年历史，20 世纪 40 年代起就已广泛用于工业生产。它的特点是结构简单、性能稳定、可靠性高、价格便宜，且为本质安全防爆型，特别适用于石油、化工等有爆炸危险的场所。

电动控制仪表的出现要晚些，但由于其能源获取、信号传输及放大、变换处理比气动控制仪表容易得多，又便于实现远距离监视和操作，因而这类仪表的应用更为广泛。电动控制仪表的防爆问题，由于采取了本质安全防爆措施，也得到了很好的解决，它同样能应用于易燃易爆的危险场所。鉴于电动控制仪表及装置的迅速发展与大量使用，本书予以重点介绍。

二、按信号类型分类

控制仪表按信号类型可分为模拟式和数字式两大类。

模拟式控制仪表的传输信号通常为连续变化的模拟量。这类仪表线路较简单，操作方便，价格较低，在设计、制造、使用上均有较成熟的经验，长期以来，被广泛地应用于各工业部门。

数字式控制仪表的传输信号通常为断续变化的数字量。20 多年来，随着微电子技术、计算机技术和网络通信技术的迅速发展，数字式控制仪表和新型计算机控制装置相继问世，并越来越多地应用于生产过程自动化中。这些仪表和装置以微处理器为核心，功能完善，性能优越，能解决模拟式控制仪表难以解决的问题，可满足现代化生产过程的高质量控制要求。

三、按结构形式分类

控制仪表按结构形式可分为基地式控制仪表、单元组合式控制仪表、集散控制系统以及现场总线控制系统。

1. 基地式控制仪表

基地式控制仪表是以指示、记录仪表为主体，附加控制机构而组成。它不仅能对某变量进行指示或记录，还具有控制功能。基地式模拟控制仪表一般结构比较简单；基地式数字控制仪表则功能较为齐全，具有较高的性价比。这类仪表常用于单机自动化系统。

2. 单元组合式控制仪表

单元组合式控制仪表是根据控制系统中各个组成环节的不同功能和使用要求，将仪表做成能实现某种功能的独立单元，各单元之间用统一的标准信号来联系。将这些单元进行不同的组合，可以构成多种多样、复杂程度各异的自动检测和控制系统。

单元组合式控制仪表可分为变送单元、转换单元、控制单元、运算单元、显示单元、执行单元、给定单元和辅助单元八大单元。

我国生产的电动单元组合仪表（DDZ）和气动单元组合仪表（QDZ）经历了Ⅰ型、Ⅱ型、Ⅲ型三个发展阶段，之后又推出了较为先进的模拟技术和数字技术相结合的DDZ-S型系列仪表和组装式综合控制装置。这类仪表使用灵活，通用性强，适用于中、小型企业的自动化系统。过去的数十年，它们在实现我国工业生产过程自动化中发挥了重要作用。

3. 集散控制系统

集散控制系统（DCS）是以微型计算机为核心，在控制（Control）技术、计算机（Computer）技术、通信（Communication）技术、屏幕显示技术（CRT）四"C"技术迅速发展的基础上研制成的一种计算机控制装置。它的特点是分散控制、集中管理。

"分散"指的是由多台专用微机（例如DCS中的基本控制器或其他现场级数字式控制仪表）分散地控制各个回路，这可使系统运行安全、可靠。将各台专用微机或现场级控制仪表用通信电缆同上一级计算机和显示、操作装置相连，便组成集散控制系统。"集中"则是指集中监视、操作和管理整个生产过程。这些功能由上一级的监控、管理计算机和显示操作站来完成。

工业上使用较多的数字式控制仪表和可编程控制器可以与DCS配合使用。数字式控制仪表外形结构、面板布置保留了模拟式控制仪表的一些特征，但其功能更为丰富，通过组态可完成各种运算处理和复杂控制。可编程控制器以开关量控制为主，也可实现对模拟量的控制，并具备反馈控制功能和数据处理能力，它具有多种功能模块，配接方便。它们均有通信接口，能方便地与计算机装置连用，构成不同规模的分级控制系统。

4. 现场总线控制系统

现场总线控制系统（FCS）是20世纪90年代发展起来的新一代工业控制系统。它是计算机网络技术、通信技术、控制技术和现代仪器仪表技术的最新发展成果。现场总线的出现改变了传统控制系统（即DCS）的结构，它将具有数字通信能力的现场智能仪表连成工厂底层网络系统，并同上一层监控级、管理级联系起来成为全分布式的新型控制网络。

现场总线控制系统的基本特征是结构的网络化和全分散性，系统的开放性，现场仪表的互操作性和功能自治性，以及对环境的适应性。FCS无论在性能上还是在功能上均比传统控制系统更优越。随着现场总线技术的不断发展与完善，FCS将越来越多地应用于工业自动化系统中，并与DCS相结合，构成技术更先进的混合型分布式控制系统。

与此同时，应用广泛的以太网（Ethernet）也进入了工业控制领域。许多著名的工业控制系统都将以太网用作自动化系统管理层和监控层的通信网段，且向现场控制层延伸。各大公司正努力解决以太网用于工业现场的关键技术问题，使Ethernet更好地应用于工业控制系统的各级网络。

21世纪以来，随着DCS和FCS技术的进展，一种低成本、超低功耗、高可靠性的短程无线网络开始应用于工业现场，无线网络与有线网络相结合，能完善系统功能，进一步提升工业自动化的水平。

第三节　联络信号和传输方式

一、联络信号

仪表之间应由统一的联络信号来进行信号传输，以便使同一系列或不同系列的各类仪表连接起来，组成系统，共同实现控制功能。

1. 联络信号的类型

控制仪表和装置常使用以下几种联络信号。

对于气动控制仪表，国际上统一使用 20～100kPa 气压信号作为仪表之间的联络信号。

对于电动控制仪表，其联络信号常见的有模拟信号、数字信号、频率信号等。模拟信号和数字信号是自动化仪表与装置所采用的主要联络信号。

模拟信号有交流和直流两种。由于直流信号具有不受线路中电感、电容及负载性质的影响，不存在相移问题等优点，故国际上都以直流电流或直流电压作为统一联络信号。

数字信号具有传输可靠、抗干扰能力强、易于储存和处理等特点，广泛用于数字式控制仪表及装置间的信号联络。

2. 电模拟信号制的确定

从信号取值范围看，下限值可以从零开始，也可以从某一确定的数值开始，上限值可以较低，也可以较高。取值范围的确定，应从仪表的性能和经济性做全面考虑。

不同的仪表系列，所取信号的上、下限值是不同的。例如，DDZ-Ⅱ型仪表采用 0～10mA 直流电流作为统一联络信号；DDZ-Ⅲ型仪表采用 4～20mA 直流电流和 1～5V 直流电压作为统一联络信号；有些仪表则采用 0～5V 或 0～10V 直流电压作为联络信号，并在装置中考虑了电压信号与电流信号的相互转换问题。

信号下限值从零开始，便于模拟量的加、减、乘、除、开方等数学运算和使用通用刻度的指示、记录仪表；信号下限值从某一确定值开始，即有一个活零点，电气零点与机械零点分开，便于检验信号传输线是否断线及仪表是否断电，并为现场变送器实现两线制提供了可能性。

电流信号上限值大，产生的电磁平衡力大，有利于力平衡式变送器的设计制造；但从减小直流电流信号在传输线中的功率损耗和缩小仪表体积，以及提高仪表的防爆性能来看，希望电流信号上限值小些。

在对各种电模拟信号做了综合比较之后，国际电工委员会（IEC）将电流信号 4～20mA（DC）和电压信号 1～5V（DC）确定为过程控制系统电模拟信号的统一标准。

二、电信号传输方式

（一）模拟信号的传输

信号传输指的是电流信号和电压信号的传输。电流信号传输时，仪表是串联连接的；而电压信号传输时，仪表是并联连接的。

1. 电流信号传输

如图 0-2 所示，一台发送仪表的输出电流同时传输给几台接收仪表，所有这些仪表应当串接。DDZ-Ⅱ型仪表即属于这种传输方式。图 0-2 中，R_o 为发送仪表的输出电阻。R_{cm} 和 R_i 分别为连接导线的电阻和接收仪表的输入电阻（假定接收仪表的输入电阻均为 R_i），由 R_{cm} 和 R_o 组成发送仪表的负载电阻。

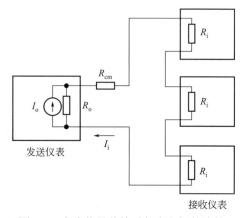

图 0-2　电流信号传输时仪表之间的连接

由于发送仪表的输出电阻 R_o 不可能无限大，在负载电阻变化时，输出电流也将发生变化，从而引起传输误差。

电流信号的传输误差可用公式表示为

$$\varepsilon = \frac{I_o - I_i}{I_o} = \frac{I_o - \dfrac{R_o}{R_o + (R_{cm} + nR_i)} I_o}{I_o} = \frac{R_{cm} + nR_i}{R_o + R_{cm} + nR_i} \times 100\% \tag{0-1}$$

式中，n 为接收仪表的数量。

为保证传输误差 ε 在允许范围之内，应要求 $R_o \gg R_{cm} + nR_i$，故有

$$\varepsilon \approx \frac{R_{cm} + nR_i}{R_o} \times 100\% \tag{0-2}$$

由式（0-2）可见，为减小传输误差，要求发送仪表的 R_o 足够大，而接收仪表的 R_i 及导线电阻 R_{cm} 比较小。

实际上，发送仪表的输出电阻均很大，相当于一个恒流源，连接导线的长度在一定范围内变化时，仍能保证信号的传输精度，因此电流信号适于远距离传输。此外，对于要求申压输入的仪表，可在电流回路中串入一个电阻，从电阻两端引出电压，供给接收仪表，因此电流信号应用也较灵活。

电流传输也有不足之处。由于接收仪表是串联工作的，当一台仪表出现故障时，将影响其他仪表的工作，而且各台接收仪表一般应浮空工作。若要使各台仪表皆有自己的接地点，则应在仪表的输入、输出之间采取直流隔离措施。这就对仪表的设计和应用在技术上提出了更高的要求。

2. 电压信号传输

一台发送仪表的输出电压要同时传输给几台接收仪表时，这些接收仪表应当并联，如图 0-3 所示。DDZ-Ⅲ 型仪表即属于这种传输方式。

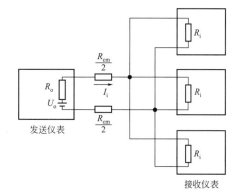

图 0-3　电压信号传输时仪表之间的连接

由于接收仪表的输入电阻 R_i 不是无限大，信号电压 U_o 将在发送仪表内阻 R_o 及导线电阻 R_{cm} 上产生一部分电压降，从而造成传输误差。

电压信号的传输误差可用如下公式表示，即

$$\varepsilon = \frac{U_o - U_i}{U_o} = \frac{U_o - \dfrac{\dfrac{R_i}{n}}{R_o + R_{cm} + \dfrac{R_i}{n}} U_o}{U_o} = \frac{R_o + R_{cm}}{R_o + R_{cm} + \dfrac{R_i}{n}} \times 100\% \tag{0-3}$$

为减小传输误差 ε，应满足 $\dfrac{R_i}{n} \gg R_o + R_{cm}$，故有

$$\varepsilon \approx n \frac{R_o + R_{cm}}{R_i} \times 100\% \tag{0-4}$$

式中，n 为接收仪表的数量。

由式（0-4）可见，为减小传输误差，应使发送仪表内阻 R_o 及导线电阻 R_{cm} 尽量小，同时要求接收仪表的输入电阻 R_i 大些。

因接收仪表是并联连接的，增加或取消某台仪表不会影响其他仪表的工作，而且这些仪表也可设置公共接地点，因此设计安装比较简单。但并联连接的各接收仪表，输入电阻皆较大，易于引入干扰，故电压信号不适于用作远距离传输。

（二）变送器与控制室仪表间的信号传输

变送器是现场仪表，其输出信号传输至控制室中，而供电又来自控制室。变送器的信号传输和供电方式通常有如下两种。

1. 四线制传输

供电电源和输出信号分别用两根导线传输，如图 0-4 所示，图中的变送器称为四线制变送器，目前使用的大多数变送器均是这种形式。由于电源与信号分别传输，因此对电流信号的零点及元器件的功耗无严格要求。

2. 两线制传输

变送器与控制室之间仅用两根导线传输。这两根导线既是电源线，又是信号线，如图 0-5 所示，图中的变送器称为两线制变送器。

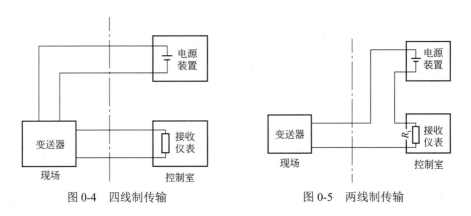

图 0-4　四线制传输　　　　　　　　图 0-5　两线制传输

采用两线制变送器不仅可节省大量电缆线和安装费用，还有利于安全防爆。因此这种变送器得到了较快的发展。

要实现两线制变送器，必须采用活零点的电流信号。由于电源线和信号线共用，电源供给变送器的功率是通过信号电流提供的。在变送器输出电流信号为下限值时，应保证它内部的半导体器件仍能正常工作。因此，电流信号的下限值不能过低。国际统一电流信号采用 4～20mA（DC），为制作两线制变送器创造了条件。

三、数字信号传输

随着计算机技术、网络技术、通信技术等在工业自动化系统中的广泛应用，工业自动化仪表和装置向数字化方向发展，便于实现各仪表之间，仪表与装置、计算机等设备之间的信号传输。数字信号传输通道称为总线，根据通信性质、通信技术和通信距离的不同，分为通用接口总线、串行通信总线、并行通信总线、现场总线等。

通用接口总线（General-Purpose Interface Bus，GPIB）可以用一根总线互相连接若干装置。系统中装置的数目最多不超过 15，互连总线的长度不超过 20m。

串行通信总线是一类普遍采用的通信方式，它是将数据一位一位地传输。虽然串行通信传输速率慢，但抗干扰能力强，传输距离远。大多数控制仪表和装置都配有串行通信接口，常见的有 RS-232C、RS-485、USB 接口总线。

并行通信总线是指多个数据位同时传输信息，可用于传输距离近且要求传输速率快的场合。

现场总线控制系统要求控制仪表和装置的通信必须符合工业现场总线标准协议。常见的有 HART（Highway Addressable Remote Transducer，可寻址远程传感器高速通道）、Modbus、CAN（Controller Area Network，控制器局域网）、FF（Foundation Fieldbus，基金会现场总线）、PROFIBUS、PROFINET 和 EtherNet/IP（工业以太网通信协议）等。

近年来，无线通信和组网技术已经应用在控制仪表和装置中，如蓝牙、Wi-Fi 及 Zigbee 等。

第四节　安全防爆的基本知识和防爆措施

一、安全防爆的基本知识

爆炸（化学爆炸）是燃烧的一种形式，当氧化反应的速度达到一定程度时，由于反应瞬时释放大量的热，造成气体急剧膨胀，形成冲击波，并伴有声响。具有潜在爆炸危险的环境发生爆炸必须具备下列三个条件：

① 爆炸性物质——可燃性物质或粉尘等；
② 助燃剂——空气（氧气）；
③ 点燃源（如电火花、炽热表面、机械火花）。

在石油、化工、煤炭等工业部门中，某些生产场所存在着易燃易爆的气体、蒸气或粉尘，它们与空气混合成为具有火灾或爆炸危险的混合物，使其周围空间成为具有不同程度火灾或爆炸危险的场所。如果安装在这些场所的仪表产生的火花或热效应能量能点燃危险混合物，则会引起火灾或爆炸。因此，用于危险场所的控制仪表和系统必须具有防爆的性能。

（一）爆炸危险场所的区域划分

爆炸危险场所按爆炸性物质的物态，分为爆炸性气体危险场所和爆炸性粉尘危险场所两类。

1. 爆炸性气体危险场所

根据爆炸性气体混合物出现的频繁程度和持续时间分为以下三个区域等级。

（1）0 区　在正常情况下，爆炸性气体混合物连续、频繁地出现或长时间存在的场所。

（2）1 区　在正常情况下，爆炸性气体混合物有可能出现的场所。

（3）2 区　在正常情况下，爆炸性气体混合物不可能出现，仅在不正常情况下偶尔或短时间出现的场所。

2. 爆炸性粉尘危险场所

根据爆炸性粉尘或纤维与空气的混合物出现的频繁程度和持续时间分为以下几个区域等级。

（1）20 区　在正常情况下，爆炸性粉尘或纤维与空气的混合物可能连续、频繁地出现或长时间存在的场所。

（2）21 区　在正常情况下，爆炸性粉尘或纤维与空气的混合物有可能出现的场所。

（3）22 区　在正常情况下，爆炸性粉尘或纤维与空气的混合物不可能出现，仅在不正常情况下偶尔或短时间出现的场所。

不同的等级区域对防爆电气设备选型有不同的要求，例如 0 区（或 20 区）要求选用本质安全（简称本安）型电气设备；1 区选用隔爆型、增安型等电气设备。

（二）爆炸性物质的分类、分级和分组

1. 爆炸性物质的分类

爆炸性物质分为以下三类。

Ⅰ类：矿井甲烷。

Ⅱ类：爆炸性气体混合物（含蒸气、薄雾）。

Ⅲ类：爆炸性粉尘和纤维。

2. 爆炸性物质的分级

（1）爆炸性气体的分级　分别按最大试验安全间隙和最小点燃电流比来分级。

① 按最大试验安全间隙分级　在规定的标准试验条件下，火焰不能传播的最大间隙称为最大试验安全间隙（MESG）。经试验确定，甲烷气体的 MESG = 1.14mm。Ⅱ类爆炸性气体分级限值规定如下。

A 级：0.9mm＜MESG＜1.14mm。

B 级：0.5mm≤MESG≤0.9mm。

C 级：MESG＜0.5mm。

② 按最小点燃电流比分级　在规定的标准试验条件下，不同物质产生点燃所需的电流大小各不相同。最小点燃电流比（MICR）是指以甲烷的最小点燃电流为参考，用其他气体的最小点燃电流除以甲烷的最小点燃电流，即

$$MICR = 某气体的最小点燃电流/甲烷的最小点燃电流$$

试验显示，所有爆炸性气体的最小点燃电流都比甲烷小。根据最小点燃电流比的定义可知，甲烷的 MICR 为 1.0，Ⅱ类爆炸性气体分级限值规定如下。

A 级：0.8＜MICR＜1.0。

B 级：0.45≤MICR≤0.8。

C 级：MICR＜0.45。

由上可见，爆炸性气体的最大试验安全间隙越小，最小点燃电流比也越小，按最小点燃电流比分级与按最大试验安全间隙分级，两者结果是相似的。

（2）爆炸性粉尘的分级　爆炸性粉尘有导电粉尘和非导电粉尘两类，可分为ⅢA、ⅢB 和ⅢC 三个等级。其中ⅢA 为爆炸性纤维，ⅢB 为非导电粉尘，ⅢC 为导电粉尘。显然，ⅢC 物质最危险，ⅢB 次之。

3. 爆炸性物质的分组

爆炸性物质按引燃温度分组。在没有明火源的条件下，不同物质加热引燃所需的温度是不同的，因为自燃点各不相同。按引燃温度可分为六组，见表 0-1。

表 0-1　引燃温度与组别划分

组别	T1	T2	T3	T4	T5	T6
引燃温度 t/℃	＞450	450≥t＞300	300≥t＞200	200≥t＞135	135≥t＞100	100≥t＞85

用于不同组别的防爆电气设备，其表面允许最高温度各不相同，不可随便混用。例如适用于 T5 的防爆电气设备可以适用于 T1～T4 各组，但是不适用于 T6，因为 T6 的引燃温度比 T5 低，可能被 T5 适用的防爆电气设备的表面温度所引燃。

（三）防爆电气设备的分类、分组和防爆标志

1. 防爆电气设备的分类、分组

按照国家爆炸性环境用电气设备标准 GB/T 3836.1 的规定，防爆电气设备分为三类。

Ⅰ类：适用于煤矿井下的防爆电气设备。

Ⅱ类：适用于工厂爆炸性气体混合物场所的防爆电气设备。

Ⅲ类：适用于工厂爆炸性粉尘和纤维混合物场所的防爆电气设备。

Ⅱ类防爆电气设备按爆炸性气体特性，可分为ⅡA、ⅡB、ⅡC 三级。

Ⅱ类防爆电气设备的防爆类型共有九种：隔爆型（d）、增安型（e）、本质安全型（i）、正压外壳型（p）、油浸型（o）、充砂型（q）、无火花型（n）、浇封型（m）和粉尘防爆型（DIP）。本质安全型设备按使用场所的安全程度又可分为 ia 和 ib 两个等级。

与爆炸性物质引燃温度的分组相对应，Ⅱ类防爆电气设备可按最高表面温度分为 T1～T6 六组，如表 0-2 所示。

表 0-2　Ⅱ类防爆电气设备的最高表面温度分组

组别	T1	T2	T3	T4	T5	T6
最高表面温度/℃	450	300	200	135	100	85

2. 防爆标志

防爆电气设备的防爆标志是在"Ex"防爆标记后依次列出防爆类型、气体级别和温度组别三个参量。

例如，防爆标志 ExdⅡBT3 表示Ⅱ类隔爆型 B 级 T3 组，其设备适用于气体级别不高于Ⅱ类 B 级，气体引燃温度不低于 T3（200℃）的危险场所。又如，ExiaⅡCT5 表示Ⅱ类本质安全型 ia 等级 C 级 T5 组，其设备适用于所有气体级别、引燃温度不低于 T5（100℃）的 0 区危险场所。

GB/T 3836.20 标准规定了设备保护级别（EPL）的概念。它是根据设备内在的点燃危险来识别和标志爆炸性环境用设备，使标准在结构上更为合理，技术上更具科学性和先进性，从而更方便防爆设备的选型和使用管理。新的设备防爆标志，是在上述防爆标志中增加设备保护级别的符号，详见该标准的相关内容。

二、防爆型控制仪表

常用的防爆型控制仪表是隔爆型和本质安全型两类仪表。

（一）隔爆型控制仪表

隔爆型控制仪表具有隔爆外壳，仪表的电路和接线端子全部置于防爆壳体内，其外壳的强度足够大，隔爆接合面足够宽，能承受仪表内部因故障产生爆炸性气体混合物的爆炸压力，并阻止内部的爆炸向外壳周围爆炸性混合物传播。这类仪表适用于 1 区和 2 区危险场所。

隔爆型控制仪表安装及维护正常时，能达到规定的防爆要求，但当揭开仪表外壳后，它

就失去了防爆性能，因此不能在通电运行的情况下打开外壳进行检修或调整。

（二）本质安全型控制仪表

本质安全型控制仪表（简称本安仪表）的全部电路均为本质安全电路，电路中的电压和电流被限制在一个允许的范围内，以保证仪表在正常工作或发生短接和元器件损坏等故障情况下产生的电火花和热效应不致引起其周围爆炸性气体混合物爆炸。

如前所述，本安仪表可分为 ia 和 ib 两个等级：ia 是指在正常工作、一个故障和两个故障时均不能点燃爆炸性气体混合物；ib 是指在正常工作和一个故障时不能点燃爆炸性气体混合物。

ia 等级的本安仪表可用于危险等级最高的 0 区危险场所，而 ib 等级的本安仪表适用于 1 区和 2 区危险场所。

本安仪表不需要笨重的隔爆外壳，具有结构简单、体积小、质量轻的特点，可在带电工况下进行维护、调整和更换仪表零件的工作。

三、控制系统的防爆措施

处于爆炸危险场所的控制系统必须使用防爆型控制仪表及其关联设备，在化工、石油等部门的生产现场，往往要求控制系统具有本质安全的防爆性能。

（一）本安防爆系统

要使控制系统具有本安防爆性能，应满足两个条件：①在危险场所使用本安仪表，如本安型变送器、电-气转换器、电气阀门定位器等；②在控制室仪表与危险场所仪表之间设置安全栅，以限制流入危险场所的能量。图 0-6 表示本安防爆系统的结构。

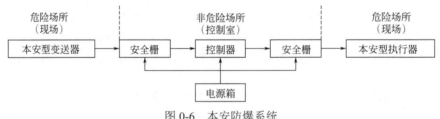

图 0-6　本安防爆系统

应当指出，使用本安仪表和安全栅是系统的基本要求，要真正满足本安防爆的要求，还需注意系统的安装和布线：按规定正确安装安全栅，并保证良好接地；正确选择连接电缆的规格和长度，其分布电容、分布电感应在限制值之内；本安电缆和非本安电缆应分槽（管）敷设，慎防本安回路与非本安回路混触等。详细规定可参阅安全栅使用说明书和国家有关电气安全规程。

（二）安全栅

安全栅作为本安仪表的关联设备，一方面传输信号，另一方面控制流入危险场所的能量在爆炸性气体或混合物的点火能量以下，以确保系统的本安防爆性能。

安全栅的构成形式有多种，常用的有齐纳式安全栅和变压器隔离式安全栅两种。

1.齐纳式安全栅

齐纳式安全栅是基于齐纳二极管反向击穿性能而工作的。其原理如图 0-7 所示。

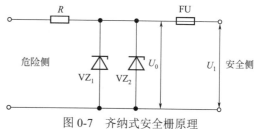

图 0-7 中，VZ_1、VZ_2 为齐纳二极管，R 和 FU 分别为限流电阻和快速熔断丝。在正常工作时，安全栅不起作用。

图 0-7 齐纳式安全栅原理

当现场发生事故，如形成短路时，由 R 限制过大电流进入危险侧，以保证现场安全。当安全栅端电压 U_1 高于额定电压 U_0 时，齐纳二极管击穿，进入危险侧的电压将被限制在 U_0 值。同时，安全侧电流急剧增大，使 FU 很快熔断，从而使高电压与现场隔离，也保护了齐纳二极管。

齐纳式安全栅结构简单、经济、可靠、通用性强、使用方便。

2. 变压器隔离式安全栅

变压器隔离式安全栅是通过隔离、限压和限流等措施来保证安全防爆性能的。通常采用变压器隔离的方式，使其输入、输出之间没有直接电的联系，以切断安全侧高电压窜入危险侧的通道。同时，在危险侧还设置了限压、限流电路，限制流入危险场所的能量，从而满足本安防爆的要求。

变压器隔离式安全栅的电路结构如图 0-8 所示。来自变送器的直流信号，由调制器调制成交流信号，经变压器耦合，再由解调器还原为直流信号，送入安全区域。

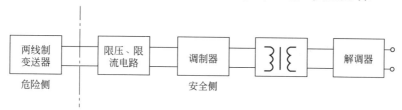

图 0-8 变压器隔离式安全栅电路结构

变压器隔离式安全栅的线路较复杂，但其性能稳定，抗干扰能力强，可靠性高，使用也较方便。

第五节 安全仪表系统概述

在流程工业领域，特别是石油化工行业，其原料和产品大多属于易燃易爆及有毒物质，反应过程经常出现高温高压等危险工况，并且随着生产规模的扩大导致能量的聚集，一旦发生危险事故，就会对工厂环境和人员造成伤害，经济损失巨大。为了防止和降低生产过程风险，保护人身和生产装置安全，保护环境，石油化工厂或装置新建、扩建及改建项目，都应包含安全仪表系统的工程设计，必须符合 IEC 61508/IEC 61511 等功能安全标准。

安全仪表系统是独立于过程控制系统的，本教材只是简单介绍相关概念。

一、安全仪表系统概念

所谓安全仪表系统（Safety Instrumented System，SIS），是实现一个或几个安全仪表功能的仪表系统。安全仪表系统由测量仪表、逻辑控制器、最终元件及相关软件等组成。

　　不同行业安全要求特点不同，需设置不同的功能系统。石油化工行业主要包括紧急停车系统（Emergency Shutdown System，ESD）、燃烧器管理系统（Burner Management System，BMS）、高完整性压力保护系统（High Integrity Pressure Protection System，HIPPS）、火灾报警及气体检测系统（Fire Alarm and Gas Detector System，F&GS）、可燃气体报警系统（Gas Detector System，GDS）等。

　　ESD 在石油化工行业普遍用于发生故障时将装置带到安全状态。BMS 常随燃烧器成套提供，主要负责实现燃烧器吹扫、点火、安全保护及燃烧控制等功能，监视燃烧状态、燃料和主火焰状态，当发生异常时能按照安全的顺序自动操作，避免燃料和空气在炉膛内积累，防止爆炸事故发生。HIPPS 的作用是超压保护，多用于炼化装置的上游，如油气田、海上平台等场合。F&GS 的作用是火气报警和联动，当发生火灾时需紧急打开消防设施。规定 GDS 应独立于其他系统单独设置，可燃气体二级报警信号、可燃气体和有毒气体检测报警系统报警控制单元的故障信号应送至消防控制室，可燃气体探测器不能直接接入火灾报警控制器的输入回路。可燃气体或有毒气体检测信号作为安全仪表系统的输入时，可燃气体探测器应独立设置，其输出信号应送至相应的安全仪表系统；可燃气体探测器参与消防联动时，其输出信号应先送至按专用可燃气体报警控制器产品标准制造并取得检测报告的专用可燃气体报警控制器，报警信号应由专用可燃气体报警控制器输出至消防控制室的火灾报警控制器。

　　SIS 为实现预期的功能安全目标，首先应确定在安全生命周期内各阶段实施所需要的管理活动，并明确安全完整性等级。

二、过程工业中的风险降低机制

　　图 0-9 为实现过程工业中的风险降低机制的保护层结构图，通过分层次设计降低工艺过程存在的风险。

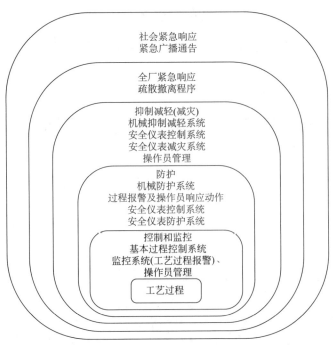

图 0-9　实现过程工业中的风险降低机制的保护层结构

图 0-9 中保护层结构呈现出"洋葱"状。最核心层是"工艺过程",要通过工艺技术、设计方法、操作规程等有效地消除或降低过程风险,避免危险事件的发生。"控制和监控"层中"基本过程控制系统"(Basic Process Control System,BPCS)即我们通常讨论的过程控制系统,其重点是将过程参数控制在正常的操作设定值上。"防护"层中 SIS 的目的是降低危险事件发生的频率,保持或达到过程的安全状态,主要的技术措施如 ESD。"抑制减轻(减灾)"层中 SIS 的目的是减轻和抑制危险事件的后果,典型的技术措施如 F&GS 等。"全场紧急响应"层包括消防和医疗救助响应、人员紧急撤离等机制。"社区紧急响应"层包括工厂周边社区居民的撤离、社会救助力量等机制。

SIS 与 BPCS 的主要区别在于:

① BPCS 主要用来对过程变量进行检测控制和管理,保证生产装置的连续生产和正常运行。控制器将检测信号进行运算处理后发往执行机构输出控制动作,使被控变量平稳地控制在设定值附近;而 SIS 进行快速的连锁反应,执行紧急停车功能,监视传感器的输出,并进行逻辑运算,输出开关信号,执行机构只执行切断或打开的动作,以使系统进入安全状态。

② BPCS 和 SIS 对系统的可用性和安全性有不同的要求。BPCS 强调可用性,希望通过控制过程使系统尽可能地进入正常工况;而 SIS 的设计必须保证系统在故障情况下是安全的,安全性是第一位的。

③ BPCS 是动态系统,始终对过程变量进行连续的检测、运算和控制。SIS 是静态系统,正常工况下不进行动作,只监视运行状态,当出现紧急状况时,按照预先设计的运算规则进行逻辑运算,实现连锁或停车。

BPCS 与 SIS 为两套独立存在的系统,互不干涉,但同时又存在着联系。两者均通过控制回路来完成动作,都属于为保护系统安全而分配的安全保护层的一部分,BPCS 保护层先于 SIS 对系统进行安全保护。

三、安全完整性等级

现代过程工业典型的生产流程中,如果存在发生危险事件的风险,期望 100% 避免是不现实的,可以通过风险分析,依据 ALARP(As Low As Reasonably Practicable,二拉平)原理,即按合理的、可操作的、最低限度的风险接受原则,确定可接受的风险水平和风险降低措施。

SIS 的安全生命周期分为三个阶段:工程设计阶段,集成调试及验收测试阶段,以及操作维护阶段。SIS 为实现预期的功能安全目标,首先应确定在安全生命周期内各阶段实施所需的管理活动,并明确安全完整性等级。

安全完整性等级(Safety Integrity Level,SIL)包括硬件安全完整性等级和系统安全完整性等级,分为 SIL1、SIL2、SIL3、SIL4 四级。SIL 等级越高,安全仪表功能失效的概率越小。

IEC 61508 定义了不同操作模式:低要求操作模式、高要求操作模式(或者连续操作模式)。

1. 低要求操作模式

在安全相关系统中,仅当要求(Demand)时才执行将生产装置导入规定安全状态的安全功能,要求的频率不大于每年一次,并且不大于检验测试频率的两倍。

2. 高要求操作模式(或者连续操作模式)

在安全相关系统中,仅当要求时才执行将生产装置导入规定安全状态的安全功能,要求的频率大于每年一次,或者大于检验测试频率的两倍。

SIL 的划分如表 0-3 所示。

表 0-3 安全完整性等级（SIL）的划分

安全完整性等级（SIL）	低要求操作模式 （要求每小时执行设计功能的平均失效概率）	高要求操作模式 （每小时危险失效的概率）
4	$\geqslant 10^{-5} \sim < 10^{-4}$	$\geqslant 10^{-9} \sim < 10^{-8}$
3	$\geqslant 10^{-4} \sim < 10^{-3}$	$\geqslant 10^{-8} \sim < 10^{-7}$
2	$\geqslant 10^{-3} \sim < 10^{-2}$	$\geqslant 10^{-7} \sim < 10^{-6}$
1	$\geqslant 10^{-2} \sim < 10^{-1}$	$\geqslant 10^{-6} \sim < 10^{-5}$

安全完整性等级评估主要包括：确定每个安全仪表功能的安全完整性等级；确定诊断、维护和测试要求等。根据工艺过程复杂程度、国家或行业标准、风险特性和降低风险的方法、人员经验等确定安全完整性等级评估方法。

四、SIS 的冗余结构

SIS 由检测元件、执行元件和逻辑单元组成，其中检测元件故障概率为 40%，执行元件故障概率为 50%，逻辑单元故障概率为 10%。SIS 关联检测元件和执行元件应单独设置。

在安全仪表系统中的设备，可能会以不同的形式出现故障。常见的 ESD 中，设计者会选择失电状态作为安全状态，因此正常工况带电（励磁），非正常工况失电（非励磁）。从可靠性角度来看，要确保安全保护动作及时执行；从可用性角度来看，要尽量避免 SIS 的误动作。

安全仪表系统采用冗余结构，用"MooN"（M out of N，"N 选 M"）表示，即控制器是由 N 个独立的通道构成连接在一起，其中只要有 M 个通道功能正常，就可以保证系统的功能正常。用"MooND"表示具有诊断功能的 N 选 M 表决结构。

SIS 常见的冗余结构有 1oo1 单通道结构、1oo2 双通道结构、2oo2 双通道结构等。

（一）1oo1 单通道结构

如图 0-10 所示，1oo1 单通道结构由单一的 I/O（输入/输出）和单一的逻辑解算单元构成，是最简单的逻辑控制器，正常操作时逻辑控制器的输入 DI = 1，输出 DO = 1，输出回路带电。不正常时 DI = 0，DO = 0，输出回路失电，被控过程进入安全状态。

图 0-10 1oo1 单通道结构

（二）1oo2 双通道结构

如图 0-11 所示，1oo2 双通道结构由两个独立的逻辑解算单元和各自的 I/O 卡件组成，提高了系统的安全性，两个通道中的一个健康操作，就能完成所要求的安全功能。正常操作时输出 1 和输出 2 两个触点都闭合（DO = 1），输出回路带电。不正常时 DI = 0，DO = 0，输出回路失电，被控过程进入安全状态。

图 0-11　1oo2 双通道结构

（三）2oo2 双通道结构

如图 0-12 所示，对于"失电关停"的系统（2oo2 双通道结构），与 1oo2 双通道结构的差异在于两个通道的输出触点并联在一起。正常操作时输出 1 和输出 2 两个触点都闭合（DO＝1），输出回路带电。不正常时 DI＝0，DO＝0，输出回路失电，被控过程进入安全状态。但是当任意一个触点（1 和 2）出现开路故障时，不会造成输出回路失电；只有当这两个触点都出现开路故障时，才会造成工艺过程的"误关停"；当任意一个触点（1 和 2）出现短路故障时，将会导致整个系统的安全功能失效。

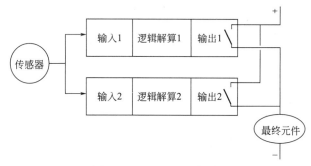

图 0-12　2oo2 双通道结构

思考题与习题

0-1　举例说明控制仪表与控制系统的关系。

0-2　控制仪表与装置有哪些类型？各有什么特点？

0-3　控制仪表与装置采用何种信号进行联络？电压信号传输和电流信号传输各有什么特点？使用在何种场合？

0-4　说明现场仪表与控制室仪表之间的信号传输及供电方式。0～10mA 的直流电流信号能否用于两线制传输方式？为什么？

0-5　防爆电气设备如何分类？防爆标志 ExiaⅡAT5 和 ExdⅡBT4 是何含义？

0-6　常用的防爆型控制仪表有哪几类？各有什么特点？

0-7　如何使控制系统满足本安防爆的要求？

0-8　什么是安全栅？说明常用安全栅的构成和特点。

0-9　什么是安全仪表系统？安全仪表系统与基本过程控制系统有什么区别？

0-10　如何划分 SIL 等级？

0-11　简要介绍常见的 SIS 冗余结构及其特点。

第一章

变送器和转换器

变送器和转换器的作用是分别将各种工艺变量（如温度、压力、流量、液位）和电、气信号（如电压、电流、频率、气压信号等）转换成相应的统一标准信号。本章首先讨论变送器的构成，然后介绍差压变送器、温度变送器、电/气转换器和智能变送器。

本章介绍的电动模拟式变送器以及第二章介绍的模拟式控制器属于 DDZ-Ⅲ型仪表系列。DDZ-Ⅲ型仪表技术成熟。虽然近年来在工业现场模拟式控制仪表大部分已经被数字式控制仪表和智能化仪表，以及可编程控制器所取代，但是学习这类仪表有关知识有利于了解和掌握控制仪表的基本概念，熟悉和巩固以前所学的电路原理知识，有助于对数字式控制仪表中模拟信号处理电路进行分析。

DDZ-Ⅲ型仪表的特点是：元器件以线性集成电路为主，仪表结构合理、功能多样，采用国际标准信号和集中统一供电，整套仪表可构成本安防爆系统，从而保证仪表的稳定性和可靠性，使用也较为方便。

DDZ-Ⅲ型仪表的主要性能指标：统一标准信号为 4～20mA（DC）和 1～5V（DC）；基本误差一般为±0.5%，少数品种为±0.2%、±1.0%、±1.5%；响应时间不超过 1s；负载电阻一般为250～750Ω；供电电压为 24V（DC）。

第一节　变送器的构成

一、构成原理

变送器是基于负反馈原理工作的，其构成原理如图 1-1（a）所示，它包括测量部分（即输入转换部分）、放大器和反馈部分。

测量部分用以检测被测变量 x，并将其转换成能被放大器接收的输入信号 z_i（电压、电流、位移、作用力或力矩等信号）。

反馈部分则把变送器的输出信号 y 转换成反馈信号 z_f，再回送至输入端。z_i 与调零信号 z_0 的代数和同反馈信号 z_f 进行比较，其差值 ε 送入放大器进行放大，并转换成标准输出信号 y。

由图 1-1（a）可以求得变送器输出与输入之间的关系为

$$y = \frac{K}{1+KF}(Cx + z_0) \tag{1-1}$$

式中，K 为放大器的放大系数；F 为反馈部分的反馈系数；C 为测量部分的转换系数。

当满足深度负反馈的条件，即 $KF \gg 1$ 时，式（1-1）变为

$$y = \frac{1}{F}(Cx + z_0) \tag{1-2}$$

式（1-2）也可从输入信号 z_i、调零信号 z_0 同反馈信号 z_f 相平衡的原理导出。在 $KF \gg 1$ 时，输入放大器的偏差信号 ε 近似为零，故有 $z_i + z_0 \approx z_f$，由此同样可求得如上的输入输出关系式。如果 z_i、z_0 和 z_f 是电量，则把 $z_i + z_0 \approx z_f$ 称为电平衡；如果是力或力矩，则称之为力平衡或力矩平衡。显然，可利用输入信号同反馈信号相平衡的原理来分析变送器的特性。

式（1-2）表明，在 $KF \gg 1$ 的条件下，变送器输出与输入之间的关系取决于测量部分和反馈部分的特性，而与放大器的特性几乎无关。如果转换系数 C 和反馈系数 F 是常数，则变送器的输出与输入保持良好的线性关系。

变送器的输入输出特性示于图 1-1（b），x_{max}、x_{min} 分别为被测变量的上限值和下限值，也即变送器测量范围的上、下限值（图中 $x_{min} = 0$）；y_{max} 和 y_{min} 分别为输出信号的上限值和下限值。它们与统一标准信号的上、下限值相对应。

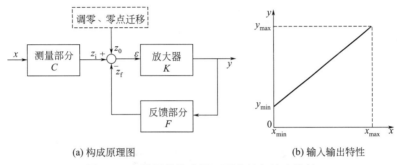

(a) 构成原理图　　　　　(b) 输入输出特性

图 1-1　变送器的构成原理图和输入输出特性

二、量程调整、零点调整和零点迁移

变送器涉及的另一个共性问题是量程调整、零点调整（简称调零）和零点迁移。

1.量程调整

量程调整（即满度调整）的目的是使变送器输出信号的上限值 y_{max}（即统一标准信号的上限值）与测量范围的上限值 x_{max} 相对应。图 1-2 所示为变送器量程调整前后的输入输出特性，量程调整相当于改变输入输出特性的斜率，即改变变送器输出信号 y 与被测变量 x 之间的比例系数。

量程调整通常是通过改变反馈系数 F 的大小来实现的。F 大，量程就大；F 小，量程就小。有些变送器还可以通过改变转换系数 C 来调整量程。

2. 零点调整和零点迁移

零点调整和零点迁移的目的都是使变送器输出信号的下限值 y_{min}（即统一标准信号的下限值）与测量范围的下限值 x_{min} 相对应。在 $x_{min} = 0$ 时，为零点调整；在 $x_{min} \neq 0$ 时，为零点迁移。即零点调整使变送器的测量起始点为零，而零点迁移则是把测量起始点由零迁移到某一数值（正值或负值）。当测量起始点由零变为某一正值，称为正迁移；反之，当测量起始点由零变为

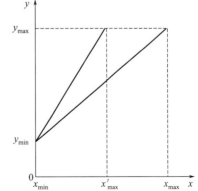

图 1-2　变送器量程调整前后的
输入输出特性

某一负值，称为负迁移。图 1-3 所示为变送器零点迁移前后的输入输出特性。

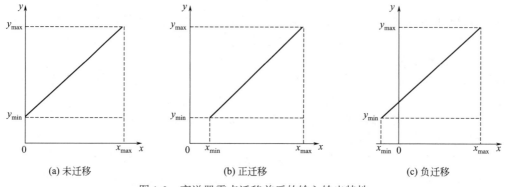

(a) 未迁移　　　　　　　　(b) 正迁移　　　　　　　　(c) 负迁移

图 1-3　变送器零点迁移前后的输入输出特性

　　由图 1-3 可以看出，零点迁移以后，变送器的输入输出特性沿 x 坐标向右或向左平移了一段距离，其斜率并没有改变，即变送器的量程不变。进行零点迁移，再辅以量程调整，可以提高仪表的测量灵敏度。

　　由式（1-2）可知，变送器零点调整和零点迁移可通过改变调零信号 z_0 的大小来实现。当 z_0 为负时可实现正迁移；而当 z_0 为正时可实现负迁移。

第二节　差压变送器

　　差压变送器将液体、气体或蒸气的压力、流量、液位等工艺变量转换成统一的标准信号，作为指示记录仪、控制器或计算机装置的输入信号，以实现对上述变量的显示、记录或自动控制。

　　本节着重讨论普遍使用的力平衡式差压变送器和电容式差压变送器。此外，对扩散硅式差压变送器做一般介绍。

一、力平衡式差压变送器

（一）概述

　　力平衡式差压变送器的构成方框如图 1-4 所示，它包括测量部分、杠杆系统、电磁反馈机构及低频位移检测放大器。测量部分将被测差压 Δp_i 转换成相应的输入力 F_i，该力与电磁反馈机构输出的作用力 F_f 一起作用于杠杆系统，使杠杆产生微小的偏移，再经低频位移检测放大器转换成统一的直流电流输出信号。

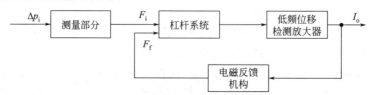

图 1-4　力平衡式差压变送器构成方框图

这类差压变送器是基于力矩平衡原理工作的，它是以电磁反馈力产生的力矩去平衡输入力产生的力矩。由于采用了深度负反馈，因而测量精度较高，而且保证了被测差压Δp_i和输出电流I_0之间的线性关系。

在力平衡式差压变送器的杠杆系统中，目前已广泛采用固定支点的矢量机构，并用平衡锤使副杠杆的重心与其支点相重合，从而提高了仪表的可靠性和稳定性。下面就以这种变送器为例进行讨论。

力平衡式差压变送器的主要性能指标：基本误差一般为±0.25%，低差压为±1%，微差压为±1.5%、±2.5%，变差压为±2.5%，灵敏度为±0.05%，负载电阻为250～350Ω。

（二）工作原理和结构

1. 工作原理

力平衡式差压变送器的工作原理可以用图 1-5 来说明。

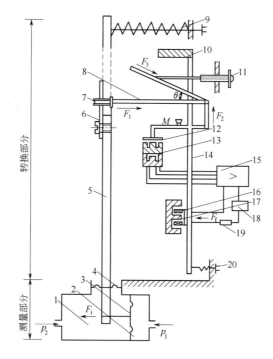

图 1-5　力平衡式差压变送器工作原理

1—低压室；2—高压室；3—测量元件（膜盒、膜片）；4—轴封膜片；

5—主杠杆；6—过载保护簧片；7—静压调整螺钉；8—矢量机构；9—零点迁移弹簧；

10—平衡锤；11—量程调整螺钉；12—检测片（衔铁）；13—差动变压器；14—副杠杆；

15—低频位移检测放大器；16—反馈动圈；17—永久磁钢；18—电源；19—负载；20—调零弹簧

被测差压信号 p_1、p_2 分别引入测量元件 3 的两侧时，膜盒就将两者之差（Δp_i）转换为输入力 F_i。此力作用于主杠杆的下端，使主杠杆以轴封膜片 4 为支点而偏转，并以力 F_1 沿水平方向推动矢量机构 8。矢量机构 8 将推力 F_1 分解成 F_2 和 F_3，F_2 使矢量机构的推板向上移动，并通过连接簧片带动副杠杆 14，以 M 为支点逆时针偏转。这使固定在副杠杆上的差动变压器 13 的检测片（衔铁）12 靠近差动变压器，使两者间的气隙减小。检测片的位移变化量通过低频位移检测放大器 15 转换并放大为 4～20mA 的直流电流 I_o，作为变送器的输出信号。同时，该电流又流过电磁反馈机构的反馈动圈 16，产生电磁反馈力 F_f，使副杠杆顺时针偏转。当电磁反馈力 F_f 所产生的力矩和输入力 F_i 所产生的力矩平衡时，变送器便达到一个新的稳定状态。此时，低频位移检测放大器的输出电流 I_o 反映了被测差压 Δp_i 的大小。

根据上述工作原理可以画出如图 1-6 所示的变送器信号传输方框图（设零点迁移弹簧未起作用）。图中各符号代表意义可参照图 1-5 和杠杆系统受力图（图 1-7）。它们分别表示如下：

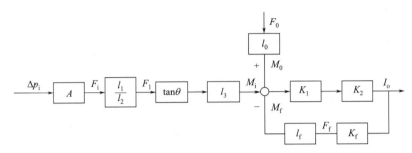

图 1-6　变送器信号传输方框图

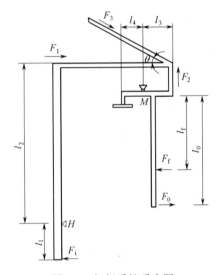

图 1-7　杠杆系统受力图

A 为膜片有效面积；l_1、l_2 为 F_i、F_1 到主杠杆支点 H 的力臂；l_3、l_0、l_f 为 F_2、F_0、F_f 到副杠杆支点 M 的力臂；l_4 为检测片 12 到副杠杆支点 M 的距离；$\tan\theta$ 为矢量机构的力传递系数，θ 为矢量角；K_1 为副杠杆力矩-位移转换系数；K_2 为低频位移检测放大器位移-电流转换系数；K_f 为电磁反馈机构的电磁结构常数。

在力平衡式差压变送器的放大系数（K_1K_2）和反馈系数（l_fK_f）的乘积足够大的情况下，当其处于稳定状态时，满足力矩平衡关系，即

$$M_i + M_0 \approx M_f \qquad (1-3)$$

式中，M_i 为被测差压信号 Δp_i 产生的输入力矩；M_0 为调零弹簧产生的力矩；M_f 为输出电流 I_o 产生的反馈力矩。

由图 1-7 可知，各项力矩为

$$\left.\begin{aligned}
M_i &= \frac{l_1 l_3}{l_2} A \Delta p_i \tan\theta \\
M_0 &= F_0 l_0 \\
M_f &= K_f l_f I_o
\end{aligned}\right\} \qquad (1-4)$$

将式（1-4）代入式（1-3），可求得变送器输出与输入之间的关系为

$$I_o = \frac{l_1 l_3 A \tan\theta}{l_2 l_f K_f} \Delta p_i + \frac{l_0}{l_f K_f} F_0 = K_P \Delta p_i + \frac{l_0}{l_f K_f} F_0 \qquad (1-5)$$

式中，K_P 为比例系数。

$$K_P = \frac{l_1 l_3 A \tan\theta}{l_2 l_f K_f}$$

式（1-5）表明以下几点。

① 在满足深度负反馈的条件下，变送器输出与输入间的关系取决于测量部分和反馈部分的特性，当仪表结构尺寸确定后，输出电流 I_o 与输入差压 Δp_i 呈比例关系。

② 式中，$\dfrac{l_0}{l_f K_f}F_0$ 一项用以确定变送器输出电流的起始值。对 DDZ-Ⅲ 型变送器而言，该项使输出电流为 4mA。改变调零弹簧作用力 F_0 可调整变送器的零点。

③ 比例系数 K_P 中的 $\tan\theta$ 和 K_f 两项可变，故调整变送器的量程可通过改变矢量角 θ 和电磁结构常数来实现。

④ 改变量程会影响变送器的零点，而调整零点又对其满度值有影响，故在力平衡式差压变送器调校时，零点和满度值应反复调整。

2. 结构

力平衡式差压变送器包括测量部分、杠杆系统、电磁反馈机构和低频位移检测放大器（本部分单独介绍）。

（1）测量部分 测量部分的作用是将被测差压信号 Δp_i 转换成输入力 F_i，它由高、低压室及膜盒、轴封膜片等部分组成。膜盒是完成转换功能的主要部件，它的结构如图 1-8 所示。

当被测差压作用于膜盒两侧时，膜片 2 和硬芯 3 同时向右移动，迫使膜盒内充灌的硅油沿孔向右移动，并在连接片 6 上产生集中力（输入力）F_i。当 Δp_i 逐渐加大，超过额定差压时，膜片与基座接触，两者波纹完全吻合，起到单向过载保护作用。

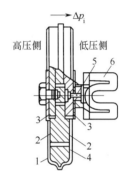

图 1-8 膜盒结构

1—基座；2—膜片；3—硬芯；
4—油路；5—钢珠；6—连接片

膜盒采用双膜片结构，可减小温度的影响。由于环境温度变化时，每个膜片的有效面积和刚度都在变化，使用匹配成对的膜片，其变化大小相同、方向相反，故可相互补偿。膜盒内硅油的热膨胀系数较小、凝固点低以及具有不可压缩特性，使膜盒具有良好的温度性能和耐压性能。此外，硅油还起阻尼作用，可提高整机的稳定性。

（2）杠杆系统 杠杆系统是力平衡式差压变送器中的机械传动和力矩平衡部分，它的作用是把输入力 F_i 所产生的力矩与电磁反馈力 F_f 所产生的力矩进行比较，然后转换成检测片的位移。该系统包括主、副杠杆（本部分未做介绍）及调零和零点迁移机构、静压调整和过载保护装置、平衡锤以及矢量机构，参见图 1-5。

① 调零和零点迁移机构 如前所述，变送器的零点由调零弹簧来调整。零点迁移则通过调节零点迁移弹簧来实现，零点迁移弹簧对主杠杆施加一迁移力 F'_0，此时变送器输入与输出间的关系仍可用前述的推导方法算得。设 F'_0 到主杠杆支点的距离为 l'_0，则有

$$
\begin{aligned}
I_o &= \frac{l_3(l_1 A \Delta p_i \pm l'_0 F'_0)\tan\theta}{l_2 l_f K_f} + \frac{l_0}{l_f K_f}F_0 \\
&= K_P\left(\Delta p_i \pm \frac{l'_0}{l_1 A}F'_0\right) + \frac{l_0}{l_f K_f}F_0
\end{aligned}
\tag{1-6}
$$

式中，各符号意义已在"工作原理"部分说明。因迁移力 F'_0 的作用方向可变，即可通

过压缩或拉伸零点迁移弹簧使其值为正或为负，故式中迁移项 $\dfrac{l'_0}{l_1 A}F'_0$ 之前有正负号。由式（1-6）可知，只要改变迁移力的大小和方向，变送器便可在一定范围内实现正向或负向迁移。

在对变送器进行零点迁移时应注意，迁移后被测差压的上限值不能超过该表所规定的上限值，迁移后的量程范围也不得小于该表的最小量程范围。

顺便指出，在有些变送器中，零点迁移弹簧和调零弹簧是同一根，迁移和调零都是使变送器输出的起始值与测量起始点相对应，只不过零点调整量通常较小，而零点迁移量则比较大。

② 静压调整和过载保护装置　这两个装置可用图 1-9 来说明。

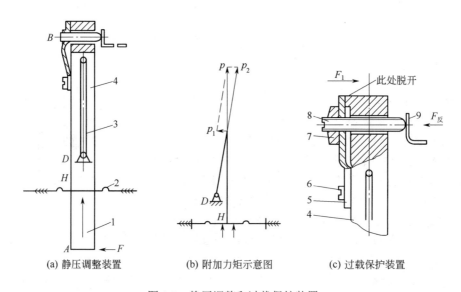

(a) 静压调整装置　　　　(b) 附加力矩示意图　　　　(c) 过载保护装置

图 1-9　静压调整和过载保护装置

1—主杠杆下段；2—轴封膜片；3—拉条；4—主杠杆；
5—过载保护簧片；6—螺钉；7—螺母；8—静压调整螺钉；9—矢量机构顶杆

静压调整装置[图 1-9（a）]用以克服变送器的静压误差。静压误差是指由被测介质静压力的作用而产生的一项附加误差。它具体表现在：当测量部分膜盒两侧同时受到静压力的作用而无差压时，变送器的输出并非为与零点相对应的起始值。由于此项附加误差的存在，变送器在现场运行时，即使输入差压没有变化，静压力的波动也会使仪表的输出发生变化，这就增大了测量误差。因此静压误差必须调整在一定范围之内。

产生静压误差的主要原因是膜盒两侧的膜片有效面积不等以及主杠杆、拉条等装配不正。这会使静压力产生一个附加力矩[图 1-9（b）]，从而使仪表的零点发生变化，造成附加误差。为了消除这一误差，在主杠杆上方转动静压调整螺钉 8，以改变拉条和主杠杆的相对位置[图 1-9（c）]。因拉条和主杠杆的支点 D 和 H 分别在不同的高度，故当静压力 p 向上作用时，p 分解为两个分力 p_1 和 p_2，p_2 被拉条所平衡，p_1 则对主杠杆产生一转动力矩而造成零点变化。因此顺时针（零点增加）或逆时针（零点减小）转动静压调整螺钉 8 可克服静压误差。

过载保护装置参照图 1-9（c）。当测量力 F_1 过大时，反向力 $F_{反}$ 也相应加大，两力大到一定程度时，过载保护簧片 5 将弯曲变形而脱离主杠杆 4。F_1 再增大时，只加大过载保护簧片的变形，而矢量机构顶杆 9 承受的力不会再增加，从而起到过载保护的作用。

③ 平衡锤 由图 1-5 可见，在副杠杆上方装有平衡锤 10，使副杠杆的重心和其支点 M 重合，从而提高了仪表的耐冲击、耐振动性能，而且在仪表不垂直安装时，也不影响精度。

④ 矢量机构 矢量机构如图 1-10（a）所示，它由矢量板和推板组成。由主杠杆传来的推力 F_1 被分解为两个分力，即 F_2 和 F_3，F_3 顺着矢量板方向，被矢量板固定支点的反作用力所平衡，它不起作用。F_2 垂直向上，作用于副杠杆，使其做逆时针方向偏转。

由图 1-10（b）可知，$F_2 = F_1 \tan\theta$，如前所述，改变 $\tan\theta$，可改变差压变送器的量程，这可通过调节量程调整螺钉（参见图 1-5）改变矢量角 θ 的大小来实现。由于矢量角在 $4° \sim 15°$ 范围内变化，故仅用矢量机构调整量程时的量程比为 $\dfrac{\tan 15°}{\tan 4°} \approx 3.83$。

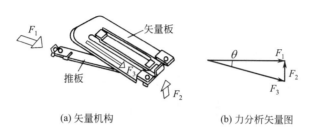

(a) 矢量机构　　　　　　(b) 力分析矢量图

图 1-10　矢量机构

（3）电磁反馈机构 电磁反馈机构的作用是将输出电流 I_o 转换成电磁反馈力 F_f，此力作用于副杠杆上，产生反馈力矩 M_f，以便和测量部分产生的输入力矩 M_i 相平衡。该机构由反馈动圈、导磁体、永久磁钢组成，如图 1-11（a）所示。

电磁反馈力的大小为

$$F_f = K_f I_o \tag{1-7}$$

K_f 是电磁结构常数，其值为

$$K_f = \pi B_0 DW$$

式中，B_0 为气隙磁感应强度；D 为动圈平均直径；W 为动圈匝数。

由前面的分析可知，改变 K_f 同样可调整变送器的量程，这可通过改变反馈动圈的匝数 W 来实现。

反馈动圈由 W_1 和 W_2 两部分组成，连接线路如图 1-11（b）所示。W_1 为 725 匝，用于低量程挡；W_2 为 1450 匝，$W_1 + W_2 = 2175$ 匝，用于高量程挡。图中 R_{11} 和 W_2 的直流电阻相等。在低量程挡时，将 W_1 和 R_{11} 串接，即 1-3 短接，2-4 短接；在高量程挡时，将 W_1 和 W_2 串联使用，即 1-2 短接。

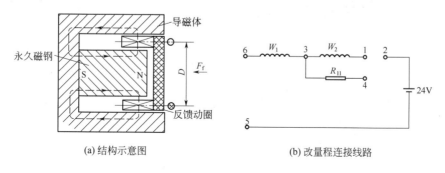

(a) 结构示意图　　　　　　(b) 改量程连接线路

图 1-11　电磁反馈机构

因为 $\dfrac{W_1 + W_2}{W_1} = 3$，所以改变反馈动圈匝数可实现 3∶1 的量程调整。将调整矢量角和改变反馈动圈匝数结合起来，最大和最小量程比可达 $3.8 \times 3 ∶ 1 = 11.4 ∶ 1$。

（三）低频位移检测放大器

低频位移检测放大器的作用是将副杠杆上检测片的微小位移 s 转换成直流输出电流 I_o，因此它实质上是一个位移-电流转换器。

低频位移检测放大器包括差动变压器和低频放大器等部分，以及采取了本质安全防爆措施。图 1-12 是其原理线路图。

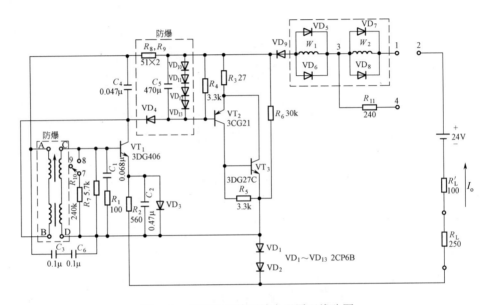

图 1-12　低频位移检测放大器原理线路图

1. 差动变压器

差动变压器由检测片（衔铁），上、下罐形磁芯和四组线圈构成，如图 1-13 所示，其作用是将检测片的位移 s 转换成相应的电压信号 u_{CD}。

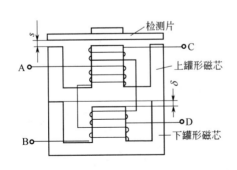

图 1-13　差动变压器的结构

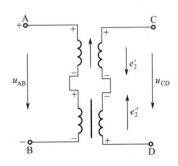

图 1-14　差动变压器原理图

匝数相同的原边两组线圈和副边两组线圈分别绕在上、下罐形磁芯的中心柱上，且原边线圈是同相连接的，副边线圈是反相连接的。罐形磁芯的中心柱截面积等于其外环的截面积。下罐形磁芯的中心柱人为地磨出一个 $\delta = 0.76\text{mm}$ 的固定气隙。上罐形磁芯的磁路空气隙长度是随检测片的位移 s 而变化的，也即随测量信号而变化。为便于分析差动变压器的工作原理，现把图 1-13 改画成图 1-14 所示的原理图。图中 u_{AB} 为原边绕组的电压；u_{CD} 为副边绕组的感应电势。由于副边两组线圈的感应电势 e'_2 和 e''_2 反相，因而 u_{CD} 值为 e'_2 和 e''_2 之差，当 u_{AB} 一定时，e''_2 是一固定值，而 e'_2 随 s 大小而变化。

当检测片位移 $s = \dfrac{\delta}{2}$ 时，因差动变压器上、下两部分磁路的磁阻相等，原、副边绕组之间的互感也相等，故上、下两部分的感应电势 e'_2、e''_2 相等，结果 $u_{CD} = |e'_2| - |e''_2| = 0$，差动变压器无输出。

当检测片位移 $s < \dfrac{\delta}{2}$ 时，因差动变压器上部分磁路磁阻减小，互感增加，故感应电势 $|e'_2|$ 大于 $|e''_2|$，且 u_{CD} 随着 s 的减小而增加，此时 u_{CD} 与 u_{AB} 同相。

当检测片位移 $s > \dfrac{\delta}{2}$ 时，因差动变压器上部分磁路磁阻增大，互感减小，故感应电势 $|e'_2|$ 小于 $|e''_2|$，且 u_{CD} 随着 s 的增大而增加，此时 u_{CD} 与 u_{AB} 反相。

由此可知，差动变压器副边绕组感应电势 u_{CD} 和原边绕组电压 u_{AB} 的相位关系取决于检测片的位移 s 是大于 $\dfrac{\delta}{2}$，还是小于 $\dfrac{\delta}{2}$，且 u_{CD} 的大小又与 s 的大小有关。

2. 低频放大器

低频放大器由振荡器、整流滤波及功率放大器三部分组成。

（1）振荡器　振荡器电路如图 1-15 所示。由图可见，它是一个采用变压器耦合的 LC 振荡电路。由差动变压器原边绕组的电感 L_{AB} 和电容 C_4 构成的并联谐振回路，作为晶体管 VT_1 的集电极负载。副边绕组 CD 接在 VT_1 的基极和发射极之间，用以耦合反馈信号。电阻 R_6 和二极管 VD_1、VD_2 构成分压式偏置电路，VD_1、VD_2 还具有温度补偿作用。R_2 是电流负反馈电阻，用来稳定 VT_1 的直流工作点。

由 L_{AB}、C_4 构成的并联谐振回路的固有频率也就是低频振荡器的振荡频率

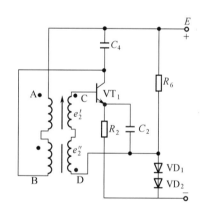

图 1-15　振荡器电路

$$f_0 = \frac{1}{2\pi\sqrt{L_{AB}C_4}}$$

将有关元件数值 $L_{AB} = 39\text{mH}$、$C_4 = 0.047\mu\text{F}$ 代入，则可算得 $f_0 \approx 4\text{kHz}$。

将振荡器的输出电压经差动变压器耦合得到的 u_{CD}，反馈至功率放大器的输入端。如果反馈信号能满足振荡的相位条件和振幅条件，则功率放大器能形成自激振荡。

现先分析振荡的相位条件。由图 1-15 可知，只要 u_{CD} 与 u_{AB} 的相位相同，则反馈信号与放大器的输入信号同相，电路就形成正反馈。在检测片的位移 $s = \dfrac{\delta}{2}$ 时，$u_{CD} = 0$，故不可能振

荡；在 $s>\dfrac{\delta}{2}$ 时，因 u_{CD} 与 u_{AB} 反相，也不可能振荡；只有在 $s<\dfrac{\delta}{2}$ 时，因 u_{CD} 与 u_{AB} 同相，才能形成正反馈，满足振荡的相位条件，电路才可能振荡。

至于振荡的振幅条件，即 $KF=1$（K 为放大器电压放大系数，F 为反馈系数），只要选择合适的电路变量，是容易满足的。

下面再讨论检测片位移 s 与振荡器输出电压 u_{AB} 之间的关系。图 1-16（a）所示为振荡器的放大特性和反馈特性，此图表明，振荡器的放大特性是非线性的，而反馈特性在铁芯未饱和的情况下是线性的。两条线的交点 P 即为稳定后的工作点，P 点对应的 u'_{AB} 就是振荡器的输出电压。

振荡器的反馈系数是随检测片位移 s 的改变而变化的，在 s 较大时（$<\dfrac{\delta}{2}$ 范围内），因磁阻较大，F 就比较小；反之，s 较小时，磁阻较小，F 就比较大。检测片在位置 s_1、s_2、s_3 时，其相应的反馈系数为 F_1、F_2、F_3。若 $s_3<s_2<s_1$，则 $F_3>F_2>F_1$。由图 1-16（b）可见，不同 F 时的反馈特性与放大特性相交于 P_1、P_2、P_3，此时对应的输出电压分别为 u_{AB_1}、u_{AB_2}、u_{AB_3}。

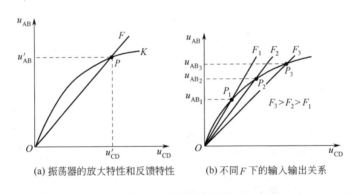

(a) 振荡器的放大特性和反馈特性　　　(b) 不同 F 下的输入输出关系

图 1-16　振荡器特性

综上所述，当检测片位移 s 改变时，反馈系数 F 随之改变，使特性曲线上的交点 P 上下移动，因此输出电压 u_{AB} 也随之改变。其变化趋势为：$s\downarrow\rightarrow F\uparrow\rightarrow P$ 点上移→$u_{AB}\uparrow$。

（2）整流滤波　整流滤波电路如图 1-17 所示。振荡器的输出电压 u_{AB} 经二极管 VD_4 整流以及通过电阻 R_8、R_9 和电容 C_5 滤波得到平滑的直流电压信号，再送至功率放大器。整流滤波电路并联在 L_{AB}、C_4 回路的两端，因此它的总阻抗不能太小，否则影响振荡器的工作。

（3）功率放大器　功率放大器由晶体管 VT_2、VT_3 和电阻 R_3、R_4、R_5 组成，如图 1-18 所示。放大器采用 PNP-NPN 互补型复合管，其目的一是提高电流放大系数，二是电平配置，使 VT_2 的基极电平与前级输出信号的电平相匹配。

图 1-18 中，R_3 为稳定工作点的反馈电阻，同时可提高功率放大器的输入阻抗，有利于滤波电路输出电压的稳定。R_5 为 VT_2、VT_3 集电极与发射极之间的穿透电流提供旁路，用以改善功率放大器的温度性能。同时 R_5 的接入也降低了功率放大器的增益，但提高了电路的稳定性。

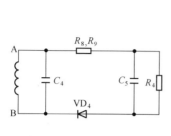

图 1-17 整流滤波电路

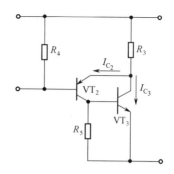

图 1-18 功率放大器电路

低频放大器线路中其他元件的作用如下。

R_1、C_1 起相位校正作用，它对高次谐波造成相移，破坏其振荡的相位条件，即防止高次谐波产生寄生振荡。

R_7 起稳定振荡管输入电压的作用。由于 VT_1 的工作点比乙类稍高，在 u_{CD} 的正负半周，输入阻抗变化较大，接入 R_7 可使差动变压器的副边负载比较均匀。

R_{10} 用来改变低频放大器的灵敏度。当变送器用在高量程时，通过端子 7、8 将 R_{10} 接入，与差动变压器副边并联，使灵敏度降低。

C_3、C_6 为高频旁路电容，可减小交流分量。

VD_9 为防止电源反接的保护二极管。

3. 本质安全防爆措施

考虑本质安全防爆的原则是尽可能减少储能元件（电感、电容），并使现有储能元件在故障情况下释放的能量（电压、电流）限制在安全定额以下。在图 1-12 的线路中采取了如下本质安全防爆措施。

差动变压器原边线圈兼作振荡器的谐振电感，振荡器和功率放大器直接耦合，这样就最大限度地减少了感性和容性储能元件。

反馈动圈 W_1、W_2 两端并联二极管 $VD_5 \sim VD_8$，在断电时给反馈动圈储存的磁场能量以泄放的通路，避免产生过高的反冲电压。各用两个二极管作冗余备用，以确保安全。

二极管 $VD_{10} \sim VD_{13}$ 用以限制电容 C_5 两端的电压，二极管 VD_3 用以限制电容 C_2 两端的电压，防止储能过多。

R_8、R_9 为 C_5 的放电能量限流电阻，在 VD_4 击穿时，可限制 C_5 的放电电流。

二、电容式差压变送器

（一）概述

电容式差压变送器是没有杠杆机构的变送器。它采用差动电容作为检测元件，整个变送器无机械传动、调整装置，并且测量部分采用全封闭焊接的固体化结构，因此仪表结构简单、性能稳定、可靠，且具有较高的精度。

电容式差压变送器包括测量部件和转换放大电路两部分，其构成方框如图 1-19 所示。输入差压Δp_i作用于测量部件的中心感压膜片，使其产生位移，从而使中心感压膜片（即可动电极）与两固定电极所组成的差动电容器的电容量发生变化。此变化电容量由电容-电流转换电路转换成直流电流信号，电流信号与调零信号的代数和同反馈信号进行比较，其差值送入放大和输出限制电路，经放大得到整机的输出电流I_o。

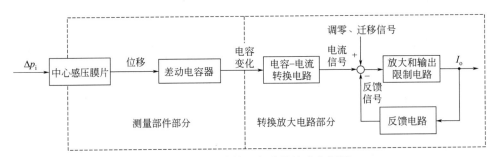

图 1-19 电容式差压变送器构成方框图

电容式差压变送器的主要性能指标：基本误差有±0.25%、±0.35%和±0.5%三种，负载电阻为0～600Ω[在24V（DC）供电时]和0～1650Ω[在45V（DC）供电时]，电源电压为12～45V（DC），一般为24V（DC）。

（二）测量部件

测量部件的作用是把被测差压Δp_i转换成电容量的变化。它由正、负压测量室和差动电容检测元件（膜盒）等部分组成，其结构如图1-20所示。

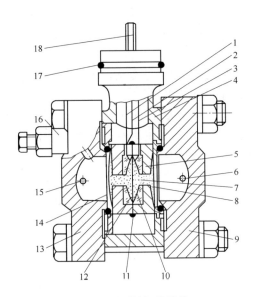

图 1-20 测量部件结构

1，2，3—电极引线；4—差动电容膜盒座；5—差动电容膜盒；

6—负压侧导压口；7—硅油；8—负压侧隔离膜片；9—负压室基座；

10—负压侧弧形电极；11—中心感压膜片；12—正压侧弧形电极；13—正压室基座；

14—正压侧隔离膜片；15—正压侧导压口；16—放气排液螺钉；17—O形密封环；18—插头

　　差动电容检测元件包括中心感压膜片 11（即可动电极），正、负压侧弧形电极 12、10（即固定电极），电极引线 1、2、3，正、负压侧隔离膜片 14、8 和正、负压室基座 13、9 等。在差动电容检测元件的空腔内充有硅油，用以传递压力。中心感压膜片和其两边的正、负压侧弧形电极形成电容 C_{i1} 和 C_{i2}。无差压输入时，$C_{i1} = C_{i2}$，其电容量约为 150～170pF。

　　当被测差压 Δp_i 通过正、负压侧导压口引入正、负压室，作用于正、负压侧隔离膜片上时，迫使硅油向右移动，将压力传递到中心感压膜片的两侧，使中心感压膜片向右产生微小位移 Δs，如图 1-21 所示。

　　被测差压 Δp_i 与中心感压膜片位移 Δs 的关系可表示为

$$\Delta s = K_1 \Delta p_i \qquad (1\text{-}8)$$

　　式中，K_1 为由中心感压膜片材料特性和结构变量所确定的系数。

图 1-21　差动电容变化示意图

　　设中心感压膜片与两边固定电极之间的距离分别为 s_1 和 s_2。

　　当被测差压 $\Delta p_i = 0$ 时，中心感压膜片与两边固定电极之间的距离相等。设其间距为 s_0，则 $s_1 = s_2 = s_0$。

　　当有差压输入，即 $\Delta p_i \neq 0$ 时，如上所述，中心感压膜片产生位移 Δs。此时有

$$s_1 = s_0 + \Delta s \quad \text{和} \quad s_2 = s_0 - \Delta s \qquad (1\text{-}9)$$

　　若不考虑边缘电场的影响，中心感压膜片与其两边固定电极构成的电容 C_{i1} 和 C_{i2}，可近似地看成是平板电容器。其电容量分别为

$$C_{i1} = \frac{\varepsilon A}{s_1} = \frac{\varepsilon A}{s_0 + \Delta s} \qquad (1\text{-}10)$$

和

$$C_{i2} = \frac{\varepsilon A}{s_2} = \frac{\varepsilon A}{s_0 - \Delta s} \qquad (1\text{-}11)$$

　　式中，ε 为极板间介质的介电常数；A 为固定极板的面积。

　　两电容之差为

$$\Delta C = C_{i2} - C_{i1} = \varepsilon A \left(\frac{1}{s_0 - \Delta s} - \frac{1}{s_0 + \Delta s} \right) \qquad (1\text{-}12)$$

　　可见两电容的差值与中心感压膜片的位移 Δs 呈非线性关系。但若取两电容之差与两电容之和的比值，则有

$$\frac{C_{i2} - C_{i1}}{C_{i2} + C_{i1}} = \frac{\varepsilon A \left(\dfrac{1}{s_0 - \Delta s} - \dfrac{1}{s_0 + \Delta s} \right)}{\varepsilon A \left(\dfrac{1}{s_0 - \Delta s} + \dfrac{1}{s_0 + \Delta s} \right)} = \frac{\Delta s}{s_0} = K_2 \Delta s \qquad (1\text{-}13)$$

其中

$$K_2 = \frac{1}{s_0}$$

式（1-13）表明了以下几点。

① 差动电容的相对变化值 $\dfrac{C_{i2}-C_{i1}}{C_{i2}+C_{i1}}$ 与 Δs 呈线性关系，因此转换放大电路部分应将这一相对变化值变换为直流电流信号。

② $\dfrac{C_{i2}-C_{i1}}{C_{i2}+C_{i1}}$ 与介电常数 ε 无关。这一点非常重要，因为 ε 是随温度变化的，现 ε 不出现在式中，无疑可大大减少温度对变送器的影响。

③ $\dfrac{C_{i2}-C_{i1}}{C_{i2}+C_{i1}}$ 的大小与 s_0 有关。s_0 愈小，差动电容的相对变化量愈大，即灵敏度愈高。

将式（1-8）代入式（1-13），可得

$$\frac{C_{i2}-C_{i1}}{C_{i2}+C_{i1}}=K_1K_2\Delta p_i \tag{1-14}$$

应当指出，在上述讨论中，并没有考虑到分布电容的影响。事实上，由于分布电容 C_0 的存在，差动电容的相对变化值变为

$$\frac{(C_{i2}+C_0)-(C_{i1}+C_0)}{(C_{i2}+C_0)+(C_{i1}+C_0)}=\frac{C_{i2}-C_{i1}}{C_{i2}+C_{i1}+2C_0} \tag{1-15}$$

可见分布电容的存在会给变送器带来非线性误差，为了保证仪表精度，应在转换放大电路中加以克服。

（三）转换放大电路

转换放大电路的作用是将上述差动电容的相对变化值，转换成标准的电流输出信号。此外，还要实现零点调整、正负迁移、量程调整、阻尼调整等功能。其原理框图如图 1-22 所示。

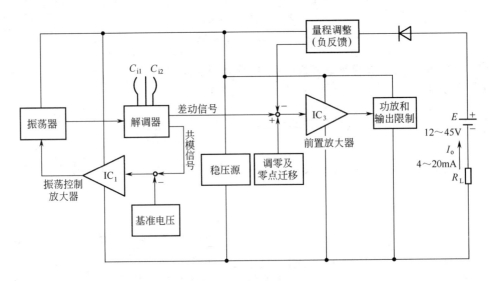

图 1-22 转换放大电路部分原理框图

该电路包括电容-电流转换电路及放大和输出限制电路两部分。它们由振荡器、解调器、

振荡控制放大器以及前置放大器、调零及零点迁移电路、量程调整电路（负反馈电路）、功放与输出限制电路等组成。

差动电容器 C_{i1}、C_{i2} 由振荡器供电，经解调（即相敏整流）后，输出两组电流信号：一组为差动信号；另一组为共模信号。

差动信号随输入差压 Δp_i 而变化，此信号与调零及调量程信号（即反馈信号）叠加后送入前置放大器 IC_3，再经功放和限流得到 $4\sim20mA$ 的输出电流。

共模信号与基准电压进行比较，其差值经 IC_1 放大后，作为振荡器的供电，通过负反馈使共模信号保持不变。下面的分析证实，当共模信号为常数时，能保证差动信号与输入差压之间呈单一的比例关系。

该部分的完整电路如图 1-28 所示。

1. 电容-电流转换电路

电容-电流转换电路的功能是将差动电容的相对变化值成比例地转换为差动电流信号（即电流变化值）。

（1）振荡器 振荡器用来向差动电容 C_{i1}、C_{i2} 提供高频电流，它由晶体管 VT_1、变压器 T_1 及一些电阻、电容组成。振荡器电路如图 1-23 所示，由图可知，这是一种变压器反馈型振荡电路。在电路设计时，只要适当选择电路元件的变量，便可满足振荡条件。

振荡器由振荡控制放大器 IC_1 的输出电压 U_{o1} 供电，从而使 IC_1 能控制振荡器的输出幅度。振荡器的三个输出绕组（1-12、2-11、3-10，图中画出一个）的等效电感为 L。输出绕组的等效负载为电容 C，它的大小取决于变送器的差动电容值。电感 L 和电容 C 组成了并联谐振电路，其谐振频率也就是该振荡器的工作频率，其值约为 $32kHz$。由于差动电容随输入差压而变，因此该振荡器的频率也是可变的。

（2）解调和振荡控制电路 这部分电路包括解调器、振荡控制放大器和线性调整电路。前者主要由二极管 $VD_1\sim VD_8$ 构成，后者即为集成运算放大器 IC_1。电路原理如图 1-24 所示。

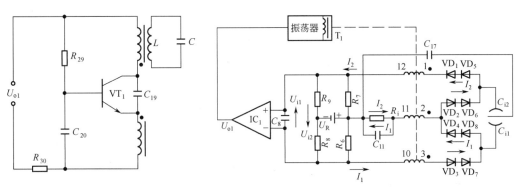

图 1-23 振荡器电路   图 1-24 解调和振荡控制电路原理

图 1-24 中，R_i 为并联在电容 C_{11} 两端的等效电阻。U_R 是集成运算放大器 IC_2 的输出电压，由电路总图 1-28 可知，此电压是稳定不变的，它作为 IC_1 输入端的基准电压源。IC_1 的输出电压 U_{o1} 作为振荡器的电源电压。变压器 T_1 的三个绕组（1-12、2-11、3-10）分别与一些二极管和差动电容串接在电路中。由于差动电容器的容量很小，其值远远小于 C_{11} 和 C_{17}，因此在振荡器输出幅度恒定的情况下，通过 C_{i1} 和 C_{i2} 的电流大小，主要取决于这两个电容器的容量。

① 解调器 解调器的工作原理可结合图 1-24 来说明。

绕组 2-11 输出的高频电压，经 VD_4、VD_8 和 VD_2、VD_6 整流得到直流电流 I_1 和 I_2。I_1 的流经路线为

$$T_1(11) \to R_i \to C_{17} \to C_{i1} \to VD_8、VD_4 \to T_1(2)$$

I_2 的流经路线为

$$T_1(2) \to VD_2、VD_6 \to C_{i2} \to C_{17} \to R_i \to T_1(11)$$

绕组 3-10 和绕组 1-12 输出的高频电压，经 VD_3、VD_7 和 VD_1、VD_5 整流，同样得到直流电流 I_1 和 I_2（电路设计时，分别使流过 VD_3、VD_7 和 VD_4、VD_8 的电流以及流过 VD_1、VD_5 和 VD_2、VD_6 的电流相等）。此时 I_1 的流经路线为

$$T_1(3) \to VD_3、VD_7 \to C_{i1} \to C_{17} \to R_6 /\!/ R_8 \to T_1(10)$$

I_2 的流经路线为

$$T_1(12) \to R_7 /\!/ R_9 \to C_{17} \to C_{i2} \to VD_5、VD_1 \to T_1(1)$$

从图 1-24 中可以看出，经 VD_4、VD_8 和 VD_2、VD_6 整流而流经 R_i 的两个电流 I_1 和 I_2，方向是相反的，两者之差 $I_1 - I_2$ 即为解调器输出的差动电流信号 I_i。I_i 在 R_i 上的压降将送至下一级放大。经 VD_3、VD_7 和 VD_1、VD_5 整流而流经 $R_6 /\!/ R_8$ 和 $R_7 /\!/ R_9$ 的两个电流，方向是一致的，两者之和 $I_1 + I_2$ 即为解调器输出的共模电流信号。

电路中每一电流回路均用两个二极管相串接进行整流，以使电路安全、可靠。

为了求得差动电流信号 I_i 与差动电容相对变化值的关系，先要确定电流 I_1、I_2 的大小。因电路时间常数比振荡周期小得多，可认为 C_{i1}、C_{i2} 两端电压的变化等于振荡器输出高频电压的峰-峰值 U_{pp}。故可求得电流 I_1 和 I_2 的平均值如下。

$$I_1 = \frac{C_{i1} U_{pp}}{T} = U_{pp} C_{i1} f \tag{1-16}$$

$$I_2 = U_{pp} C_{i2} f \tag{1-17}$$

式中，T，f 分别为高频电压的周期和频率。

两电流平均值之差及之和分别为

$$I_2 - I_1 = U_{pp}(C_{i2} - C_{i1}) f \tag{1-18}$$

$$I_2 + I_1 = U_{pp}(C_{i2} + C_{i1}) f \tag{1-19}$$

由式（1-18）和式（1-19）得

$$I_i = I_2 - I_1 = (I_2 + I_1) \frac{C_{i2} - C_{i1}}{C_{i2} + C_{i1}} \tag{1-20}$$

可见，只要设法使 $I_1 + I_2$ 维持恒定，即可实现差动电容相对变化值与差动电流信号 I_i 的线性关系。

② 振荡控制放大器 IC_1 的作用是使流过 VD_3、VD_7 和 VD_1、VD_5 的电流之和 $I_1 + I_2$ 等于常数。由图 1-24 可知，IC_1 的输入端接收两个电压信号：一个是基准电压 U_R 在 R_9 和 R_8 上的压降 U_{i1}；另一个是 $I_1 + I_2$ 在 $R_6 /\!/ R_8$ 和 $R_7 /\!/ R_9$ 上的压降 U_{i2}。这两个电压信号之差送入 IC_1，经放大得到 U_{o1}，去控制振荡器。当 IC_1 为理想集成运算放大器时，由 IC_1、振荡器及解调器一部分电路所构成的深度负反馈电路，使 IC_1 输入端的两个电压信号近似相等，即

$$U_{i1} = U_{i2} \tag{1-21}$$

据此可求得 $I_1 + I_2$ 的数值。

从电路分析可知，这两个电压信号的关系式分别为

$$U_{i1} = \frac{U_R}{R_6 + R_8}R_8 - \frac{U_R}{R_7 + R_9}R_9$$

和

$$U_{i2} = \frac{I_1(R_6 R_8)}{R_6 + R_8} + \frac{I_2(R_7 R_9)}{R_7 + R_9}$$

因 $R_6 = R_9$，$R_7 = R_8$，故上两式可分别简化为

$$U_{i1} = \frac{R_8 - R_9}{R_6 + R_8}U_R \qquad\qquad (1\text{-}22)$$

和

$$U_{i2} = \frac{R_6 R_8}{R_6 + R_8}(I_1 + I_2) \qquad\qquad (1\text{-}23)$$

再将 U_{i1} 和 U_{i2} 值代入式（1-21），可求得

$$I_1 + I_2 = \frac{R_8 - R_9}{R_6 R_8}U_R \qquad\qquad (1\text{-}24)$$

上式中的 R_6、R_8、R_9 和 U_R 均恒定不变，故 $I_1 + I_2$ 为一常数。

设 $K_3 = \dfrac{R_8 - R_9}{R_6 R_8}U_R$，则将式（1-24）代入式（1-20）得

$$I_i = I_2 - I_1 = K_3 \frac{C_{i2} - C_{i1}}{C_{i2} + C_{i1}} \qquad\qquad (1\text{-}25)$$

③ 线性调整电路　由于差动电容检测元件中分布电容的存在，造成非线性误差。由式（1-25）可知，分布电容将使差动电容的相对变化值减小，从而使 I_i 偏小。为克服这一误差，在电路中设计了线性调整电路。该电路通过提高振荡器输出电压幅度以增大解调器输出电流的方法，来补偿分布电容所产生的非线性。线性调整电路由 VD_9、VD_{10}、C_3、R_{22}、R_{23}、R_{P1} 等元件组成。现将这一电路画成如图 1-25 所示的原理简图进行分析。

绕组 3-10 和绕组 1-12 输出的高频电压经 VD_9、VD_{10} 整流，在 R_{22}、R_{P1}、R_{23} 上形成直流压降（即调整电压）U_{i3}。因 $R_{22} = R_{23}$，故当 $R_{P1} = 0$ 时，绕组 3-10 和绕组 1-12 回路在振荡器正、负半周内所呈现的电阻相等，所以 $U_{i3} = 0$，无补偿作用。当 $R_{P1} \neq 0$ 时，两绕组回路在振荡器正、负半周内所呈现的电阻不相等，所以 $U_{i3} \neq 0$，U_{i3} 的方向如图 1-25 中所示。该调整电压作用于 IC_1，使 IC_1 的输出电位降低，振荡器的供电电压增加，从而使振荡器的振荡幅度增大，提高了 I_i，这样就补偿了分布电容所造成的误差。补偿电压大小取决于 R_{P1} 的阻值，R_{P1} 大，则补偿作用强。

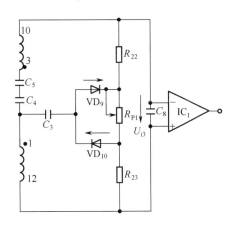

图 1-25　线性调整电路原理图

2. 放大和输出限制电路

这部分电路的功能是将差动电流信号 I_i 放大，并输出 4～20mA 的直流电流。其电路原理如图 1-26 所示。

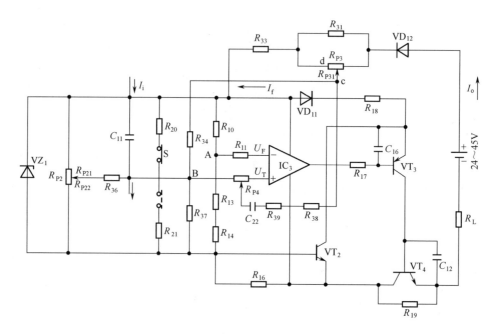

图 1-26　放大和输出限制电路原理图

（1）放大电路　放大电路主要由前置放大器 IC_3 和晶体管 VT_3、VT_4 等组成。IC_3 起前置放大作用，VT_3 和 VT_4 组成复合管，将 IC_3 的输出电压转换为变送器的输出电流。电阻 R_{31}、R_{33}、R_{34} 和电位器 R_{P3} 组成反馈电阻网络，输出电流 I_o 经这一网络分流，得到反馈电流 I_f，它送至前置放大器的输入端，构成深度负反馈，从而保证了 I_o 与 I_i 之间的线性关系。

电路中 R_{P2} 为调零电位器，用以调整输出零位。S 为正、负迁移调整开关，开关拨至相应位置，可实现变送器的正向或负向迁移。R_{P3} 为调量程电位器，用以调整变送器的量程。

现对前置放大器的输入输出关系做进一步的分析。由图 1-26 可知，IC_3 反相输入端的电压 U_F（即 A 点的电压 U_A），是由 VZ_1 的稳定电压通过 R_{10} 和 R_{13}、R_{14} 分压所得。该电压使 IC_3 输入端的电位在共模输入电压范围内，以保证前置放大器能正常工作。IC_3 同相输入端的电压 U_T（即 B 点的电压 U_B）是由三个电压信号叠加而成的：第一个是解调器的输出电流 I_i 在 B 点产生的电压 U_i；第二个是调零电路在 B 点产生的调零电压 U'_0；第三个是调量程电路（即负反馈电路）的反馈电流 I_f 在 B 点产生的电压 U_f。

设 R_i 为并在电容 C_{11} 两端的等效电阻（参见图 1-24），则 $U_i = -R_i I_i$。U_i 为负值，是由于 C_{11} 上的压降为上正下负（参见图 1-26），即 B 点的电位随 I_i 的增加而降低。

调零电路如图 1-27（a）所示。设 R'_0 为计算 U'_0 时在 B 点处的等效电阻。可由图求得调零电压 U'_0 为

$$U'_0 = \frac{U_{VZ1}}{R_{P21} + R_{P22} \mathbin{/\mkern-5mu/} (R_{36} + R'_0)} \times \frac{R_{P22} R'_0}{R_{P22} + R_{36} + R'_0} = a U_{VZ1}$$

其中
$$a = \frac{R_{P22}R'_0}{[R_{P21} + R_{P22} /\!/ (R_{36} + R'_0)](R_{P22} + R_{36} + R'_0)}$$

调量程电路如图 1-27（b）所示。设 R_f 为计算 U_f 时 I_f 流经 B 点处的等效负载电阻，R_{cd} 为电位器滑触点 c 和 d 之间的等效电阻，按△-Y 变换方法可得

$$R_{cd} = \frac{R_{P31}R_{31}}{R_{P3} + R_{31}}$$

由于 $R_{34} + R_f \gg R_{cd} + R_{33}$，故可近似地求得反馈电流为

$$I_f = \frac{R_{cd} + R_{33}}{R_{34} + R_f} I_o = \frac{I_o}{\beta}$$

因此
$$U_f = \frac{R_f I_o}{\beta}$$

其中
$$\beta = \frac{R_{34} + R_f}{R_{cd} + R_{33}}$$

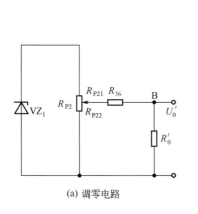

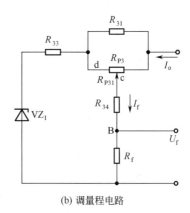

(a) 调零电路　　　　　(b) 调量程电路

图 1-27　调零和调量程电路

当 IC_3 为理想集成运算放大器时，$U_T = U_F$（即 $U_A = U_B$），则有
$$U_A = U_i + U'_0 + U_f \tag{1-26}$$
将 U_i、U'_0 和 U_f 的关系式代入式（1-26），得

$$I_o = \frac{\beta R_i}{R_f} I_i + \frac{\beta}{R_f}(U_A - aU_{VZ1}) \tag{1-27}$$

设 $K_4 = \frac{\beta R_i}{R_f}$，$K_5 = \frac{1}{R_i}$，并将式（1-25）代入式（1-27），则得

$$I_o = K_3 K_4 \frac{C_{i2} - C_{i1}}{C_{i2} + C_{i1}} + K_4 K_5 (U_A - aU_{VZ1}) \tag{1-28}$$

再将式（1-14）代入上式得

$$I_o = K_1 K_2 K_3 K_4 \Delta p_i + K_4 K_5 (U_A - a U_{VZ1}) \tag{1-29}$$

式（1-29）表明了变送器输入差压Δp_i与输出电流I_o之间呈比例关系。此式还说明以下几点。

① 等式右边第二项为调零信号。在测量下限时，应调整该项使变送器的输出电流为4mA。由图1-27、图1-28可知，U_0'值（即$a U_{VZ1}$）可通过调节电位器R_{P2}或由开关S接通R_{20}或R_{21}来改变。当R_{20}接通时，U_0'增加，变送器输出电流减小，从而可实现正向迁移；当R_{21}接通时，U_0'减小，可实现负向迁移。

② K_4为电路放大倍数，此值与β有关。调节电位器R_{P3}，可改变β值，即可实现变送器的量程调整。

③ 改变β值，不仅调整了变送器的量程，而且也影响了变送器的调零信号。同样，改变U_0'值，不仅改变了变送器零位，对满度输出也会有影响。因此，在仪表调校时，应反复调整零点和满度。

（2）输出限制电路　该电路由晶体管VT_2、电阻R_{18}等组成，如图1-28所示。其作用是防止输出电流过大，损坏器件。当输出电流超过允许值时，R_{18}上压降变大，使VT_2的集电极电位降低，从而使该管处于饱和状态，因此流过VT_2，也即流过VT_4的电流受到限制。输出限制电路可保证在变送器过载时，输出电流I_o不大于30mA。

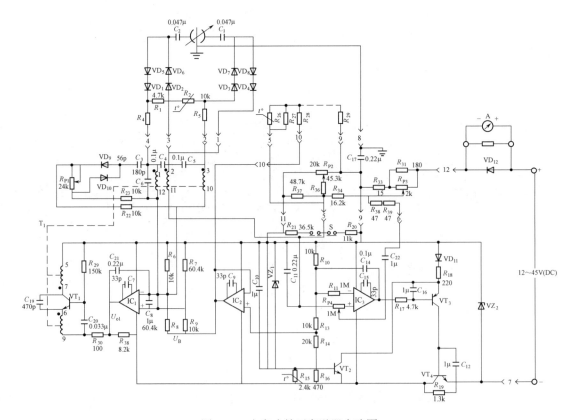

图1-28　电容式差压变送器电路图

放大和输出限制电路中其他元件的作用如下。

R_{38}、R_{39}、C_{22}和R_{P4}等构成阻尼电路，用于抑制变送器的输出因被测差压变化所引起的波动。R_{P4} 为阻尼时间常数调整电位器，调节 R_{P4} 可改变动态反馈量，也即调整变送器的阻尼程度。

VZ_2 除起稳压作用外，当电源反接时，还提供反向通路，以防止器件损坏。VD_{12} 用于在指示仪表未接通时，为输出电流 I_o 提供通路，同时起反向保护作用。

R_1、R_4、R_5 和热敏电阻 R_2 用于量程温度补偿；R_{27}、R_{28} 和热敏电阻 R_{26} 用于零点温度补偿。

三、扩散硅式差压变送器

扩散硅式差压变送器也是无杠杆的变送器。它采用硅杯压阻传感器为敏感元件，同样具有体积小、质量轻、结构简单和稳定性好的优点，精度也较高。

扩散硅式差压变送器包括测量部件和放大转换电路两部分。

（一）测量部件

测量部件如图 1-29 所示。敏感元件是由两片研磨后胶合成杯状的硅片组成，即图中的硅杯。它既是弹性元件，又是检测元件。当硅杯受压时，压阻效应使其扩散电阻（应变电阻）的阻值发生变化，从而使由这些电阻组成的电桥产生不平衡电压。

硅杯两面浸在硅油中，硅油和被测介质之间用金属隔离膜片分开。硅杯上各应变电阻通过金属丝连到印制电路板上，再穿过玻璃密封部分引出。当被测差压输入到测量室内作用于金属隔离膜片上时，膜片将驱使硅油移动，并把压力传递给硅杯压阻传感器，于是传感器上的不平衡电桥就有电压信号输出至放大器。

值得注意的是，上述应变电阻并不是用应变电阻丝或元件粘贴在弹性膜片上构成的，而是采用集成电路技术，直接在单晶硅片上用扩散、掺杂、掩膜等工艺制成。采用这种工艺有如下优点。

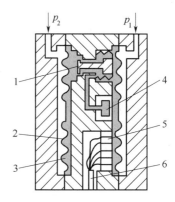

图 1-29 测量部件结构

1—过载保护装置；2—金属隔离膜片；
3—硅油；4—硅杯；5—玻璃密封；6—引出线

① 单晶硅片既是制作应变电阻的基片，又是承受差压的弹性元件。两者结合，省去粘贴工艺，不但便于生产，而且特性比较一致。

② 只要沿硅片晶轴不同方向上布置电阻，在差压作用下，便可得到电阻增大、减小或者不变的效果，前两类用在桥臂中，后一类用在温度补偿电路中。

③ 同一硅片上的各个电阻，以及同一批产品之间，阻值和温度系数比较接近，便于大量生产。

④ 这种工艺便于制造尺寸小的敏感元件。而且控制掺杂的浓度，则可改变敏感元件的灵敏度、线性、温度系数等特性。

（二）放大转换电路

放大转换电路由传感器供电电路、前置放大器和电压/电流转换电路组成，其电路原理如图 1-30 所示。

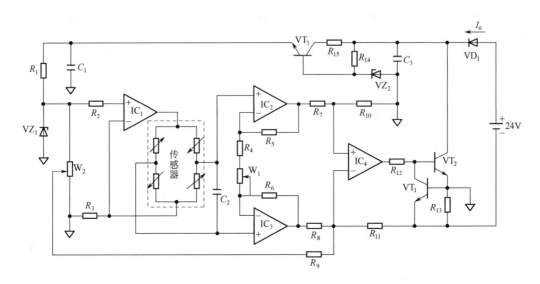

图 1-30　扩散硅式差压变送器放大转换电路原理图

1. 传感器供电电路

该电路为传感器（图 1-30 虚线框内的桥路）提供恒定的桥路工作电流，它由集成运算放大器 IC_1、稳压管 VZ_1 及一些电阻构成。传感器置于 IC_1 的反馈回路中，其工作电流的大小取决于 VZ_1 的稳压值和 R_3 的阻值。

2. 前置放大器

该放大器起电压放大作用，它是一个由集成运算放大器 IC_2、IC_3 组成的高输入阻抗差动放大电路，传感器的输出电压加在 IC_2、IC_3 的同相输入端，IC_2、IC_3 的两个输出端之间的电压送至下一级。前置放大器的电压放大倍数可通过电位器 W_1 调整。

3. 电压/电流转换电路

该电路的作用是把前置放大器的输出电压转换成 4～20mA 的直流输出电流。它由集成运算放大器 IC_4 和晶体管 VT_1、VT_2 组成。VT_2 起电流放大作用，VT_1 则有输出限幅的功能。当输出电流在 R_{13} 上所产生的压降使 VT_1 饱和导通时，输出电压不再增加而保持恒定。

图 1-30 中，晶体管 VT_3、稳压管 VZ_2 和电阻 R_{14}、R_{15} 组成稳压电路，用以对集成运算放大器和 VZ_1 供电。VD_1 为防止电源反接的保护二极管。

第三节　温度变送器

温度变送器与各种热电偶或热电阻配合使用，将温度信号转换成统一标准信号，作为指示仪、记录仪和控制器等的输入信号，以实现对温度参数的显示、记录和自动控制。

温度变送器还可以作为直流毫伏转换器来使用，以将其他能够转换成直流毫伏信号的工艺参数也变成相应的统一标准信号。

温度变送器有两线制和四线制之分，各类变送器又有三个品种，即直流毫伏变送器、热电偶温度变送器和热电阻温度变送器。前一种是将输入的直流毫伏信号转换成 4～20mA 直流电流和 1～5V 直流电压的统一输出信号。后两种则分别与热电偶和热电阻配合，将温度信号转换成统一输出信号。

本节着重讨论四线制温度变送器，对两线制温度变送器做一般介绍。

一、四线制温度变送器

（一）概述

四线制温度变送器具有如下特点。

① 在热电偶和热电阻温度变送器中采用了线性化电路，从而使变送器的输出信号和被测温度呈线性关系，便于指示和记录。

② 变送器的输入、输出之间具有隔离变压器，并采取了本质安全防爆措施，故具有良好的抗干扰性能，且能测量来自危险场所的直流毫伏或温度信号。

温度变送器结构如图 1-31 所示。三种变送器在线路结构上都分为放大单元和量程单元两部分，它们分别设置在两块印制电路板上，用接插件互相连接。其中，放大单元是通用的，而量程单元则随品种、测量范围的不同而异。

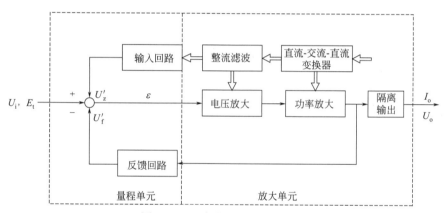

图 1-31　温度变送器结构方框图

方框图中，空心箭头表示供电回路，实线箭头表示信号回路。毫伏输入信号 U_i 或由测温元件送来的反映温度大小的输入信号 E_t 与桥路部分的输出信号 U'_z 及反馈信号 U'_f 叠加，送入集成运算放大器。放大了的电压信号再由功率放大器和隔离输出电路转换成统一的 4～20mA 直流电流 I_o 和 1～5V 直流电压 U_o 输出。

温度变送器的主要性能指标：基本误差为±0.5%；环境温度每变化 25℃，附加误差不超过 ±0.5%；负载电阻在 0～100Ω范围内变化时，附加误差不超过±0.5%。

（二）放大单元工作原理

温度变送器的放大单元由电压放大电路、功率放大电路、隔离输出电路、直流-交流-直流变换器等部分组成，其线路如图 1-44 所示的放大单元部分。放大单元的作用是将量程单元输出的毫伏信号进行电压和功率放大，输出统一的直流电流信号 I_o 和直流电压信号 U_o。同时，输出电流又经反馈部分转换成反馈电压信号 U_f，送至量程单元。

1. 电压放大电路

电压放大电路由集成运算放大器 IC_1 构成。由于来自量程单元的输入信号很小，且电压放大电路采用直接耦合方式，故对温度漂移（简称温漂）必须加以限制。为此应对集成运算放大器的温漂系数提出一定要求。这里，温漂系数主要是指 U_{os} 随温度而变化的数值 $\left(\dfrac{\partial U_{os}}{\partial t}\right)$。

若设变送器使用环境温度范围为Δt，失调电压温漂系数为 $\dfrac{\partial U_{os}}{\partial t}$，则在温度变化$\Delta t$时失调电压的变化量为

$$\Delta U_{os} = \frac{\partial U_{os}}{\partial t} \Delta t \tag{1-30}$$

现设η为由于ΔU_{os}的变化给仪表带来的附加误差，即 $\eta = \dfrac{\Delta U_{os}}{\Delta U_i}$，则由式（1-30）可知

$$\eta = \frac{\partial U_{os}}{\partial t} \Delta t / \Delta U_i \tag{1-31}$$

式（1-31）表示了集成运算放大器的温漂系数和仪表相对误差的关系。温漂系数越大，引起的相对误差就越大。当温度变送器的最小量程ΔU_i为 3mV，温升Δt 为 30℃，要求$\eta \le 0.3\%$时，按式（1-31）就要求

$$\frac{\partial U_{os}}{\partial t} = \frac{\Delta U_i}{\Delta t} \eta \le 0.3 (\mu V/℃)$$

为了满足这一要求，温度变送器中集成运算放大器所用的线性集成电路需采用低漂移型的高增益运算放大器。

2. 功率放大电路

功率放大电路的作用是把集成运算放大器输出的电压信号，转换成具有一定负载能力的电流信号。同时，通过隔离变压器实现隔离输出。

功率放大器线路如图 1-32 所示，由复合管 VT_1、VT_2 及其发射极电阻 R_3、R_4 和隔离变压器 T_0 等元件组成。它由直流-交流-直流变换器输出的交流方波电压供电，因而不仅具有放大作用，还具有调制作用，以便通过隔离变压器传递信号。

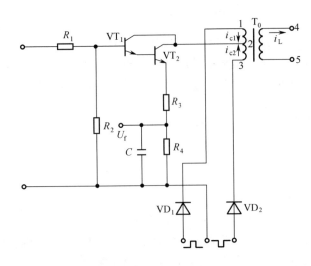

图 1-32 功率放大器原理图

在方波电压的前半个周期（其极性如图 1-32 所示），二极管 VD_1 导通，VD_2 截止，由输

入信号产生电流 i_{c1}；在后半个周期内，二极管 VD_2 导通，VD_1 截止，从而产生电流 i_{c2}。由于 i_{c1} 和 i_{c2} 轮流通过隔离变压器 T_0 的两个绕组，于是在铁芯中产生交变磁通，这个交变磁通使 T_0 的副边产生交变电流 i_L，从而实现了隔离输出。

采用复合管是为了提高输入阻抗，减小线性集成电路的功耗。引入发射极电阻，一方面是为了稳定功率放大器的工作状态，另一方面是为了从 R_4 两端取出反馈电压 U_f。由于 R_4 阻值为 50Ω，故当流过 R_4 的电流为 $4\sim20mA$（其值与输出电流 I_o 相等）时，反馈电压信号 U_f 为 $0.2\sim1V$，此电压送至量程单元，经过线性电阻网络或线性化环节反馈送到集成运算放大器的输入端，以实现整机负反馈。

3. 隔离输出电路

为了避免输出与输入之间有直接电的联系，在功率放大器与输出回路之间，采用隔离变压器 T_0 来传递信号。隔离变压器 T_0 实际上是电流互感器，其变流比为 $1:1$，故输出电流等于功率放大电路复合管的集电极电流。

隔离输出电路如图 1-33 所示。T_0 副边电流 i_L 经过桥式整流和由 R_{14}、C_6 组成的阻容滤波器滤波，得到 $4\sim20mA$ 的直流输出电流 I_o，I_o 在阻值为 250Ω 的电阻 R_{15} 上的压降 $U_o（1\sim5V）$作为变送器输出电压信号。稳压管 VZ_1 的作用在于当电流输出回路断路时，输出电流 I_o 可以通过 VZ_1 流向 R_{15}，从而保证电压输出信号不受影响。二极管 VD_{17}、VD_{18} 的作用是当输出端 B_6 处出现异常正电压时，二极管短路，将熔断器烧断，从而对电路起保护作用。

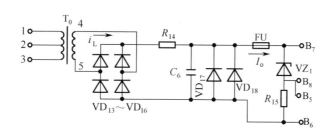

图 1-33 隔离输出电路图

4. 直流-交流-直流（DC/AC/DC）变换器

DC/AC/DC 变换器用来对仪表进行隔离式供电。该变换器在 DDZ-Ⅲ型仪表中是一种通用部件，除了温度变送器外，安全栅也要用它。它先把电源供给的 24V 直流电压转换成一定频率（$4\sim5kHz$）的交流方波电压，再经过整流、滤波和稳压，提供直流电压。在温度变送器中，它既为功率放大器提供方波电源，又为集成运算放大器和量程单元提供直流电源。

（1）工作原理 直流-交流变换器（DC/AC）是 DC/AC/DC 变换器的核心部分。DC/AC 变换器实质上是一个磁耦合对称推挽式多谐振荡器。该变换器线路如图 1-34 所示。图中 R_{13}、R_9 和 R_{10} 为基极偏流电阻，R_{13} 太大会影响启振，太小则会使基极损耗增加。R_{11} 和 R_{12} 为发射极电流负反馈电阻，用以稳定晶体管 VT_3、VT_4 的工作点。二极管 VD_{19} 用来防止电源极性接反而损坏变换器。$VD_9\sim VD_{12}$ 作为振荡电流的通路，并起保护晶体管 VT_3、VT_4 的作用。

电源接通以后，电源电压 E_S 通过 R_{13} 为两个晶体管 VT_3 和 VT_4 提供基极偏流，从而使它们的集电极电流都具有增加的趋势。由于两个晶体管的变量不可能完全相同，现假定晶体管 VT_3 的集电极电流 i_{c3} 增加得快，则磁通 Φ 向正方向增加。根据电磁感应原理，在两个基极绕组 W_{4-8} 和 W_{10-4}（W_b）上分别产生感应电势 e_{b3} 和 e_{b4}，其方向如图 1-34 所示。由于同名端的正确安排，感应电势的方向遵循正反馈的关系，e_{b4} 将使晶体管 VT_4 截止，而 e_{b3} 则使 VT_3

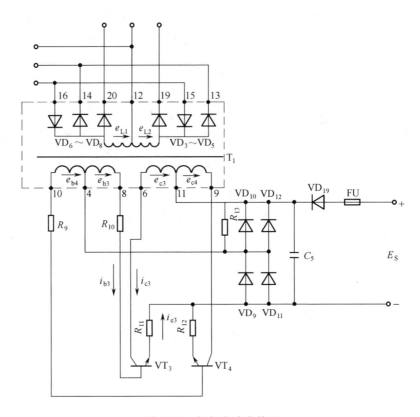

图 1-34 直流-交流变换器

的基极回路产生 i_{b3}，这使 i_{c3} 增加，i_{c3} 的增加又使 i_{b3} 增加。这样，瞬间的正反馈作用使 i_{b3} 立即达到最大值，从而使 VT_3 立即进入饱和状态。VT_3 处于饱和状态时，其管压降 U_{ce3} 极小，在此瞬时，可认为电源电压 E_S 等于集电极绕组 W_{6-11}（W_c）上的感应电势 e_{c3}，于是可从下式得知基极绕组的感应电势的大小。

$$e_{b3} = \frac{W_b}{W_c} e_{c3} \approx \frac{W_b}{W_c} E_S \qquad (1-32)$$

因为感应电势的大小与磁通的变化率成正比，即

$$|e_{c3}| = W_c \frac{\mathrm{d}\boldsymbol{\Phi}}{\mathrm{d}t} \qquad (1-33)$$

而 $|e_{c3}| \approx E_S$ 近似为一常数，所以铁芯中的磁通将随时间线性增加，在铁芯磁化曲线的线性范围内，励磁电流 i_M 亦随时间线性增加。这时，由于 VT_3 发射极电位的不断上升，基极电流 i_{b3} 将下降，可从 VT_3 的基极回路列出以下关系式。

$$i_{b3} \approx \frac{e_{b3} - i_{e3}R_{11}}{R_{10}} \qquad (1-34)$$

由此可见，在集电极电流 i_{c3}（近似等于 i_{e3}）随时间线性增加的同时，基极电流 i_{b3} 将随时间线性下降，直至两者符合晶体管电流放大的基本规律 $i_{c3} = \beta_3 i_{b3}$ 为止。这时 VT_3 的工作状况由饱和区退到放大区，集电极电流达最大值 i_{cM}，与此同时磁通 $\boldsymbol{\Phi}$ 也达到最大值 $\boldsymbol{\Phi}_M$ 而不再增加。

由于 $\dfrac{\mathrm{d}\boldsymbol{\Phi}}{\mathrm{d}t} = 0$，基极绕组感应电势 e_{b3} 立即等于零，i_{c3} 也立即由 i_{cM} 变为零。根据电磁感应原理，

感应电势立即转变方向。在反向的 e_{b3} 作用下，VT_3 立即截止，而反向的 e_{b4} 使 VT_4 立即饱和导通，这是另一方向的正反馈过程。随后 i_{c4} 开始向负方向增加，磁通 $\boldsymbol{\Phi}$ 继续下降，基极电流 i_{b4} 的绝对值逐渐减小，直至使 VT_4 自饱和区退到放大区。此时集电极电流达负向最大，磁通 $\boldsymbol{\Phi}$ 为 $-\boldsymbol{\Phi}_M$。按照同样的道理，使 VT_4 截止，VT_3 又重新导通，如此周而复始，形成自激振荡。

　　由于两个集电极绕组 W_{6-11} 和 W_{11-9} 匝数相等，副边两个绕组 W_{20-12} 和 W_{12-19} 匝数也相等，因而根据电磁感应原理，副边两个绕组的感应电势大小相等，相位相反（以 12 点为参考点），于是在纯阻性负载情况下，罐形磁芯的副边就输出交流方波电压。

　　（2）振荡频率　对于理想的变换器，当晶体管集电极电流达到最大值时，罐形磁芯接近饱和，即在 $\dfrac{T}{2}$ 时间内磁通由 $-\boldsymbol{\Phi}_M$ 增加到 $\boldsymbol{\Phi}_M$。因此，根据电磁感应公式 $|e_c| = W_c \dfrac{\mathrm{d}\boldsymbol{\Phi}}{\mathrm{d}t}$ 可求得振荡周期。式中，e_c 为对应绕组中的感应电势，其绝对值为

$$|e_c| = E_S - U_{ce3} - U_{R11} \approx E_S$$

从电磁感应公式可求得

$$E_S \approx W_c \frac{\boldsymbol{\Phi}_M - (-\boldsymbol{\Phi}_M)}{\dfrac{T}{2} - 0} = \frac{4 W_c B_m S}{T}$$

$$f = \frac{1}{T} = \frac{E_S}{4 B_m S W_c} \tag{1-35}$$

$$B_m S = \boldsymbol{\Phi}_M$$

　　式中，B_m 为对应的磁感应强度，T；S 为磁芯截面积，m²。从上式可以看出，频率与电源电压的幅值呈正比关系。

（三）直流毫伏变送器量程单元

　　量程单元由输入回路和反馈回路组成。为了便于分析它的工作原理，将量程单元和放大单元中的集成运算放大器 IC_1 联系起来画在图 1-35 中。直流毫伏变送器的电路如图 1-44 所示。

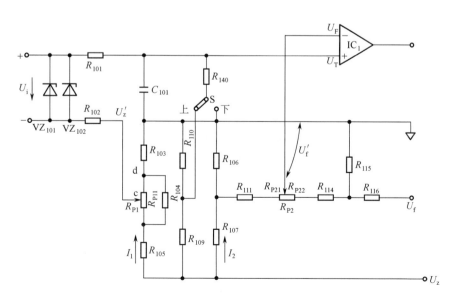

图 1-35　直流毫伏变送器量程单元电路原理图

输入回路中的电阻 R_{101}、R_{102} 及稳压管 VZ_{101}、VZ_{102} 分别起限流和限压作用，它将流入危险场所的电能量限制在安全电平以下。C_{101} 用以滤除输入信号 U_i 中的交流分量。电阻 R_{103}、R_{104}、R_{105} 及调零电位器 R_{P1} 等组成零点调整和零点迁移电路。桥路基准电压 U_z 由集成稳压器提供，其输出电压为 5V。

R_{109}、R_{110}、R_{140} 及开关 S 组成输入信号断路报警（也称断偶报警）电路，如果输入信号开路，当开关置于"上"位置时，R_{110} 上的压降（0.3V）通过电阻 R_{140} 加到集成运算放大器 IC_1 的同相输入端，这个输入电压足以使变送器输出超过 20mA；而当开关 S 置于"下"的位置时，IC_1 同相输入端接地，相当于输入回路输出信号 $U_i = 0$，变送器输出为 4mA。在变送器正常工作时，因 R_{140} 的阻值很大（7.5MΩ），而输入信号内阻很小，故报警电路的影响可忽略。

反馈回路由电阻 R_{106}、R_{107}、R_{111}、$R_{114} \sim R_{116}$ 及调量程电位器 R_{P2} 等组成，电位器滑触点直接与集成运算放大器 IC_1 反相输入端相连。反馈电压 U_f 引自放大单元功率放大电路发射极电阻 R_4 的两端。因 R_4 的阻值很小，故在计算 IC_1 反相输入端的电压 U_F 时，其影响可忽略不计。

由图 1-35 可知，IC_1 同相输入端的电压 U_T 是变送器输入信号 U_i 和基准电压 U_z 共同作用的结果；而它的反相输入端的电压 U_F（即 U'_f）则是由基准电压 U_z 和反馈电压 U_f 共同作用的结果。按叠加原理，集成运算放大器同相输入端和反相输入端的电压分别为

$$U_T = U_i + U'_z = U_i + \frac{R_{cd} + R_{103}}{R_{103} + R_{P1} /\!/ R_{104} + R_{105}} U_z \tag{1-36}$$

$$U_F = U'_f = \frac{R_{106} /\!/ R_{107} + R_{111} + R_{P21}}{R_{106} /\!/ R_{107} + R_{111} + R_{P2} + R_{114} + R_{115} /\!/ R_{116}} \times \frac{R_{115}}{R_{115} + R_{116}} U_f +$$

$$\frac{R_{P22} + R_{114} + R_{115} /\!/ R_{116}}{R_{106} /\!/ R_{107} + R_{111} + R_{P2} + R_{114} + R_{115} /\!/ R_{116}} \times \frac{R_{106}}{R_{106} + R_{107}} U_z \tag{1-37}$$

式中，R_{cd} 为电位器 R_{P1} 滑触点 c 点与 d 点之间的等效电阻。
其值为

$$R_{cd} = \frac{R_{P11} R_{104}}{R_{P1} + R_{104}}$$

在线路设计时使
$R_{105} \gg R_{104} /\!/ R_{P1} + R_{103}$，$R_{107} \gg R_{106}$，$R_{114} \gg R_{111} + R_{P2} + R_{106} /\!/ R_{107} + R_{115} /\!/ R_{116}$

又 $U_f = I_o R_4 = \frac{U_o}{R_{15}} R_4 = \frac{U_o}{5}$（参见图 1-32 和图 1-33），所以式（1-36）和式（1-37）可改写成

$$U_T = U_i + \frac{R_{cd} + R_{103}}{R_{105}} U_z \tag{1-38}$$

$$U_F = \frac{R_{106} + R_{111} + R_{P21}}{R_{111} + R_{114}} \times \frac{R_{115}}{R_{115} + R_{116}} \times \frac{U_o}{5} + \frac{R_{106}}{R_{107}} U_z \tag{1-39}$$

现设

$$\alpha = \frac{R_{\mathrm{cd}} + R_{103}}{R_{105}}, \quad \beta = \frac{5(R_{111}+R_{114})(R_{115}+R_{116})}{(R_{106}+R_{111}+R_{\mathrm{P}21})R_{115}}, \quad \gamma = \frac{R_{106}}{R_{107}}$$

当 IC_1 为理想集成运算放大器时，$U_T = U_F$，可从式（1-38）和式（1-39）求得

$$U_{\mathrm{o}} = \beta [U_{\mathrm{i}} + (\alpha - \gamma)U_{\mathrm{z}}] \qquad (1\text{-}40)$$

上式即为变送器输出与输入之间关系式。这个关系式可以说明以下几点。

① $(\alpha - \gamma)U_{\mathrm{z}}$ 这一项表示了变送器的调零信号，改变 α 值可实现正向或负向迁移。更换电阻 R_{103} 可大幅度地改变零点迁移量。而改变 R_{104} 和调整电位器 $R_{\mathrm{P}1}$，可在小范围内改变调零信号，它可以获得满量程的±5%的零点调整范围。

② β 为输出与输入之间的比例系数，由于输出信号 U_{o} 的范围（1～5V）是固定不变的，因而比例系数愈大，就表示输入信号范围也即量程范围愈小。改变 R_{114} 可大幅度地改变变送器的量程范围；而调整电位器 $R_{\mathrm{P}2}$，可以小范围地改变比例系数，它可获得满量程的±5%的量程调整范围。

③ 调整 $R_{\mathrm{P}2}$，改变比例系数，不仅调整了变送器的输入（量程）范围，而且使调零信号也发生了变化，即调整量程会影响零位，这一情况与差压变送器相同。另外，调整 $R_{\mathrm{P}1}$ 不仅调整了零位，而且满度输出也会相应改变。因此在仪表调校时，零位和满度必须反复调整，才能满足精度要求。

（四）热电偶温度变送器量程单元

为便于分析，将量程单元和放大单元中的集成运算放大器 IC_1 联系起来画于图 1-36（断偶报警电路略）。热电偶温度变送器的整机电路如图 1-45 所示。

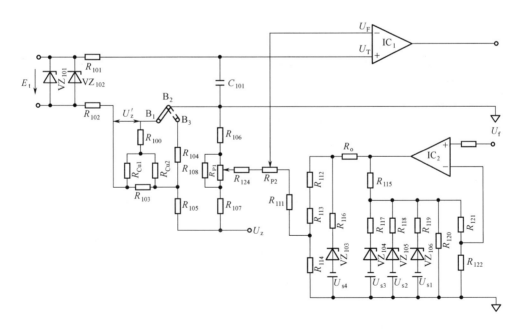

图 1-36　热电偶温度变送器量程单元电路原理图

输入信号 E_{t} 为热电偶所产生的热电势。输入回路中阻容元件 R_{101}、R_{102}、C_{101}，稳压管 VZ_{101}、VZ_{102} 以及断偶报警电路的作用与直流毫伏变送器相同。零点调整、迁移电路以及量程

调整电路的工作原理也与直流毫伏变送器大致相仿。所不同的是：①在热电偶温度变送器的输入回路中增加了由铜电阻 R_{Cu1}、R_{Cu2} 等元件组成的热电偶冷端温度补偿电路，同时把调零电位器 R_{P1} 移到了反馈回路的支路上；②在反馈回路中增加了由集成运算放大器 IC_2 等构成的线性化电路。下面对这两种电路分别加以讨论。

1. 热电偶冷端温度补偿电路

在两线制温度变送器中，冷端温度补偿只用了一个铜电阻；而在四线制温度变送器中用了两个铜电阻，并且这两个铜电阻在 0℃时阻值都固定为 50Ω。

由图 1-36 可知，集成运算放大器 IC_1 同相输入端的电压 U_T，由输入信号 E_t 和冷端温度补偿电势 U'_z 两部分组成。

$$U_T = E_t + U'_z = E_t + \frac{R_{100} + \dfrac{R_{Cu1}R_{Cu2}}{R_{103} + R_{Cu1} + R_{Cu2}}}{R_{100} + (R_{103} + R_{Cu1}) /\!/ R_{Cu2} + R_{105}} U_z \tag{1-41}$$

在电路设计时使 $R_{105} \gg R_{100} + (R_{103} + R_{Cu1}) /\!/ R_{Cu2}$，则式（1-41）可改写为

$$U_T = E_t + \frac{1}{R_{105}}\left(R_{100} + \frac{R_{Cu1}R_{Cu2}}{R_{103} + R_{Cu1} + R_{Cu2}}\right)U_z \tag{1-42}$$

此式表明，当冷端环境温度变化时，R_{Cu1}、R_{Cu2} 的阻值也随之变化，使式中第二项发生变化，从而补偿了由于环境温度升降引起的热电偶热电势的变化。

从式（1-42）还可知，当铜电阻的阻值增加时，补偿电势 U'_z 将增加得愈来愈快，即 U'_z 随温度而变的特性曲线是呈下凹形的（二阶导数为正），热电偶 E_t-t 特性曲线的起始段一般也呈下凹形，两者相吻合。因此，这种电路的冷端补偿特性要优于两线制温度变送器的补偿电路。

冷端温度补偿电路中，R_{105}、R_{103} 和 R_{100} 为锰铜电阻或精密金属膜电阻，它们的阻值决定于选用哪一类变送器和何种型号的热电偶。对热电偶温度变送器而言，R_{105} 已确定为 7.5kΩ，R_{100} 和 R_{103} 的阻值可按 0℃时冷端温度补偿电路 U'_z 为 25mV 和当温度变化 $\Delta t = 50℃$时 $\Delta E_t = \Delta U'_z$ 两个条件进行计算。也可先确定 R_{100} 的阻值，再按上述条件求取 R_{103} 和 R_{105} 的阻值。

图 1-36 中，当 B 端子板上的 B_2 与 B_3 端子连接时，U'_z 等于 R_{104} 两端的电压，固定为 25mV，故可以 0℃为基准点，用毫伏信号来检查变送器的零点。当 B 端子板上的 B_1 与 B_2 端子连接时，即将冷端温度补偿电路接入。

2. 线性化原理及电路

线性化电路的作用是使热电偶温度变送器的输出信号（U_o、I_o）与被测温度信号 t 之间呈线性关系。

热电偶输出的热电势 E_t 与所对应的温度 t 之间是非线性的，而且不同型号的热电偶或同型号热电偶在不同测温范围时，其特性曲线形状也不一样。例如铂铑-铂热电偶，E_t-t 特性曲线是下凹形的；而镍铬-镍铝热电偶的特性曲线，开始时呈下凹形，温度升高后又变成上凸形。在测量范围为 0～1000℃时的最大非线性误差，前者约为 6%，后者约为 1%。因此，为保证变送器的输出信号与被测温度之间呈线性关系，必须采取线性化措施。

（1）线性化原理　热电偶温度变送器可画成如图 1-37 所示的方框图形式，将各部分特性描在相应位置上。

由图 1-37 可知，输入放大器的信号 $\varepsilon = E_t + U'_z - U'_f$，其中 U'_z 在热电偶冷端温度不变时为

常数，而 E_t 与 t 的关系是非线性的。如果 U'_f 与 t 的关系也是非线性的，并且同热电偶 E_t-t 的非线性关系相对应，那么 E_t 和 U'_f 的差值与 t 的关系也呈线性，ε 经线性放大器放大后的输出信号 U_o 与 t 也就呈线性关系。显然，要实现线性化，反馈回路的特性（U'_f-U_o 的特性亦即 U'_f-t 特性）需与热电偶的特性一致。

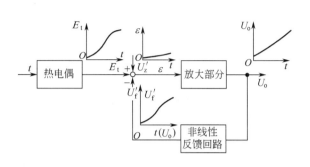

图 1-37　热电偶温度变送器线性化原理方框图

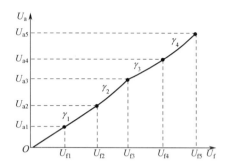

图 1-38　非线性运算电路特性曲线示例

（2）线性化电路　非线性运算电路实际上是一个折线电路，它是用折线法来近似表示热电偶的特性曲线的。例如图 1-38 所示为由 4 段折线来近似表示某非线性特性的曲线，图中，U_f 为反馈回路的输入信号，U_a 为非线性运算电路的输出信号，γ_1、γ_2、γ_3、γ_4 分别代表四段直线的斜率。折线的段数及斜率的大小是由热电偶的特性来确定，一般情况下，用 4～6 段折线近似表示热电偶的某段特性曲线时，所产生的误差小于 0.2%。

要实现如图 1-38 所示的特性曲线，可采用图 1-39 所示的典型非线性运算电路结构。图中，VZ_{103}、VZ_{104}、VZ_{105}、VZ_{106} 为稳压管，它们的稳压值为 U_D，其特性是在击穿前，电阻极大，相当于开路；而当击穿后，动态电阻极小，相当于短路。U_{s1}、U_{s2}、U_{s3}、U_{s4} 为由基准电压回路提供的基准电压，对公共点而言，它们均为负值。基准电压回路由恒压电路（由晶体管 VT_{101}、稳压管 VZ_{107}、VZ_{108} 等构成）和电阻分压器 R_{125}～R_{132} 组成（见图 1-45）。R_a 为非线性运算电路的等效负载电阻。

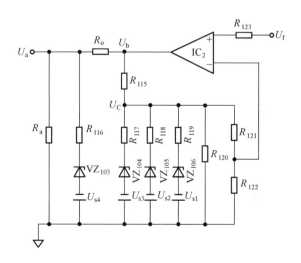

图 1-39　非线性运算电路原理图

IC$_2$、R_{120}～R_{122}、R_{115}、R_o、R_a 组成了运算电路的基本电路（见图 1-40），该电路决定了第一段直线的斜率 γ_1。当要求后一段直线的斜率大于前一段时，如图 1-38 中的 $\gamma_2 > \gamma_1$，则可在 R_{120} 上并联一个电阻，如 R_{119}，此时负反馈减小，输出 U_a 增大。如果要求后一段直线的斜率小于前一段，如图 1-38 中的 $\gamma_3 < \gamma_2$，则可在 R_a 上并联一个电阻，如 R_{116}，此时输出 U_a 减小。并联电阻的大小，取决于对新线段斜率的要求，而基准电压的数值和稳压管的击穿电压，则决定了什么时候由一段直线过渡到另一段直线，即决定折线的拐点。

下面以图 1-38 所示第一、二段直线为例进一步分析图 1-39 所示的非线性运算电路。

① 第一段直线，即 $U_f \leqslant U_{f2}$，这段直线要求斜率是 γ_1。

在此段直线范围内，要求 $U_C \leqslant U_D + U_{s1}$，$U_C < U_D + U_{s2}$，$U_C < U_D + U_{s3}$，$U_a < U_D + U_{s4}$。此时，VZ$_{103}$～VZ$_{106}$ 均未导通。这样，图 1-39 可以简化成图 1-40。当 IC$_2$ 为理想集成运算放大器时，则可由图 1-40 列出下列关系式

$$\Delta U_f = \frac{R_{122}}{R_{121} + R_{122}} \Delta U_C \tag{1-43}$$

$$\Delta U_C = \frac{(R_{121} + R_{122}) \mathbin{/\mkern-5mu/} R_{120}}{(R_{121} + R_{122}) \mathbin{/\mkern-5mu/} R_{120} + R_{115}} \Delta U_b \tag{1-44}$$

$$\Delta U_a = \frac{R_a}{R_o + R_a} \Delta U_b \tag{1-45}$$

将式（1-43）、式（1-44）和式（1-45）联立求解可得

$$\Delta U_a = \left[1 + \frac{R_{121}}{R_{122}} + \frac{R_{115}}{R_{122}} \left(1 + \frac{R_{121} + R_{122}}{R_{120}} \right) \right] \times \frac{R_a}{R_o + R_a} \Delta U_f \tag{1-46}$$

对照图 1-38 可知

$$\gamma_1 = \frac{\Delta U_a}{\Delta U_f} = \left[1 + \frac{R_{121}}{R_{122}} + \frac{R_{115}}{R_{122}} \left(1 + \frac{R_{121} + R_{122}}{R_{120}} \right) \right] \times \frac{R_a}{R_o + R_a} \tag{1-47}$$

从上式可以看出，第一段直线的斜率是由电阻 R_{115}、R_{120}～R_{122}、R_o 和 R_a 确定的。γ_1 一般可通过改变 R_{120} 的阻值来调整。

② 第二段直线，即 $U_{f2} < U_f \leqslant U_{f3}$，这段直线的斜率要求为 γ_2，且 $\gamma_2 > \gamma_1$。

在此段直线范围内，要求 $U_D + U_{s1} < U_C \leqslant U_D + U_{s2}$，$U_C < U_D + U_{s3}$，$U_a < U_D + U_{s4}$。此时，VZ$_{106}$ 处于导通状态，而 VZ$_{103}$～VZ$_{105}$ 均未导通。这样，图 1-39 可简化成图 1-41。由于 VZ$_{106}$ 导通时的动态电阻和基准电压 U_{s1} 的内阻很小，因而此时相当于一个电阻 R_{119} 并联在电阻 R_{120} 上。

分析图 1-41 所示的电路可知

$$\Delta U_C = \frac{(R_{121} + R_{122}) \mathbin{/\mkern-5mu/} R_{120} \mathbin{/\mkern-5mu/} R_{119}}{(R_{121} + R_{122}) \mathbin{/\mkern-5mu/} R_{120} \mathbin{/\mkern-5mu/} R_{119} + R_{115}} \Delta U_b \tag{1-48}$$

将式（1-43）、式（1-45）和式（1-48）联立求解可得

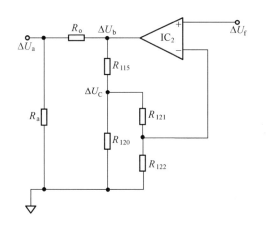

图 1-40　非线性运算原理简图之一

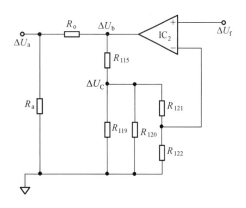

图 1-41　非线性运算原理简图之二

$$\Delta U_a = \left[1 + \frac{R_{121}}{R_{122}} + \frac{R_{115}}{R_{122}}\left(1 + \frac{R_{121} + R_{122}}{R_{120} /\!/ R_{119}}\right)\right] \times \frac{R_a}{R_o + R_a}\Delta U_f \qquad (1\text{-}49)$$

进而可求得第二段直线的斜率为

$$\gamma_2 = \frac{\Delta U_a}{\Delta U_f} = \left[1 + \frac{R_{121}}{R_{122}} + \frac{R_{115}}{R_{122}}\left(1 + \frac{R_{121} + R_{122}}{R_{120} /\!/ R_{119}}\right)\right] \times \frac{R_a}{R_o + R_a} \qquad (1\text{-}50)$$

比较第一、二段直线斜率的表达式（1-47）和式（1-50）可以看出，$\gamma_2 > \gamma_1$，即在 R_{120} 上并一个电阻，可增大特性曲线的斜率。因此，根据所要求的斜率 γ_2，只需在已定的 γ_1 的基础上，选配适当阻值的 R_{119} 即可满足。

按照同样的方法，可求取第三、四段斜率的表达式，并根据所要求的斜率 γ_3、γ_4，选配相应的并联电阻的阻值，以使非线性运算电路的输出特性与热电偶的特性一致，从而达到线性化的目的。

还需指出，由于不同测温范围时的热电偶特性不一样，因此在调整仪表的零点或量程时，必须同时改变非线性运算电路的结构和电路中有关元件的变量。

（五）热电阻温度变送器量程单元

为便于分析，将量程单元和放大单元中的集成运算放大器 IC_1 联系起来画于图 1-42。热电阻温度变送器电路见图 1-46。

图 1-42 中，R_t 为热电阻，r_1、r_2、r_3 为其引线电阻，$VZ_{101} \sim VZ_{104}$ 为限压元件。R_t 两端的电压随被测温度 t 而变，此电压送至集成运算放大器 IC_1 的反相输入端。零点调整、迁移以及量程调整电路与上述两种变送器基本相同。

热电阻温度变送器也具有线性化电路，但这一电路置于输入回路中。此外，变送器还设置了热电阻的引线补偿电路，以消除引线电阻对测量的影响。下面对这两种电路分别加以讨论。

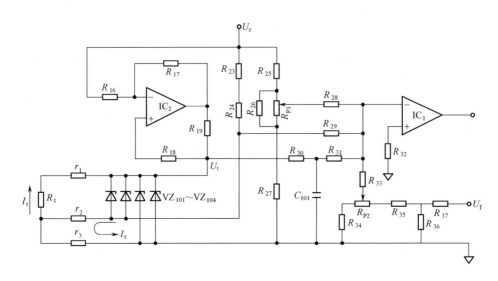

图 1-42 热电阻温度变送器量程单元电路原理图

1. 线性化原理及电路

热电阻和被测温度之间也存在着非线性关系，例如铂电阻，R_t-t 特性曲线的形状是呈上凸形的，即热电阻阻值的增加量随温度升高而逐渐减小。由铂电阻特性可知，在 0～500℃的测量范围内，最大非线性误差约为 2%，这对于要求比较精确的场合是不允许的，因此必须采取线性化的措施。

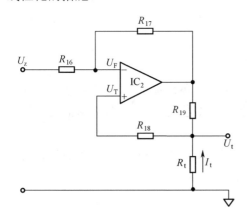

图 1-43 线性化电路原理图

热电阻温度变送器的线性化电路不采用折线方法，而是采用正反馈的方法，将热电阻两端的电压信号 U_t 引至 IC$_2$ 的同相输入端，这样 IC$_2$ 的输出电流 I_t 将随 U_t 的增大而增大，即 I_t 随被测温度 t 升高而增大，从而补偿了热电阻随被测温度升高变化量逐渐减小的趋势，最终使热电阻两端的电压信号 U_t 与被测温度 t 之间呈线性关系。

热电阻线性化电路原理如图 1-43 所示。图中 U_z 为基准电压。IC$_2$ 的输出电流 I_t 流经 R_t 所产生的电压 U_t，通过电阻 R_{18} 加到 IC$_2$ 的同相输入端，构成一个正反馈电路。现把 IC$_2$ 看成是理想集成运算放大器，即偏置电流为零，$U_T = U_F$，由图 1-43 可求得

$$U_t = -I_t R_t \tag{1-51}$$

$$U_F = \frac{R_{17}}{R_{16} + R_{17}} U_z - \frac{R_{16}(R_{19} + R_t)}{R_{16} + R_{17}} I_t \tag{1-52}$$

由上两式可求得流过热电阻的电流 I_t 和热电阻两端的电压 U_t 分别为

$$I_t = \frac{R_{17}}{R_{16} R_{19} - R_{17} R_t} U_z = \frac{g U_z}{1 - g R_t} \tag{1-53}$$

和
$$U_t = -\frac{gR_tU_z}{1-gR_t} \qquad\qquad (1\text{-}54)$$

式中，$g=\dfrac{R_{17}}{R_{16}R_{19}}$。

如果 $gR_t<1$，即 $R_{17}R_t<R_{16}R_{19}$，则由式（1-53）可以看出，当 R_t 随被测温度的升高而增大时，I_t 将增大。而且从式（1-54）可知，U_t 的增加量也将随被测温度的升高而增大，即 U_t 和 R_t 之间呈下凹形函数关系。因此，只要恰当选择元件变量，就可以得到 U_t 和 t 之间的直线函数关系。

实践表明，当选取 $g=4\times10^{-4}\Omega^{-1}$ 时，即取 $R_{16}=10\mathrm{k}\Omega$，$R_{17}=4\mathrm{k}\Omega$，$R_{19}=1\mathrm{k}\Omega$ 时，在 $0\sim500℃$ 测温范围内，铂电阻 R_t 两端的电压信号 U_t 与被测温度 t 间的非线性误差最小。

2. 引线电阻补偿电路

为消除引线电阻的影响，热电阻采用三引线接法（图 1-42）。三根引线的阻值要求为 $r_1=r_2=r_3=1\Omega$。由电阻 R_{23}、R_{24}、r_2 构成的支路为引线电阻补偿电路。若不考虑此电路，则热电阻回路所产生的电压信号为
$$U_t' = U_t + 2I_t r \qquad\qquad (1\text{-}55)$$

此式表明，若不考虑引线电阻的补偿，则两引线电阻的压降会造成测量误差。

当存在引线电阻补偿电路时，将有电流 I_r 通过电阻 r_2 和 r_3。调整 R_{24}，使 $I_r=I_t$，则流过 r_3 的两电流大小相等而方向相反（图 1-42），因而电阻 r_3 上不产生压降。I_t 在 r_1 上的压降 $I_t r_1$ 和 I_r 在 r_2 上的压降 $I_r r_2$ 分别通过电阻 R_{30}、R_{31} 和 R_{29} 引至 IC_1 的反相输入端，由于这两压降大小相等而极性相反，并且设计时取 $R_{29}=R_{30}+R_{31}$，因此引线 r_1 上的压降被引线 r_2 上的压降抵消。由此可见，三引线连接的引线电阻补偿电路可以消除热电阻引线的影响。

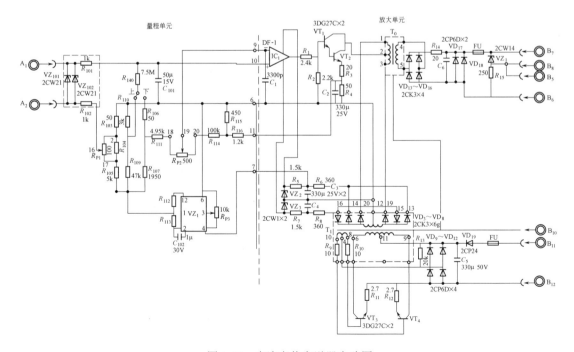

图 1-44　直流毫伏变送器电路图

应当说明，上述结论是在电流 $I_r = I_t$ 的条件下得到的。由于流过热电阻 R_t 的电流不是一个常数，因此 $I_r = I_t$ 只能在测温范围内某一点上成立，即引线电阻补偿电路只能在这一点上全补偿。一般取变送器量程上限一点进行全补偿，就是说使补偿电路的 I_r 等于变送器量程上限时的 I_t。

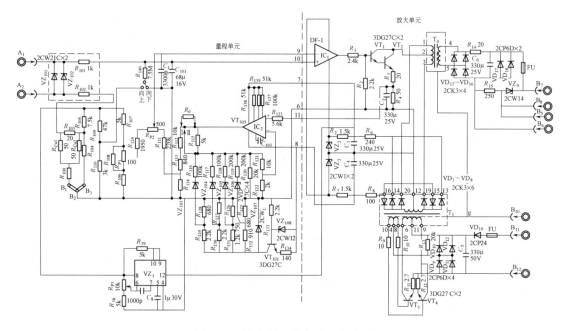

图 1-45　热电偶温度变送器电路图

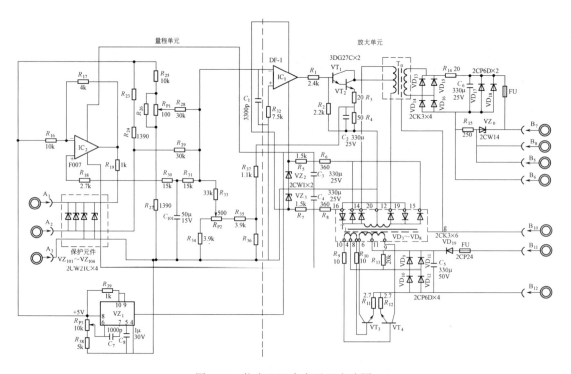

图 1-46　热电阻温度变送器电路图

（六）本质安全防爆措施

在四线制温度变送器的线路中采取了下列措施。

① 输入、输出及电源回路之间通过变压器 T_0 和 T_1 相互隔离，在变压器中设有"防止短接板"。这样，在仪表的输出端或电源部分可能存在的高电位就不可能传到输入端，即不能传送到现场去。所谓"防止短接板"，就是在变压器的原、副边绕组之间绕上一层厚度 $\delta >$ 0.1mm 的开口铜片，这个铜片与大地连接。高电位由原边绕组向副边绕组传递的途中将碰到防止短接板而进入大地。

② 在输入端设有限压元件（稳压管）、限流元件（电阻），以防止高电能传递到现场。

③ 在输出端及电源端装有大功率二极管及熔丝。当高的交流电压或高的正向电压（对大功率二极管而言）加到输入端或电源两端时，将在二极管回路产生一个大电流，从而把熔丝烧毁，断开电源，保护回路中的其他元件。由于二极管功率较大，因而在熔丝烧毁过程中不致损坏。

二、两线制温度变送器

两线制温度变送器结构简单，安装使用方便，可用于对防爆要求不高的场合。变送器各个品种的原理和结构大致相同，本节只对热电偶温度变送器的构成原理做概要说明。

两线制热电偶温度变送器由输入回路、反馈回路、放大器及稳压源等部分组成，其电路原理如图 1-47 所示。

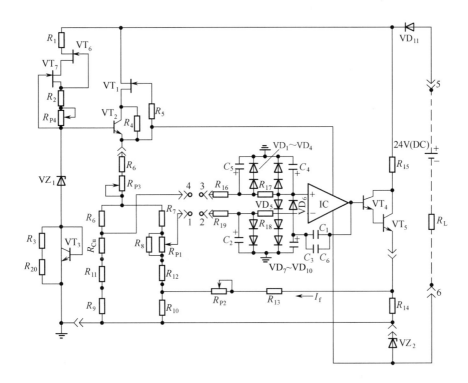

图 1-47　两线制热电偶温度变送器电路原理图

1. 输入回路

输入回路包括由电阻 $R_6 \sim R_{11}$、R_{Cu}、电位器 R_{P1} 等组成的桥路，由电容 $C_2 \sim C_5$、电阻 $R_{16} \sim R_{19}$ 等组成的滤波电路及由二极管组成的限幅电路。1、2 端连接测温元件热电偶，3、4 端短接。桥路输出的不平衡电压与热电偶的热电势叠加，送至集成运算放大器的反相输入端。铜电阻 R_{Cu} 起冷端温度补偿作用，R_{P1} 用来调节零点。

2. 反馈回路

反馈回路由电阻 R_{13}、R_{14}、电位器 R_{P2} 等组成。反馈电流 I_f 由晶体管 VT_5 输出，通过 R_{13}、R_{P2} 在 R_{10} 上的压降即为反馈电压，调节 R_{P2} 改变反馈量，即可调节量程。

3. 放大器

电压放大部分采用低漂移、高增益、高输入阻抗、低噪声的集成运算放大器。功率放大部分由复合管 VT_4、VT_5 和 R_{15} 等组成，它将集成运算放大器输出的电压信号转换成电流信号。

4. 稳压源

由于采用两线制方式，当输出电流及负载阻值变化时，仪表工作电压也随之变化，因此在线路中附加稳压环节。

稳压源由 VZ_1、$VT_1 \sim VT_3$、VT_6、VT_7 及一些电阻组成。场效应管 VT_6、VT_7 组成的高稳定度恒流源作为稳压管 VZ_1 的工作电流，稳压管通过晶体管 VT_2 将电压供给桥路和集成运算放大器。场效应管 VT_1 及电阻 R_4、R_5 用以恒定 VT_2 的集电极、发射极电流，以进一步恒定桥路电压。VT_3 并联电阻 R_3、R_{20}，用来补偿稳压管和晶体管的温度漂移。

第四节 电/气转换器

一、概述

电/气转换器将电动控制仪表输出的 4~20mA 直流电流信号转换成可被气动控制仪表接收的 20~100kPa 标准气压信号，以实现电动控制仪表和气动控制仪表的联用，构成混合控制系统，发挥电、气控制仪表各自的优点。

电/气转换器的主要性能指标：基本误差为±0.5%；变差为±0.5%；灵敏度为 0.05%。

二、气动控制仪表的基本元件

气动控制仪表由气阻、气容、弹性元件、喷嘴挡板机构和功率放大器等基本元件组成。

（一）气阻

气阻与电路中的电阻相似，它可以改变气路中的气体流量。在流体呈层流状态时，气阻的大小与两端的压降成正比，与流过的质量流量成反比，可表示为

$$R = \frac{\Delta p}{M} \tag{1-56}$$

式中，R 为气阻；Δp 为气阻两端的压降；M 为气体的质量流量。

气阻有恒气阻（如毛细管、小孔等）与可调气阻（变气阻）以及线性气阻与非线性气阻之分。流过气阻的流体为层流状态时，气阻呈现为线性；而在流过气阻的流体为紊流状态时，

气阻呈现为非线性。

（二）气容

气容在气路中的作用与电容在电路中的作用相似，它是一个具有一定容积的气室，是储能元件，其两端的气压不能突变。气容分固定气容和弹性气容两种，气容结构原理如图 1-48 所示。

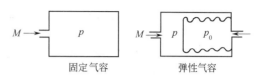

图 1-48 气容结构原理图

根据气体状态方程式，固定气容可表示为

$$C = \frac{V}{RT} \tag{1-57}$$

式中，V 为气室容积；R 为气体常数；T 为气体热力学温度。

由上式可见，当温度 T 不变时，气容 C 与气室的容积 V 成正比，由于固定气室的容积恒定，因此固定气室的气容为恒值。

弹性气容的表达式为

$$C = \frac{A_e^2}{C_b} \rho \left(1 - \frac{\mathrm{d}p_0}{\mathrm{d}p}\right) + \frac{V}{RT} \tag{1-58}$$

式中，A_e 为波纹管的有效面积；C_b 为波纹管的刚度系数；ρ 为气体密度。

由上式可知，弹性气容在工作过程中容积 V 发生变化，则气容量 C 也随之改变。当波纹管内、外压力的变化量不相等时，气容量还与弹性气容的结构变量和内、外压力变化量的比值有关。当内、外压力的变化量相等时，即 $\mathrm{d}p_0 = \mathrm{d}p$ 时，弹性气容就变为固定气容。

（三）弹性元件

弹性元件为适应不同的工作目的，可做成不同的结构和形状，包括各种不同形状的弹簧、波纹管、金属膜片和非金属膜片等。这些不同结构和形状的弹性元件，在气动控制仪表中分别用来产生力，储存机械能，缓冲振动，把某些物理量（力、差压、温度）转换为位移，在仪器的连接处产生一定的操纵拉力等。

弹性元件的质量指标有弹性特性、刚度与灵敏度、弹性滞后与迟滞量、弹性后效现象等。

① 弹性特性　指弹性元件的变形与作用力或其他变量之间的关系。

② 刚度与灵敏度　通常把使弹性元件产生单位形变（位移）所需的作用力或力矩称为弹性元件的刚度。刚度的倒数称为灵敏度。

③ 弹性滞后与迟滞量　在弹性元件的弹性范围内，逐渐加载和卸载的过程中，弹性特性不重合的现象叫作弹性元件的弹性滞后现象。迟滞量表征滞后最大值，用相对量表示，即弹性元件的正、反行程的位移最大变差 $\varGamma_{\max}$ 与最大位移量 $s_{\max}$ 的百分比。

④ 弹性后效现象　指弹性元件在弹性变形范围内，其位移（形变）不能立即和所施载荷相对应，需经一段时间后，才能达到相应载荷的形变。弹性元件的弹性后效有时达 2%～3%。

弹性元件的滞后现象和后效现象是弹性元件的缺点，为减小其影响，常用特种合金（如铍青铜）来制作弹性元件。

（四）喷嘴挡板机构

喷嘴挡板机构的作用是把微小的位移转换成相应的压力信号，它由恒节流孔（恒气阻）、节流气室和由喷嘴、挡板所形成的变节流孔（变气阻）组成。图 1-49 所示为其结构图，图 1-50

所示为喷嘴背压和挡板位移特性。

图 1-49 中，恒节流孔是一孔径 d 为 0.1～0.25mm、长为 5～20mm 的毛细管；喷嘴直径 D 为 0.8～1.2mm。喷嘴挡板构成一个变气阻，气阻值取决于喷嘴挡板间的间隙 δ。喷嘴和恒节流孔之间的节流气室直径约 2mm。140kPa 的气源压力 p_S 经恒节流孔进入节流气室，再由喷嘴挡板的间隙排出。当喷嘴挡板的位置改变时，气室压力 p_B（常称喷嘴背压）也改变。

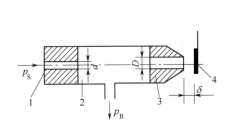
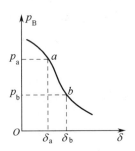

图 1-49　喷嘴挡板结构图　　　　　　　图 1-50　喷嘴背压和挡板位移特性

1—恒节流孔；2—节流气室；3—喷嘴；4—挡板

当 δ 在 δ_a～δ_b 区间变化时，p_B 和 δ 呈线性关系。δ_a～δ_b 是喷嘴挡板的工作区，只有百分之几毫米的变化范围，其间 p_B 有 8kPa 变化量。可见，喷嘴挡板机构把微小的位移变化量转换成相当大的气压信号。p_B 的变化量经功率放大器放大 10 倍后，输出压力为 20～100kPa。

（五）功率放大器

功率放大器将喷嘴挡板的输出压力和流量都放大。目前广泛采用耗气式放大器，它由壳体、膜片、锥阀、球阀、簧片、恒气阻等组成。图 1-51 为其结构原理图。

当输入信号（喷嘴背压）p_B 增大时，金属膜片受力而产生向下的推力，此力克服簧片的预紧力，推动阀杆下移，使球阀开大，锥阀关小，A 室的输出压力增大。锥阀与球阀都是可调气阻，这两个可调气阻构成一个节流气室（A 室）。当阀杆产生位移时，同时改变锥阀与球阀的气阻值，一个增加，另一个减小，即改变了节流气室的分压系数。因此，对于一定的喷嘴背压 p_B 就有一输出值与之相对应。

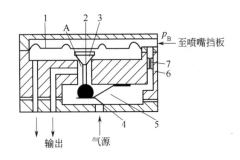
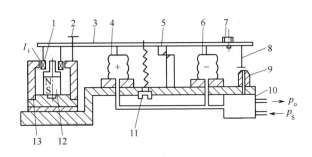

图 1-51　耗气式放大器结构原理图　　　　图 1-52　电/气转换器结构图

1—膜片；2—阀杆；3—锥阀；　　　　　　1—动圈；2—限位螺钉；3—杠杆；4—正反馈波纹管；

4—球阀；5—簧片；6—壳体；7—恒气阻　　5—十字簧片支架；6—负反馈波纹管；7—平衡锤；8—挡板；

　　　　　　　　　　　　　　　　　　　9—喷嘴；10—气动功率放大器；11—调零弹簧；12—铁芯；13—磁钢

三、电/气转换器工作原理和结构

电/气转换器是基于力矩平衡原理工作的，其结构形式有多种，现以具有正、负两个反馈波纹管的电/气转换器为例讨论其工作原理。电/气转换器由电流-位移转换部分、位移-气压转换部分、气动功率放大器和反馈部件组成，如图 1-52 所示。

电流-位移转换部分包括动圈、磁钢、杠杆和十字簧片支承；位移-气压转换部分包括杠杆、喷嘴及挡板；气动功率放大器将喷嘴背压进行功率放大，输出气压 p_o；反馈部件为正、负反馈波纹管。

当输入电流 I_i 进入动圈后，产生的磁通与磁钢在空气隙中产生的磁通相互作用，而产生向上的电磁力，带动杠杆 3 绕十字簧片支承 5 转动，安装在杠杆右端的挡板 8 靠近喷嘴 9，使其背压升高，经气动功率放大器进行功率放大后，输出气压 p_o。p_o 送往负反馈波纹管 6 产生向上的负反馈力，同时送往正反馈波纹管产生向上的正反馈力，以抵消一部分负反馈力的影响。因而不需太大的输入力矩就可达到平衡，从而缩小磁钢与动圈尺寸以及动圈距十字簧片支承的距离，大大减小整个转换器的体积。平衡锤用以平衡整个活动系统的质量，使转换器在倾斜位置上仍能正常工作，同时也可以提高其抗振性能。作用在杠杆上的力如下。

① 测量力 $F_i = K_i I_i$。式中，K_i 为电磁结构常数。

② 负反馈力 $F_{f1} = p_o A_1$。式中，A_1 为负反馈波纹管的有效面积。

③ 正反馈力 $F_{f2} = p_o A_2$。式中，A_2 为正反馈波纹管的有效面积。

④ 当杠杆转动角度 φ 时，十字簧片支承产生的附加力矩为 $M_\phi = C\varphi$。式中，C 为杠杆的等效转角刚度；φ 为杠杆转角。C 和 φ 一般很小，故附加力矩可略而不计。

⑤ 调零作用力 F_0。通过调零弹簧施加于杠杆上的作用力。

图 1-53 为杠杆的受力平衡图。O 点为杠杆的支点。按力矩平衡原理可得如下关系式

$$F_i l_i + F_{f2} l_{f2} + F_0 l_0 = F_{f1} l_{f1} \tag{1-59}$$

将 F_i、F_{f2} 和 F_{f1} 代入式（1-59），经整理后得

$$p_o = \frac{K_i l_i}{A_1 l_{f1} - A_2 l_{f2}} I_i + \frac{F_0 l_0}{A_1 l_{f1} - A_2 l_{f2}} \tag{1-60}$$

由上式可知以下几点。

① 输入电流与输出压力 p_o 呈比例关系。改变 l_{f1} 和 l_{f2} 可调节转换器量程，改变 F_0 可调节转换器的零点。式中第二项用以确定转换器输出压力的起始值（20kPa）。

② 当第一项分母（$A_1 l_{f1} - A_2 l_{f2}$）取得较小时，便能通过减小 $K_i l_i$ 缩小转换器的体积。但测量力矩和反馈力矩之差不能取得过小。为了保证精度，要求它们比附加力矩大得多。

③ 第二项分母值与两个波纹管面积之差有关，故波纹管面积随温度变化对输出的影响可以相互抵消，即起到温度补偿作用。

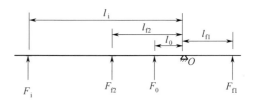

图 1-53 杠杆的受力平衡图

第五节　智能变送器

一、概述

（一）智能变送器的特点

20 世纪 80 年代以来，Emerson、Honeywell、Siemens、Endress＋Hauser 等公司相继推出了智能压力、差压、液位、温度变送器，这类变送器具有如下特点。

① 测量精度高，基本误差仅为±0.075%或±0.1%，响应快，性能稳定、可靠。

② 具有较宽的零点迁移范围和较大的量程比[（20∶1）～（100∶1）]。

③ 具有温度、静压补偿功能（差压变送器）和非线性校正功能（温度变送器），以保证仪表精度。

④ 除检测功能外，有些智能变送器还具有计算、显示、报警、控制、诊断等功能，与智能执行器配合使用，可就地构成控制回路。

⑤ 输出模拟、数字混合信号或全数字信号（符合现场总线通信协议或无线通信协议）：4～20mA（DC）/HART、Foundation Fieldbus、Profibus 等。

⑥ 通过手持通信器（数据设定器）或其他组态工具能对变送器进行就地或远程组态，包括调零、调量程，设置报警、阻尼、工程单位等变量。

（二）智能变送器的组成

如前所述，以微处理器为基础的仪表都是由硬件和软件两大部分组成，智能变送器也不例外。不同厂家或不同品种的仪表，其硬件部分的微处理器电路、输入输出电路、人机联系部件等，软件部分的系统程序和用户程序的结构均大致相似，所不同的只在器件类型、电路形式、程序编码和软件功能等方面。

就结构而言，智能变送器包括传感部件和电子部件两部分，如图 1-54 所示。传感部件视变送器的设计原理或功能而异，例如有的采用电容式传感器或压电式传感器，有的则采用微硅固态传感器。电子部件均由微处理器（µC）、信号处理电路、A/D 转换器、D/A 转换器、通信电路等组成，但各种产品在电路结构和软件功能上各具特色。一些智能变送器中，传感部件已内置信号处理和 A/D 转换电路，从而提高仪表的精度和可靠性。

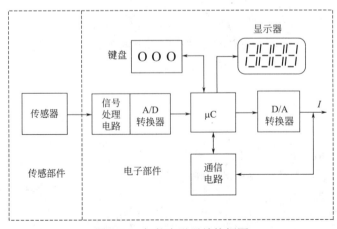

图 1-54　智能变送器结构框图

二、智能差压变送器

（一）3051C 差压变送器

Emerson 公司的 3051C 差压变送器是一种智能型两线制变送仪表，它将输入差压信号转换成 4～20mA 的直流电流，也可输出符合 HART 或 Foundation Fieldbus（基金会现场总线，FF）通信协议的数字信号。

该变送器基本误差为±0.075%；稳定性为±0.125（五年内）；最大量程比为 100∶1；支持总线供电，并具有本质安全防爆性能。

下面分别介绍 HART 总线变送器和基金会现场总线变送器。

1. HART 总线变送器

（1）工作原理　3051C 差压变送器有电容式和压电式两种。图 1-55 是 3051C HART 总线变送器的原理框图。该变送器选用高精度电容式传感器。其工作原理参见第一章第二节电容式差压变送器部分。被测差压通过隔离膜片和填充油作用于电容室中心的传感膜片，使之产生微小位移，传感膜片和它两侧电容极板所构成的差动电容值也随之改变（图 1-56）。这一差动电容值与被测差压的大小呈比例关系。电容式传感器输出的信号经 A/D 转换和微机处理后得到一个与输入差压对应的 4～20mA 直流电流或数字信号，作为变送器的输出。

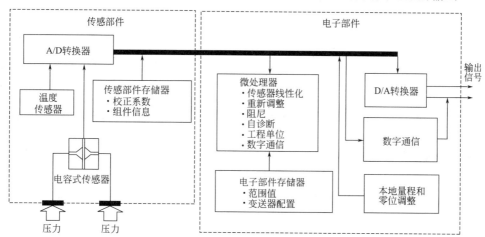

图 1-55　3051C HART 总线变送器原理框图

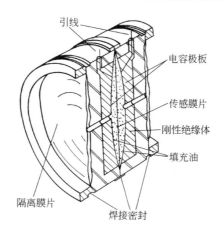

图 1-56　电容式传感器结构示意图

（2）结构和配线　传感部件中的电容室采用激光焊封。机械部件和电子部件同外界隔离，既消除了静压的影响，也保证了电路的绝缘性能，同时检测温度值，以补偿热效应，提高测量精度。

变送器的电子部件安装在一块电路板上，使用专用集成电路（ASIC）和表面封装技术。微处理器完成传感器线性化、温度补偿、数字通信、自诊断等功能，它输出的数字信号叠加在由 D/A 转换器输出的 4～20mA（DC）信号线上。通过数据设定器或任何支持 HART 通信协议的上位设备可读出此数字信号。

3051C HART 总线变送器的配线如图 1-57 所示。数据设定器可接在信号回路的任一端点，用以读取变送器输出的反映差压大小的数字信号，并对变送器进行组态。

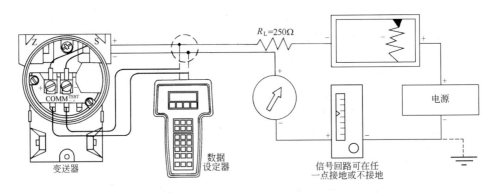

图 1-57　3051C HART 总线变送器配线

组态包括两部分：第一部分为变送器操作变量的设定，例如线性或平方根输出、阻尼时间、工程单位的选择等；第二部分为变送器的物理和初始信息，例如日期、描述符、标签、法兰材质、隔离膜片材质等。

2. 基金会现场总线变送器

该变送器的传感器及电路结构与 HART 总线变送器相似。两者的主要差别：一是通信器件不同；二是 FF 变送器的软件功能更强。其结构功能如图 1-58 所示。

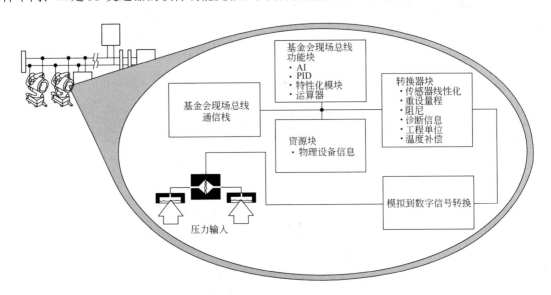

图 1-58　基金会现场总线变送器结构功能示意图

由图 1-58 可知，FF 变送器的软件功能块有转换器块、资源块、FF 功能块和 FF 通信栈。转换器块包含变送器专用的数据和功能，如传感器线性化、工程单位、诊断信息、重设量程、温度补偿等。

资源块包含变送器物理设备信息，如制造商标识、设备型号及特性。

FF 功能块包括模拟输入（AI）、PID（比例、积分、微分）、特性化模块和运算器等。AI 块可进行滤波、报警和工程单位的转换，它将测量值传至网络，可被其他功能块利用。PID 块提供标准 PID 算法，可构成串级控制回路。特性化模块用以改变输入信号的特性。运算器块可对测量值进行基本的算术运算。

FF 通信栈完成基金会现场总线通信协议（数据链路层和应用层）的全部功能。关于 FF 通信栈的组成和功能参见第七章第二节有关内容。

FF 变送器并联地跨接在现场总线上（图 1-58），现场仪表之间通过总线传递信息和进行互操作，还可与上位计算机相连，方便地构成复杂程度各异的控制系统。

（二）SITRANS P 差压变送器

SITRANS P 差压变送器是 Siemens 公司生产的一种智能变送仪表，可输出 4~20mA（DC）/HART 模拟数字混合信号，也可输出符合 Profibus PA 及 FF 通信协议的数字信号。

该变送器的基本误差为±0.075%，允许测量范围为 0~3MPa，量程比为 100：1，重复性为 0.1%。数字通信方式符合 IEC 61158-2 标准，传输速率为 31.25kb/s。仪表支持总线供电，并具有本质安全防爆性能。

1. 结构原理

SITRANS P HART 差压变送器结构原理如图 1-59 所示。其电子部件由微处理器、存储器（E^2PROM）、D/A 转换器和通信部件等组成，可完成信号放大、数据处理、存储、显示、诊断及通信功能。该系列变送器为模块化结构仪表，其电子部件可以相互替换。

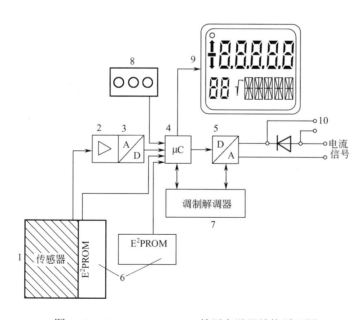

图 1-59 SITRANS P HART 差压变送器结构原理图

1—传感器；2—信号放大器；3—A/D 转换器；4—微处理器；5—D/A 转换器；

6—E^2PROM；7—HART 调制解调器；8—输入按键；9—显示器；10—用于连接外部电流表

传感器产生的信号被放大后，由 A/D 转换器转换成数字信号。在微处理器中，经线性化和温度校正后，通过 D/A 转换器转换成 4～20mA（DC）输出信号。HART 调制解调器将数字信号叠加在输出信号线上。E²PROM 用于存储测量元件的电子数据和变送器的功能参数。电路中的二极管提供反向极性保护。

变送器内部采用硅压力传感器，见图 1-60。差压经密封膜片和内充液作用于测量膜片上使其变形，4 个压电桥臂电阻阻值随之变化，使电阻桥路的输出电压与差压呈比例变化。传感器上装有过载保护膜片，实现对传感器的过载保护。

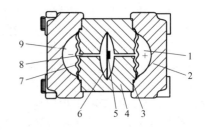

图 1-60 变送器结构示意图

1—高压侧输入压力 P^+；2—过程连接法兰；
3—O 形圈；4—测量单元部分；
5—硅压力传感器；6—过载保护膜片；
7—密封膜片；8—内充液；9—低压侧输入压力 P^-

2. 配线和组态

变送器自带的输入按键可完成对基本参数的组态，包括零点、量程、阻尼时间、电流模拟器的设定，以及故障电流限值、线性或平方根输出的选择等。除了可设定上述基本参数外，通过 HART 手持通信器还可设置一些特殊参数。

用 HART 手持通信器设置参数时，HART 手持通信器直接与二线制电缆系统连接；当用手提电脑或 PC（个人计算机）设置参数时，需通过外接 HART 调制解调器与系统连接。变送器与系统连接示意图如图 1-61 所示。

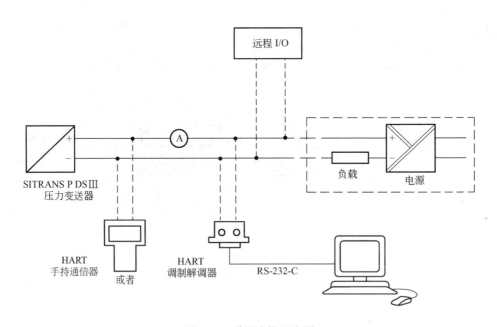

图 1-61 系统连接示意图

三、智能温度变送器

（一）STT3000 温度变送器

STT3000 温度变送器是国内有关单位采用引进技术生产的一种智能型两线制变送仪表。

它将输入温度信号线性地转换成 4~20mA 的直流电流，同时可输出符合 HART 协议的数字信号。

该变送器能配接多种标准热电偶或热电阻，也可输入毫伏或电阻信号。其输入类型：热电偶有 B、S、K、E、T、N 等；热电阻有 Pt100、Pt200、Cu10、Cu25、Ni500 等。仪表基本误差为±0.1%。

1. 结构原理

变送器由微处理器、放大器、A/D 转换器、D/A 转换器等部件组成，如图 1-62 所示。来自热电偶的毫伏信号（或热电阻的电阻信号）经输入处理、放大和 A/D 转换后，送入输入与输出微处理器，分别进行线性化运算和量程变换，并生成数字通信的信号。同时通过 D/A 转换器转换和输出放大器放大后输出 4~20mA 的直流电流，HART 数字输出信号则叠加在电流信号线上。

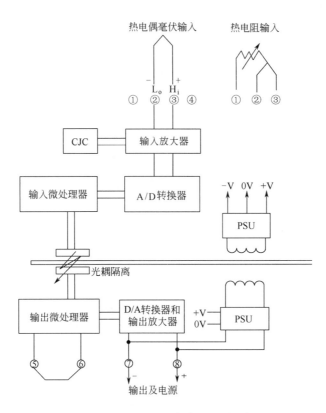

图 1-62 STT3000 温度变送器原理框图

图 1-62 中 CJC 为热电偶冷端温度补偿电路，PSU 为电源部件。端子⑤、⑥的作用是：当两端子连接时，故障情况下输出至上限值（21.8mA）；当两端子断开时，故障情况下输出至下限值。

由于变送器内存储了测温元件的特性曲线，可由微处理器对测温元件的非线性进行校正；而且电路的输入、输出部分用光电耦合器隔离，因而保证了仪表的精度和运行可靠性。

2. 配线和组态

仪表配线与 3051C HART 总线变送器类同。将数据设定器跨接到变送器的输出信号线上（图 1-57），便可进行人机通信，完成对变送器的组态、诊断和校验。

组态内容包括仪表编号、测温元件输入类型、输出形式、阻尼时间、测量范围的下限值和上限值、工程单位的选择等项。

在数据设定器上可显示被测温度值和其他变量，校验变送器的零点和量程。若变送器或通信过程出现故障，则会给出关于故障情况的详细信息。

（二）3244MVF 温度变送器

Emerson 公司的 3244MVF 温度变送器也是一种智能型两线制变送仪表，它输出符合基金会现场总线协议的数字信号。

该变送器可配接多种热电偶（B、S、K、E、J、N、R、T 型）、热电阻（Pt100、Pt200、Pt500、Pt1000、Cu10、Ni20 等），也可输入毫伏或电阻信号。仪表精度为±0.1℃。

1. 结构原理

3244MVF 温度变送器的电路结构与上述变送器类同，而软件功能块又与 3051C 的 FF 变送器相似。其结构功能示于图 1-63。

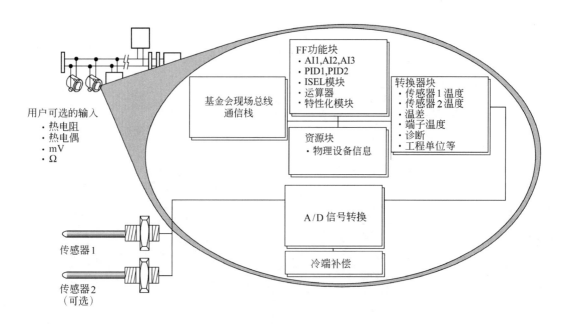

图 1-63　3244MVF 温度变送器结构功能示意图

电路部分包括微处理器、放大器、高精度 A/D 转换器、专用集成电路等。来自传感器的信号经放大和 A/D 转换后，由微处理器完成线性化、热电偶冷端温度补偿、数字通信、自诊断等功能。它输出的数字信号中包含了传感器 1、2 的温度、温差及平均值。

变送器内置瞬态保护器，以防回路引入的瞬变电流损坏仪表。当电路板产生故障或传感器的漂移超过允许值时，均能输出报警信号。变送器还具有热备份功能，当主传感器故障时，将自动切换到备份传感器，以保证仪表的可靠运行。

2. 软件功能块

如图 1-63 所示，软件功能块包括转换器块、资源块、FF 功能块和 FF 通信栈。

转换器块包含实际的温度测量数据：传感器 1、2 的温度、温差和端子温度。它还包括传感器类型、工程单位、线性化、阻尼时间、温度校正、诊断等方面的信息。

资源块包含变送器的物理设备信息：制造商标识、设备类型和软件工位号等。

FF 功能块有模拟量输入（AI）模块、输入选择器（ISEL）模块、PID 模块、运算器和特性化模块。AI 模块进行滤波、报警和工程单位的转换，并将测量值提供给其他功能模块。ISEL 模块用于对温度测量信号的最高、最低、中值或平均值作出选择，也可以选择热备份。PID 模块提供标准 PID 算法，它有两个 PID 功能块，可构成串级控制回路。运算器可对测量值进行基本的算术运算。特性化模块用以改变输入信号的特性，例如将温度信号转换为湿度值，把毫伏信号转换为温度值等。

FF 通信栈完成基金会现场总线通信协议中数据链路层和应用层的功能，具体内容可参见第七章第二节基金会现场总线部分。

思考题与习题

1-1　说明变送器的总体构成。它在结构上采用何种方法使输入信号与输出信号之间保持线性关系？

1-2　何谓量程调整、零点调整和零点迁移？试举一例说明。

1-3　简述力平衡式差压变送器的结构和动作过程，并说明零点调整和零点迁移的方法。

1-4　力平衡式差压变送器是如何实现量程调整的？试分析矢量机构的工作原理。

1-5　说明低频位移检测放大器的构成。该放大器是如何将位移信号转换成输出电流的？

1-6　以差压变送器为例说明"两线制"仪表的特点。

1-7　说明电容式差压变送器的特点及构成原理。

1-8　电容式差压变送器如何实现差压-电容和电容-电流的转换？试分析测量部件和各部分电路的作用。

1-9　电容式差压变送器如何进行零点和量程调整？

1-10　简述扩散硅式差压变送器的工作原理。

1-11　用差压变送器测量流量，流量范围为 0～16m³/h。当流量为 12m³/h 时，问变送器的输出电流是多少？

1-12　简述四线制温度变送器和两线制温度变送器的构成原理。

1-13　四线制温度变送器为何采用隔离式供电和隔离输出线路？在电路上是如何实现的？

1-14　四线制和两线制热电偶温度变送器是用何种方法实现冷端温度补偿的？这两种变送器如何实现量程和零点调整？

1-15　四线制温度变送器是如何使输出信号和被测温度之间呈线性关系的？简述热电偶温度变送器和热电阻温度变送器的线性化原理。

1-16　气动控制仪表的基本元件有哪些？说明喷嘴挡板机构和功率放大器的作用原理。

1-17　简述电/气转换器的结构和动作过程。

1-18　简述智能变送器的特点与构成，试与模拟变送器作一比较。

1-19　说明 3051C 差压变送器和 STT3000 温度变送器的工作原理及组成，它们以何种方式输出数字信号？

1-20　简述 SITRANS P 差压变送器的结构原理，其传感器部分与 3051C 差压变送器有何不同？

1-21　简述 3244MVF 温度变送器的结构特点及软件功能。

第二章
模拟式控制器

控制器（或称调节器）将来自变送器的测量值与给定值比较后产生的偏差进行比例、积分、微分（PID）运算，并输出统一标准信号，去控制执行机构的动作，以实现对温度、压力、流量、液位及其他工艺变量的自动控制。

本章首先讨论控制器的运算规律和构成方式，然后阐述基型控制器的工作原理及具体线路。

第一节　控制器的运算规律和构成方式

一、概述

在图 2-1 所示的单回路控制系统中，由于扰动（干扰）作用使被控变量偏离给定值，从而产生偏差。

$$\varepsilon = x_i - x_s$$

式中，ε 为偏差；x_i 为测量值；x_s 为给定值。

控制器接收偏差信号后，按一定的运算规律输出控制信号，作用于被控对象，以消除扰动对被控变量的影响，从而使被控变量回到给定值上来。

被控变量能否回到给定值上，以及以怎样的途径，经过多长时间回到给定值上来，即控制过程的品质如何，不仅与被控对象特性有关，还与控制器的特性，即控制器的运算规律（或称控制规律）有关。

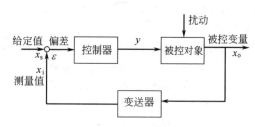

图 2-1　单回路控制系统方框图

控制器的运算规律就是指控制器的输出信号与输入偏差之间随时间变化的规律。在研究控制器特性时，输出信号通常指的是变化量 Δy，而对输入偏差 ε 来说，其初值为零，因此 ε 既是变化量，又是实际值。

习惯上称 $\varepsilon > 0$ 为正偏差，$\varepsilon < 0$ 为负偏差。

如 $\varepsilon > 0$，对应的输出信号变化量 $\Delta y > 0$，则称控制器为正作用控制器；如 $\varepsilon < 0$，对应的输出信号变化量 $\Delta y > 0$，则称控制器为反作用控制器。

基本运算规律有比例（P）、积分（I）和微分（D）三种，各种控制器的运算规律均是由这些基本运算规律组合而成的。

二、PID 控制器的运算规律

（一）PID 运算规律的表示形式

理想 PID 控制器的运算规律可用下式表示。

$$\Delta y = K_P\left(\varepsilon + \frac{1}{T_I}\int_0^t \varepsilon \mathrm{d}t + T_D\frac{\mathrm{d}\varepsilon}{\mathrm{d}t}\right) \tag{2-1}$$

也可用传递函数表示为

$$W(s) = \frac{\Delta Y(s)}{E(s)} = K_P\left(1 + \frac{1}{T_I s} + T_D s\right) \tag{2-2}$$

式中，第一项为比例（P）部分，第二项为积分（I）部分，第三项为微分（D）部分。各变量的意义：K_P 为控制器的比例增益；T_I 为控制器的积分时间（再调时间），以 s 或 min 为单位；T_D 为控制器的微分时间（预调时间），以 s 或 min 为单位。

这里还需说明以下两点。

① 运算规律通常是用增量形式来表示的，若用实际输出值 y 表示，则应写为

$$y = K_P\left(\varepsilon + \frac{1}{T_I}\int_0^t \varepsilon \mathrm{d}t + T_D\frac{\mathrm{d}\varepsilon}{\mathrm{d}t}\right) + y' \tag{2-3}$$

式中，y' 为控制器的输出起始值，亦即 $t = 0$ 瞬间，$\varepsilon = 0$、$\dfrac{\mathrm{d}\varepsilon}{\mathrm{d}t} = 0$ 时的输出值。

② 式（2-1）和式（2-2）是控制器为正作用时的输出变化量和传递函数。若 K_P 前有负号，则为反作用。为方便起见，在讨论各种运算规律时，设控制器处于正作用工况。

实际 PID 控制器的运算规律表达式要复杂些，其传递函数常用下式表示。

$$W(s) = \frac{\Delta Y(s)}{E(s)} = K_P F \frac{1 + \dfrac{1}{FT_I s} + \dfrac{T_D}{F}s}{1 + \dfrac{1}{K_I T_I s} + \dfrac{T_D}{K_D}s} \tag{2-4}$$

式中，F 为控制器变量之间的相互干扰系数，可表示为 $F = 1 + \alpha\dfrac{T_D}{T_I}$，其中比例系数 α 的大小与控制器的构成方式有关，该式表明，当控制器无积分作用（$T_I \to \infty$）或无微分作用（$T_D = 0$）时，$F = 1$；$K_P F$ 为考虑相互干扰系数后的实际比例增益；FT_I 为考虑相互干扰系数后的实际积分时间；$\dfrac{T_D}{F}$ 为考虑相互干扰系数后的实际微分时间；K_I 为积分增益；K_D 为微分增益。

当 K_I、K_D 均很大时，则式（2-4）就近似等于理想 PID 运算规律的表达式了。

下面分别叙述 PID 控制器的各种运算规律，并在讨论比例（P）、比例积分（PI）、比例微分（PD）和比例积分微分（PID）运算规律时，对上述有关参数加以说明。

（二）P 运算规律

只有比例运算规律的控制器为 P 控制器。对 PID 控制器而言，当积分时间 $T_I \to \infty$，微分时间 $T_D \to 0$ 时，控制器呈 P 控制特性。P 控制器输出与输入的关系式为

$$\Delta y = K_P \varepsilon \tag{2-5}$$

或
$$W(s) = K_P \tag{2-6}$$

1. 比例度

在实际控制器中，常用比例度（或称比例带）δ 来表示比例作用的强弱。比例度的一般表达式为

$$\delta = \frac{\dfrac{\varepsilon}{\varepsilon_{max} - \varepsilon_{min}}}{\dfrac{\Delta y}{y_{max} - y_{min}}} \times 100\% \tag{2-7}$$

式中，$\varepsilon_{max} - \varepsilon_{min}$ 为偏差变化范围；$y_{max} - y_{min}$ 为输出信号变化范围。

在单元组合式控制仪表中，$\varepsilon_{max} - \varepsilon_{min} = y_{max} - y_{min}$。此时，比例度可表示为

$$\delta = \frac{1}{K_P} \times 100\% \tag{2-8}$$

可见，δ 与 K_P 成反比。δ 愈小，K_P 愈大，比例作用就愈强。

2. P 控制特性

在研究控制器特性时，往往需要了解在一定输入偏差信号下（通常是阶跃偏差信号），控制器输出信号的变化规律。对 P 控制器而言，在阶跃正偏差信号作用下的输出响应特性如图 2-2 所示。输出幅度的大小取决于 K_P（或 δ）值。

由于 P 控制器的输出与输入呈比例关系，只要有偏差存在，控制器的输出就会立刻与偏差呈比例变化，因此比例控制作用及时迅速，这是它的一个显著特点。但是这种控制器用在控制系统中，会使系统出现余差，即当被控变量受干扰影响而偏离给定值后，不可能再回到原数值上，因为如果测量值和给定值之间的偏差为零，控制器的输出不会发生变化，系统也就无法保持平衡。

为了减小余差，可增大 K_P。K_P 愈大（即 δ 愈小），余差愈小。但 K_P 增大将使系统的稳定性变差，容易产生振荡。P 控制器一般用在干扰较小、允许有余差的系统中。

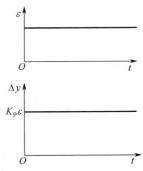

图 2-2　比例控制器的阶跃响应特性

（三）PI 运算规律

具有比例积分运算规律的控制器为 PI 控制器。对 PID 控制器而言，当微分时间 $T_D = 0$ 时，控制器呈 PI 控制特性。现分别讨论理想和实际 PI 控制器的特性。

1. 理想 PI 控制器的特性

积分增益 $K_I \to \infty$ 时的 PI 控制器为理想 PI 控制器，其表达式为

$$\Delta y = K_P \left(\varepsilon + \frac{1}{T_I} \int_0^t \varepsilon \mathrm{d}t \right) \tag{2-9}$$

或
$$W(s) = K_P \left(1 + \frac{1}{T_I s} \right) \tag{2-10}$$

控制器的输出 Δy 可表示为比例作用的输出 Δy_P 与积分作用的输出 Δy_I 之和

$$\Delta y = \Delta y_P + \Delta y_I$$

其中，$\Delta y_P = K_P \varepsilon$；$\Delta y_I = \dfrac{K_P}{T_I}\displaystyle\int_0^t \varepsilon \mathrm{d}t$。

积分输出项表明，只要偏差存在，积分作用的输出就会随时间不断变化，直到偏差消除，控制器的输出才稳定下来，这就是积分作用能消除余差的原因。上式还表明，积分作用输出变化的快慢与输入偏差ε的大小成正比，而与积分时间T_I成反比。T_I愈短，积分速度愈快，积分作用就愈强。

由于积分输出是随时间积累而逐渐增大的，故控制动作缓慢，这样会造成控制不及时，使系统稳定裕度下降。因此积分作用一般不单独使用，而是与比例作用组合起来构成PI控制器用于控制系统中。

在阶跃偏差信号作用下，理想PI控制器的输出随时间变化的表达式为

$$\Delta y = K_P\left(1 + \frac{t}{T_I}\right)\varepsilon \tag{2-11}$$

理想PI控制器的阶跃响应特性如图2-3所示。

在阶跃正偏差信号加入的瞬间，输出突跳至某一值，这是比例作用（$K_P\varepsilon$）；以后随时间不断增加，为积分作用$\left(\dfrac{K_P\varepsilon}{T_I}t\right)$。若取积分作用的输出等于比例作用的输出，$\Delta y_I = \Delta y_P$，即

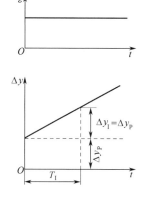

$$K_P\varepsilon = \frac{K_P\varepsilon}{T_I}t$$

可得 $\qquad\qquad\qquad T_I = t$

这就是定义和测定积分时间的依据。也就是说，在阶跃信号作用下，积分作用的输出值变化到等于比例作用的输出值所经历的时间就是积分时间。

图2-3　理想PI控制器的阶跃响应特性

2. 实际PI控制器的特性

实际PI控制器的传递函数为

$$W(s) = K_P\frac{1 + \dfrac{1}{T_I s}}{1 + \dfrac{1}{K_1 T_I s}} \tag{2-12}$$

在阶跃偏差信号作用下，利用拉普拉斯（简称拉氏）反变换可求得实际PI控制器的输出随时间变化的表达式为

$$\Delta y = K_P\varepsilon\left[1 + (K_1 - 1)\left(1 - \mathrm{e}^{-\frac{t}{K_1 T_I}}\right)\right] \tag{2-13}$$

实际PI控制器的阶跃响应特性如图2-4所示。

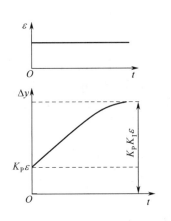

图 2-4 实际 PI 控制器的阶跃响应特性

由图 2-4 可知，积分输出并非直线增长，而是按指数曲线（时间常数为 $K_I T_I$）规律变化，最终趋向于饱和。其稳态值（即最大值）为 $K_P K_I \varepsilon$。此值取决于控制器的积分增益 K_I 或开环增益（稳态时的放大倍数）K。

积分增益 K_I 的意义是在阶跃信号作用下，PI 控制器输出变化的最终值（假定偏差很小，输出值未达到控制器的输出限制值）与初始值（即比例输出值）之比。

$$K_I = \frac{\Delta y(\infty)}{\Delta y(0)} \qquad (2\text{-}14)$$

开环增益 K 和积分增益 K_I 的关系为

$$K = \frac{\Delta y(\infty)}{\varepsilon} = K_P K_I \qquad (2\text{-}15)$$

当积分增益 K_I 为无穷大时，则可证明，式（2-13）将变成 $\Delta y = K_P \varepsilon \left(1 + \dfrac{t}{T_I}\right)$，这时就相当于理想 PI 控制器的输出了。实际上，PI 控制器的 K_I 一般比较大（数量级为 $10^2 \sim 10^5$），因此可认为实际 PI 控制器的特性是接近理想 PI 控制器特性的。

3. 控制点偏差和控制精度

实际 PI 控制器的积分增益虽然比较大，但仍是一有限值，因此当控制器的输出稳定在某一值时，测量值和给定值之间依然存在偏差（也就是说实际 PI 控制器不可能完全消除余差），这种偏差通常称为控制点偏差。当控制器的输出变化为满度时，控制点的偏差达最大，其值可表示为

$$\varepsilon_{max} = \frac{y_{max} - y_{min}}{K_P K_I} \qquad (2\text{-}16)$$

控制点最大偏差的相对变化值即为控制器的控制精度（Δ），考虑到控制器输入信号和输出信号的变化范围是相等的，故有

$$\Delta = \frac{\varepsilon_{max}}{x_{max} - x_{min}} \times 100\% = \frac{1}{K_P K_I} \times 100\% \qquad (2\text{-}17)$$

控制精度是控制器的重要指标，它表征控制器消除余差的能力。由式（2-16）和式（2-17）可见，K_I（或 K）愈大，控制精度愈高，该控制器消除余差的能力也愈强。

（四）PD 运算规律

具有比例微分运算规律的控制器为 PD 控制器。对 PID 控制器而言，当积分时间 $T_I \to \infty$ 时，控制器呈 PD 控制特性。现分别讨论理想和实际 PD 控制器的特性。

1. 理想 PD 控制器的特性

微分增益 $K_D \to \infty$ 时的 PD 控制器为理想 PD 控制器，其表达式为

$$\Delta y = K_P \left(\varepsilon + T_D \frac{d\varepsilon}{dt} \right) \qquad (2\text{-}18)$$

或
$$W(s) = K_P(1 + T_D s) \qquad (2\text{-}19)$$

式（2-18）包括比例作用的输出和微分作用的输出两部分。微分作用输出的大小与偏差变化速度及微分时间 T_D 成正比。微分时间愈长，微分作用就愈强。

当偏差为等速上升的斜坡信号 $\varepsilon = at$ 时，理想 PD 控制器的输出为
$$\Delta y = K_P a(t + T_D) \qquad (2\text{-}20)$$

Δy 的变化过程如图 2-5 所示。

图 2-5 中，微分作用的输出为一恒值（$K_P a T_D$），而比例作用的输出则随时间不断增加（$K_P at$）。由图可知，微分作用比单纯比例作用快，且要达到同样的 Δy 值，微分作用比单纯比例作用提前一段时间，此段时间就是微分时间 T_D。

总之，微分作用是根据偏差变化速度进行控制的。即使 ε 很小，只要出现变化趋势，就有控制作用输出，故有超前控制之称。在温度、成分等控制系统中，往往引入微分作用，以改善控制过程的动态特性，但在偏差恒定不变时，微分作用输出为零，故微分作用也不能单独使用。

当偏差为阶跃信号时，在出现阶跃的瞬间，偏差变化速度很快，理想 PD 控制器的输出也非常大。这在实际中是很难实现的，而且对系统也无益，所以在工业上使用的是实际 PD 控制器。

2. 实际 PD 控制器的特性

实际 PD 控制器的传递函数为
$$W(s) = K_P \frac{1 + T_D s}{1 + \dfrac{T_D}{K_D} s} \qquad (2\text{-}21)$$

相当于对理想 PD 控制器串接了一阶惯性环节。在阶跃偏差信号作用下，利用拉氏反变换可求得实际 PD 控制器的输出为
$$\Delta y = K_P \varepsilon \left[1 + (K_D - 1) e^{-\frac{K_D}{T_D} t} \right] \qquad (2\text{-}22)$$

实际 PD 控制器的阶跃响应特性如图 2-6 所示。

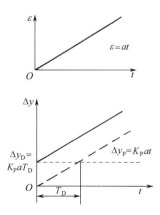

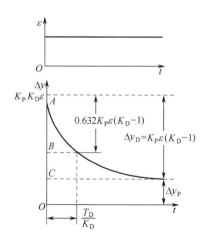

图 2-5　斜坡信号作用下的理想 PD 控制器输出特性　　图 2-6　实际 PD 控制器的阶跃响应特性

由图 2-6 可知，控制器输出的初始值为 $K_P K_D \varepsilon$，它是按指数曲线（时间常数为 $\dfrac{T_D}{K_D}$）规律下降的，最终稳定在 $K_P \varepsilon$ 值（即 Δy_P）。控制器输出最大值（即初始值）的幅度取决于微分增益 K_D。

微分增益 K_D 的意义是，在阶跃信号作用下，PD 控制器输出变化的初始值与最终值（即比例输出值）之比

$$K_D = \frac{\Delta y(0)}{\Delta y(\infty)}$$

微分增益愈大，微分作用愈趋近于理想。但在电动控制器中，为使控制器在高频信号作用下的输出幅度不致过大，一般取 K_D 为 5～10。

如果微分增益 $K_D = 1$，就等同于单纯的比例作用。如果 $K_D < 1$，则控制作用反而减弱，这时称为反微分。在噪声较大的系统中，反微分作用可起到较好的滤波效果。

在实际 PD 控制器中，微分时间 T_D 的测定，也是在阶跃信号作用下进行的，故需讨论实际 PD 控制器 T_D 的求取方法。

实际 PD 控制器的输出同样可看作 Δy_P 和 Δy_D 两部分之和。设 $t = \dfrac{T_D}{K_D}$，从式（2-22）可得微分部分的输出值为

$$\Delta y_D \left(\frac{T_D}{K_D} \right) = K_P \varepsilon (K_D - 1) \mathrm{e}^{-1} = 0.368 K_P \varepsilon (K_D - 1)$$

此值相当于图 2-6 中的 $\widehat{BC}$，$\widehat{AB}$ 为 $0.632 K_P \varepsilon (K_D - 1)$。

由此可知，在阶跃信号作用下，实际 PD 控制器的输出从最大值下降到微分输出幅度的 36.8% 所经历的时间，就是微分时间常数 $\left(\dfrac{T_D}{K_D} \right)$。此时间常数再乘上微分增益 K_D 即为微分时间 T_D。

（五）PID 运算规律

理想和实际 PID 控制器的传递函数分别见式（2-2）和式（2-4）。在实际控制器中，由于相互干扰系数 F 的存在，且其值与 $\dfrac{T_D}{T_I}$ 有关，故 P、I、D 变量的实际值 $\left(K_P F、T_I F、\dfrac{T_D}{F} \right)$ 与刻度值（K_P、T_I、T_D）有差异，同时在整定某个变量时，还将影响其他变量，故在实际使用时应注意整定变量间的相互影响。

控制器整定变量间的相互干扰情况与 PID 运算电路的构成方式有关（本节"PID 控制器的构成"部分予以说明）。至于相互干扰系数的实际表达式，将在第二节中给出。

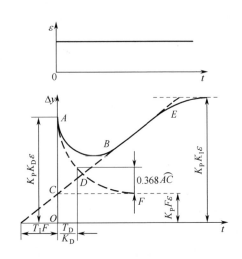

图 2-7　实际 PID 控制器的阶跃响应特性

当偏差为阶跃信号时，利用拉氏反变换，由式（2-4）可求得实际 PID 控制器的输出为

$$\Delta y = K_P \varepsilon \left[F + (K_I - F)(1 - e^{-\frac{t}{K_I T_I}}) + (K_D - F)e^{-\frac{K_D}{T_D}t} \right] \qquad (2-23)$$

当 $t = 0$ 时，$\Delta y(0) = K_P K_D \varepsilon$；

当 $t \to \infty$ 时，$\Delta y(\infty) = K_P K_I \varepsilon$。

如图 2-7 所示为实际 PID 控制器的阶跃响应特性。由图可知，控制器的比例增益、积分时间和微分时间等变量也可由图解法求得。

最后还要补充一点，即 PI、PD、PID 控制特性也可用幅频和相频特性来表示和分析。控制器的频率特性曲线，读者可自行描绘。

三、PID 控制器的构成

控制器是对输入信号与给定信号的偏差进行 PID 运算，因此它应包括偏差检测和 PID 运算两部分电路，如图 2-8 所示。

图 2-8　控制器构成示意图

偏差检测电路通常称为输入电路。偏差信号一般采用电压形式，所以测量信号和给定信号在输入电路内都是以电压形式进行比较。如果测量信号（或外给定信号）是电流，则必须通过一个精密电阻转换成相应的电压。输入电路同时还必须具备内外给定电路的切换开关、正反作用切换开关和偏差指示（或输入、给定分别指示）等部分。

PID 运算电路是实现控制器运算规律的关键部分，它的构成方式有以下几种。

1. 由放大器和 PID 反馈电路构成

由放大器和 PID 反馈电路构成的 PID 运算电路的构成方框图如图 2-9（a）所示。图中，放大器是由晶体管（或集成运算放大器）等器件组成的直流放大器，PID 反馈电路是由 RC 微分和积分环节串联组成的复合电路。DDZ-Ⅱ型控制器以及一些基地式模拟控制仪表均采用这种构成方式。这种运算电路构成简单，但相互干扰系数较大。

2. 由 PD 和 PI 电路串联构成

由 PD 和 PI 电路串联构成的 PID 运算电路的构成方框图如图 2-9（b）所示。图中 PD 和 PI 电路均由集成运算放大器和 RC 电路所组成。DDZ-Ⅲ型控制器采用这种构成方式。

对这种电路的构成方式稍加变动，就可以构成测量值微分先行的控制器，如图 2-9（c）所示。测量值经 PD 电路（比例增益为 1）后再与给定值比较，差值送入 PI 电路。这样，给定值不经过微分，故在改变给定值时，控制器输出不会发生大幅度的变化，从而避免了给定值扰动。

PD、PI 串联运算电路的相互干扰系数 F 较第一种运算电路要小。但由于电路串联，各级的误差将累积放大。为保证整机精度，对各部分电路的精度要求较高。

上述两种 PID 运算电路的传递函数均可由式（2-4）表示。

3. 由 P、I、D 电路并联构成

图 2-9（d）所示为由 P、I、D 三个运算电路并联连接，然后将它们的输出相加所构成

的 PID 运算电路。组装式仪表中的电压整定型 PID 控制组件采用这种电路方式。它的传递函数为

$$W(s) = K_P + \frac{1}{T_I s} + \frac{T_D s}{1 + \frac{T_D s}{K_D s}} = K_P \left(1 + \frac{1}{K_P T_I s} + \frac{\frac{T_D s}{K_P}}{1 + \frac{T_D}{K_D} s} \right) \tag{2-24}$$

这种运算电路的特点是：由于三个运算电路并联连接，避免了级间误差累积放大，对保证整机精度有利；同时，并联结构可消除 T_I、T_D 变化对控制器实际整定变量的影响。但从传递函数的关系式可知，K_P 的改变将使实际的积分时间 $K_P T_I$ 和实际的微分时间 $\frac{T_D}{K_P}$ 发生变化。

4. 由 P、I、D 电路串、并联构成

为了消除 K_P、T_I 和 T_D 变量间的相互干扰，可采用图 2-9（e）所示的串、并联混合电路。在这种电路结构中，PI 与 D 电路并联后再与 K_P 可变的 P 电路串联。运算电路的传递函数为

$$W(s) = K_P \left(1 + \frac{1}{T_I s} + \frac{T_D s}{1 + \frac{T_D}{K_D} s} \right) \tag{2-25}$$

这种构成方式具有与并联方式相同的优点，同时从上式可知，它将不存在控制器变量间的相互影响。

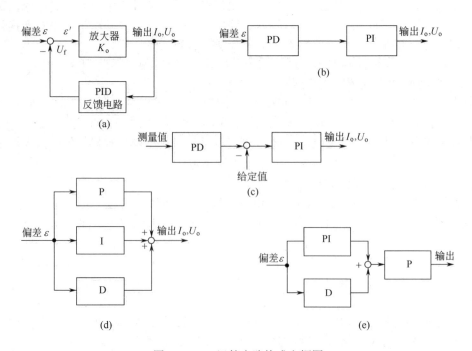

图 2-9 PID 运算电路构成方框图

PID 运算电路的构成方式多种多样，各具特点。下面对 PID 控制器的结构原理和各部分

电路作具体的分析。

第二节　基型控制器

一、概述

基型控制器（又称基型调节器）对来自变送器的 1～5V 直流电压信号与给定值相比较所产生的偏差进行 PID 运算，输出 4～20mA（DC）的控制信号。该控制器还具有偏差（或测量值、给定值）指示、输出指示、内外给定及软硬手操和正反作用切换等功能。

本节分析全刻度指示的基型控制器，其主要性能指标包括：控制精度＜0.5%，测量和给定信号指示精度为 ±1%，比例度为 2%～500%，积分时间为 0.01～25min（分两挡），微分时间为 0.04～10min，负载电阻为 250～750Ω，输出保持特性为 −0.1%/h。

该控制器由控制单元和指示单元两部分组成。控制单元包括输入电路、PD 电路、PI 电路、输出电路以及软手操电路和硬手操电路等。指示单元包括测量信号指示电路和给定信号指示电路。基型控制器的构成方框图如图 2-10 所示，基型控制器电路如图 2-25 所示。

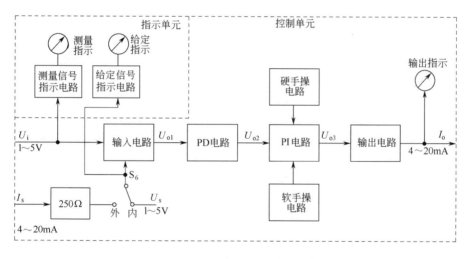

图 2-10　基型控制器构成方框图

测量信号和内给定信号均为 1～5V 的直流电压，它们都通过各自的指示电路，由双针指示表来显示。两指示值之差即为控制器的输入偏差。

外给定信号为 4～20mA 的直流电流，通过 250Ω 的精密电阻转换成 1～5V 的直流电压信号。内外给定由开关 S_6 来选择，在外给定时，仪表面板上的外给定指示灯亮。

控制器的工作状态有"自动""软手操""硬手操"和"保持"四种，由开关 S_1、S_2 进行切换。

当控制器处于自动状态时，在输入电路内对测量信号和给定信号进行比较后产生偏差，然后对此偏差进行 PID 运算，并通过输出电路将运算电路的电压信号转换成 4～20mA 的直流输出电流。

当控制器处于软手操状态时，可操作扳键 S_4（图 2-25）。S_4 处于不同的位置，可分别使控制器处于保持状态、输出电流的快速增加（或减小）以及输出电流的慢速增加（或减小）。

当控制器处于硬手操状态时，移动硬手动操作电位器，能使控制器的输出迅速地改变到需要的数值。

本控制器"自动⇌软手操"的切换是双向无平衡无扰动的，"硬手操→软手操"或"硬手操→自动"的切换也是无平衡无扰动的，只有自动或软手操切换到硬手操时，必须预先平衡方可达到无扰动切换。

开关 S_7（图 2-25）可改变偏差的极性，借此选择控制器的正、反作用。

此外，在控制器的输入端与输出端还分别附有输入检测插孔和手动输出插孔，当控制器出现故障需要维修时，可利用这些插孔，无扰动地换接到便携式手动操作器，进行手动操作。

本控制器由于采用高增益、高输入阻抗的集成运算放大器，具有较高的积分增益（高达 10^4）和良好的保持特性。

在基型控制器的基础上，可构成各种特种控制器，如抗积分饱和控制器、前馈控制器、输出跟踪控制器、非线性控制器等；也可附加某些单元，如输入报警、偏差报警、输出限幅单元等；还可构成与工业控制计算机联用的控制器，如 SPC（统计制程控制）系统用控制器和 DDC（直接数字控制）备用控制器。

二、输入电路

输入电路是由 IC_1 等组成的偏差差动电平移动电路，如图 2-11 所示。它的作用有两个：一是将测量信号 U_i 和给定信号 U_s 相减，得到偏差信号，再将偏差信号放大两倍后输出；二是电平移动，将以 0V 为基准的 U_i 和 U_s 转换成以电平 U_B（10V）为基准的输出信号 U_{o1}。

输入电路采用图 2-11 所示的偏差差动输入方式，是为了消除集中供电引入的误差。如果采用普通差动输入方式，供电电源回路在传输导线上的压降将影响控制器的精度。如图 2-12 所示，两线制变送器的输出电流 I_i 在导线电阻 R_{CM1} 上产生压降 U_{CM1}，这时控制器的输入信号不只是 U_i，而是 U_i+U_{CM1}，电压 U_{CM1} 就会引起运算误差。同样，外给定信号在传输导线电阻 R_{CM2} 上的压降 U_{CM2} 也会引入附加误差。

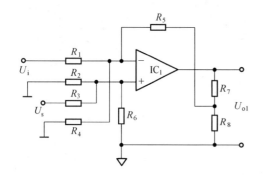

图 2-11　输入电路原理图

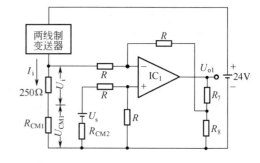

图 2-12　集中供电在普通差动运算电路中引入误差的原理图

实际输入电路的连接方式是：将输入信号 U_i 跨接在 IC_1 的同相和反相输入端上，而将给定信号 U_s 反极性地跨接在这两端，如图 2-13 所示，这样，两导线电阻的压降 U_{CM1} 和 U_{CM2} 均成为输入电路的共模电压信号，由于差动放大器对共模信号有很强的抑制能力，因此这两个附加电压不会影响运算电路的精度。

电平移动的目的是使集成运算放大器 IC_1 工作在允许的共模输入电压范围内。若不进行电平移动，即 $U_B = 0$，则由图 2-11 或图 2-12 可知，在信号下限时，IC_1 同相输入端和反相输入端的电压 U_T、U_F 将小于 1V，而在 24V 单电源供电时，集成运算放大器共模输入电压的下限值一般在 2V 左右，因此在小信号时，集成运算放大器将无法正常工作。现把 IC_1 同相输入端的电阻 R_6 接到电压为 10V 的 U_B 上，这样就提高了 IC_1 输入端的电平（图 2-13），而且输出电压 U_{o1} 也是以 U_B 为基准，故输出端的电压也随之提高。

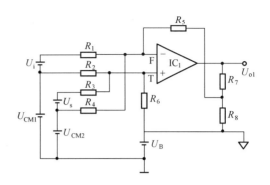

图 2-13 引入导线电阻压降后的输入电路原理图

下面从电路的运算关系对偏差差动电平移动电路做进一步的分析。

若将 IC_1 看作理想集成运算放大器，并取 $R_1 = R_2 = R_3 = R_4 = R_5 = R_6 = R = 500\text{k}\Omega$，$R_7 = R_8 = 5\text{k}\Omega$，则有

$$\frac{U_i + U_{CM1} - U_F}{R} + \frac{U_{CM2} - U_F}{R} = \frac{U_F - \left(U_B + \frac{1}{2}U_{o1}\right)}{R}$$

所以反相输入端的电压（以 0V 为基准）为

$$U_F = \frac{1}{3}\left(U_i + U_{CM1} + U_{CM2} + \frac{1}{2}U_{o1} + U_B\right) \tag{2-26}$$

同样可求得同相输入端的电压（以 0V 为基准）为

$$U_T = \frac{1}{3}(U_s + U_{CM1} + U_{CM2} + U_B) \tag{2-27}$$

由于 $U_F = U_T$，故可由式（2-26）和式（2-27）求得

$$U_{o1} = -2(U_i - U_s) \tag{2-28}$$

上述关系式表明：

① 输出信号 U_{o1} 仅与测量信号 U_i 和给定信号 U_s 的差值成正比，比例系数为 -2，而与导线电阻上的压降 U_{CM1} 和 U_{CM2} 无关。

② 由关系式（2-27）可知，IC_1 输入端的电压 U_T、U_F 是在集成运算放大器共模输入电压的允许范围（2~22V）内，所以电路能正常工作。

③ 把以 0V 为基准的、变化范围为 1~5V 的输入信号，转换成以 10V 为基准的、变化范围为 0~±8V 的偏差输出信号 U_{o1}。偏差输出信号 U_{o1} 既是绝对值，又是变化量，在以下讨论 PID 电路的运算关系时，将用增量形式表示。

最后还要说明一点，前面的分析和计算都假定 R_6 与 R_1~R_5 相等。事实上，为了保证偏差差动电平移动电路的对称性，R_6 不应与 R 相等，其阻值应略大于 R。

$$R_6 = R + (R_7 /\!/ R_8) = 502.5(\text{k}\Omega)$$

三、PD 电路

PD 电路的作用是将输入电路输出的电压信号 ΔU_{o1} 进行 PD 运算，其输出信号 ΔU_{o2} 送至 PI 电路。PD 电路原理如图 2-14 所示。该电路由集成运算放大器 IC_2、微分电阻 R_D、微分电

容 C_D、比例电阻 R_P 等组成。调整 R_D 和 R_P 可改变控制器的微分时间和比例度。

事实上，PD 电路可看成是由无源比例微分网络和比例运算放大器两部分串联而成。前者对输入信号进行比例微分运算，后者则起比例放大作用。由于电路采用同相输入端加信号电压的方法，具有很高的输入阻抗，因此在分析同相输入端电压 ΔU_T 与输入信号 ΔU_{o1} 的运算关系时，可以不考虑比例运算放大器的影响。

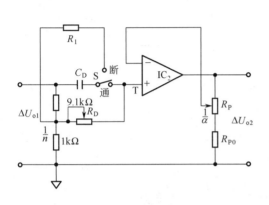

图 2-14 PD 电路原理

图 2-14 中的开关 S 用以切断或接通电路的微分作用。当 S 置于"断"时，电容 C_D 断开，该电路就变成比例运算电路了。只有当 S 置于"通"时，电路才具有微分作用。

下面先定性分析 PD 电路的工作原理。当输入信号 ΔU_{o1} 为一阶跃信号时，在 $t = 0^+$，即加入阶跃信号瞬间，由于电容 C_D 上的电压不能突变，输入信号 ΔU_{o1} 全部加到 IC_2 同相输入端 T 点，所以有 $\Delta U_T(0^+) = \Delta U_{o1}$。随着电容 C_D 充电过程的进行，C_D 两端电压从 0V 起按指数规律不断上升，ΔU_T 按指数规律不断下降。当充电过程结束时，电容 C_D 上的电压等于阻值为 9.1kΩ 电阻上的电压，此时 $\Delta U_T(\infty) = \dfrac{1}{n}\Delta U_{o1}$，并保持该值不变。

PD 电路的输出信号 ΔU_{o2} 与同相输入端 T 点的电压 ΔU_T 为简单的比例放大关系，其比例系数为 α，当输入信号 ΔU_{o1} 以阶跃作用加入后，ΔU_{o2} 的变化曲线形状与 ΔU_T 相同，其数值应为

$$\Delta U_{o2} = \alpha\Delta U_T$$

现再定量分析 PD 电路的运算关系。在下列推导中把 IC_2 看作理想集成运算放大器。对于 PD 电路有如下的关系式，即

$$\Delta U_T(s) = \frac{\Delta U_{o1}(s)}{n} + \frac{n-1}{n} \times \frac{R_D}{R_D + \dfrac{1}{C_D s}} \Delta U_{o1}(s)$$

$$= \frac{1}{n} \times \frac{1 + nR_D C_D s}{1 + R_D C_D s} \Delta U_{o1}(s)$$

对于比例运算放大器则有

$$\Delta U_{o2}(s) = \alpha\Delta U_T(s)$$

所以从上两式可得

$$\Delta U_{o2}(s) = \frac{\alpha}{n} \times \frac{1 + nR_D C_D s}{1 + R_D C_D s} \Delta U_{o1}(s)$$

设 $K_D = n$，$T_D = nR_D C_D$，则

$$\Delta U_{o2}(s) = \frac{\alpha}{K_D} \times \frac{1 + T_D s}{1 + \dfrac{T_D}{K_D} s} \Delta U_{o1}(s)$$

所以 PD 电路的传递函数为

$$W_{PD}(s) = \frac{\alpha}{K_D} \times \frac{1 + T_D s}{1 + \frac{T_D}{K_D} s}$$ （2-29）

本电路中，$n = 10$，$R_D = 62\text{k}\Omega \sim 15\text{M}\Omega$，$C_D = 4\mu\text{F}$，$R_P = 0 \sim 10\text{k}\Omega$，$R_{P0} = 39\Omega$（$R_{P0}$用以限制 α的最大值，$\alpha = 1 \sim 250$），因此电路的微分增益 $K_D = 10$，微分时间 $T_D = 0.04 \sim 10\text{min}$，比例增益 $\frac{\alpha}{K_D} = \frac{1}{10} \sim 25$。

在阶跃输入作用下，PD 电路输出的时间函数表达式为

$$\Delta U_{o2}(t) = \frac{\alpha}{K_D}\left[1 + (K_D - 1)\text{e}^{\frac{K_D}{T_D}t}\right]\Delta U_{o1}$$ （2-30）

根据这一关系式，可作出 PD 电路的阶跃响应特性，如图 2-15 所示。利用此响应曲线，可由实验法求取微分时间 T_D。

当图 2-14 中的开关 S 处于"断"位置时，微分作用切除，电路只具有比例作用。这时 IC_2 同相输入端的电压 $U_T = \frac{1}{n}U_{o1}$，而电容 C_D 通过电阻 R_1 也接至 $\frac{1}{n}U_{o1}$ 电平上，C_D 被充电到 $U_{C_D} = \frac{n-1}{n}U_{o1}$，因此，稳态时电容 C_D 上的电压与阻值为 9.1kΩ电阻上的压降相等，即 C_D 右端的电平与 U_T 相等，这样就保证了开关 S 由"断"切换到"通"的瞬间，即接通微分作用时，输出不发生突变，对生产过程不产生扰动。

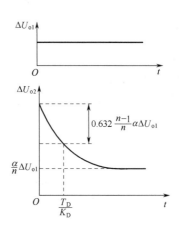

图 2-15　PD 电路阶跃响应特性

四、PI 电路

PI 电路的主要作用是将 PD 电路输出的电压信号ΔU_{o2}进行 PI 运算，输出以 U_B 为基准的、$1 \sim 5\text{V}$ 的电压信号至输出电路。PI 电路原理如图 2-16 所示，由图可见，这是由集成运算放大器 IC_3、电阻 R_I、电容 C_M 和 C_I 等组成的有源 PI 运算电路。

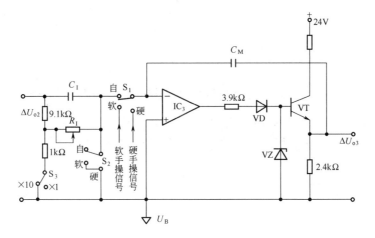

图 2-16　PI 电路原理图

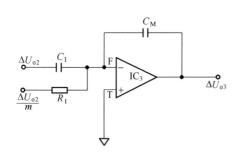

图 2-17 PI 电路的等效电路

图 2-16 中，S_3 为积分换挡开关，S_1、S_2 为联动的自动、软手操、硬手操切换开关，控制器的手操信号从本级输入。IC_3 输出端接有电阻、二极管和射极跟随器等，这是为了得到正向输出电压，且便于加接输出限幅器而设置的。稳压管起正向限幅作用。

因为射极跟随器的输出电压和 IC_3 的输出电压几乎相等，为了便于分析，可把射极跟随器等包括在 IC_3 中，这样在自动工作状态时，PI 电路就可简化成图 2-17 所示的等效电路。关于手动操作电路后面另行讨论。

本电路由比例运算电路（由 C_I、C_M 及 IC_3 组成）和积分运算电路（由 R_I、C_M 及 IC_3 组成）两部分结合而成。比例运算的输入信号是 ΔU_{o2}。积分运算的输入信号是 $\dfrac{\Delta U_{o2}}{m}$。m 的数值视 S_3 的位置而定，当 S_3 置于 "×1" 挡时，$m=1$；而当 S_3 置于 "×10" 挡时，$m=10$。

先把 IC_3 看成理想集成运算放大器（即开环增益 $A_3 = \infty$，输入电阻 $R_i = \infty$）。由等效电路可知，比例运算的输出电压为

$$\Delta U_{o3P}(s) = -\frac{C_I}{C_M} \Delta U_{o2}(s)$$

积分运算的输出电压为

$$\Delta U_{o3I}(s) = -\frac{1}{R_I C_M s} \times \frac{\Delta U_{o2}(s)}{m}$$

将以上两式相加，便可得到

$$\Delta U_{o3}(s) = -\left(\frac{C_I}{C_M} + \frac{1}{m R_I C_M s} \right) \Delta U_{o2}(s) = -\frac{C_I}{C_M} \left(1 + \frac{1}{m R_I C_I s} \right) \Delta U_{o2}(s)$$

设 $T_I = m R_I C_I$，则

$$\Delta U_{o3}(s) = -\frac{C_I}{C_M} \left(1 + \frac{1}{T_I s} \right) \Delta U_{o2}(s) \tag{2-31}$$

本电路中，$C_I = C_M = 10\mu F$，$R_I = 62k\Omega \sim 15M\Omega$，因此比例系数 $\dfrac{C_I}{C_M} = 1$，积分时间 $T_I = 0.01 \sim 2.5min$（$m=1$ 时）或 $T_I = 0.1 \sim 25min$（$m=10$ 时）。

式（2-31）是理想的比例积分运算关系式。实际上 IC_3 的开环增益 A_3 并不等于 ∞，故实际 PI 电路传递函数应按真实开环增益 A_3 推导，若 IC_3 的输入阻抗 $R_i = \infty$，则由图 2-17 可得

$$\frac{\Delta U_{o2}(s) - \Delta U_F(s)}{\dfrac{1}{C_I s}} + \frac{\Delta U_{o2}(s)/m - \Delta U_F(s)}{R_I} = \frac{\Delta U_F(s) - \Delta U_{o3}(s)}{\dfrac{1}{C_M s}}$$

而且

$$\Delta U_{o3}(s) = -A_3 \Delta U_F(s)$$

由此两式可求得

$$\Delta U_{o3}(s) = -\frac{\dfrac{C_I}{C_M}\left(1 + \dfrac{1}{mR_IC_Is}\right)}{1 + \dfrac{1}{A_3}\left(1 + \dfrac{C_I}{C_M}\right) + \dfrac{1}{A_3R_IC_Ms}}\Delta U_{o2}(s)$$

因 $A_3 \geqslant 10^5$，故 $\dfrac{1}{A_3}\left(1 + \dfrac{C_I}{C_M}\right) \ll 1$，可略去不计，于是可得 PI 电路的传递函数为

$$W_{PI}(s) = -\frac{C_I}{C_M} \times \frac{1 + \dfrac{1}{mR_IC_Is}}{1 + \dfrac{1}{A_3R_IC_Ms}}$$

设 $K_I = \dfrac{A_3}{m} \times \dfrac{C_M}{C_I}$，则有

$$W_{PI}(s) = -\frac{C_I}{C_M} \times \frac{1 + \dfrac{1}{T_Is}}{1 + \dfrac{1}{K_IT_Is}} \tag{2-32}$$

按给定的电路变量，可知控制器的积分增益 $K_I \geqslant 10^5$（$m = 1$ 时）或 $K_I \geqslant 10^4$（$m = 10$ 时）。在阶跃输入作用下，PI 电路输出的时间函数表达式为

$$\Delta U_{o3}(t) = -\frac{C_I}{C_M}\left[K_I - (K_I - 1)e^{-\frac{t}{K_IT_I}}\right]\Delta U_{o2} \tag{2-33}$$

根据这一关系式可作出 PI 电路的阶跃响应特性，如图 2-18 所示。利用此阶跃响应曲线，可由实验法求取积分时间 T_I。

下面讨论 PI 电路的积分饱和问题。对于 PI 电路，只要输入信号 U_{o2} 不消除，U_{o3} 将不断地增加（或减小），直到输出电压被限制住，即呈饱和工作状态时为止。在正常工作时，电容 C_M 上的电压 U_{CM} 恒等于输出电压 U_{o3}，但在饱和工作状态时，输出电压已被限制住，而输入信号 U_{o2} 依然存在，U_{o2} 将通过 R_I 继续向 C_M 充电（或放电），所以 U_{CM} 将继续增加（或减小），这时它已不等于 U_{o3} 了，其结果是 IC_3 的 $U_F \neq U_T$，这一现象就称为"积分饱和"。如果这时输入信号 U_{o2} 极性改变，由于电容 C_M 上的电压不能突变，故 IC_3 的输出 U_{o3} 不能及时地跟着 U_{o2}

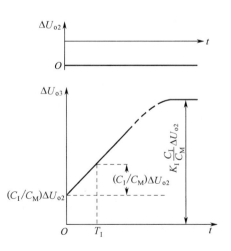

图 2-18 PI 电路阶跃响应特性

变化，控制器的控制作用将暂时处于停顿状态，这种滞后必然使控制品质变差。

解决积分饱和问题的关键是：PI 电路的输出一旦被限制，即 U_{o3} 不能再增加（或减小）时，应设法停止对电容 C_M 继续按原来方向充电（或放电），使其不产生过积分现象。具体办

法可以查阅有关抗积分饱和控制器资料。

基型控制器在控制系统正常的工况下，偏差不是很大，而且不是以某种固定的极性长时间存在，则 IC_3 的输出在正常范围内，这时积分饱和现象就不容易出现。

五、PID 电路传递函数

控制器的 PID 电路由上述的输入电路、PD 电路和 PI 电路三者串联构成，其方框图如图 2-19 所示，其传递函数应是这三个电路传递函数的乘积。

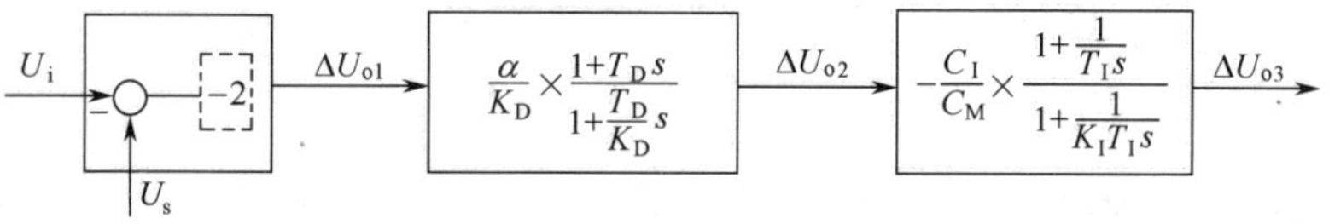

图 2-19　控制器的 PID 电路传递函数方框图

$$W(s) = \frac{2\alpha}{K_D} \times \frac{C_I}{C_M} \times \frac{1+T_D s}{1+\frac{T_D}{K_D}s} \times \frac{1+\frac{1}{T_I s}}{1+\frac{1}{K_I T_I s}} = \frac{2\alpha C_I}{nC_M} \times \frac{1+\frac{T_D}{T_I}+\frac{1}{T_I s}+T_D s}{1+\frac{T_D}{K_D K_I T_I}+\frac{1}{K_I T_I s}+\frac{T_D}{K_D}s}$$

设 $K_P = \dfrac{2\alpha C_I}{nC_M}$，$F = 1+\dfrac{T_D}{T_I}$，并考虑到上式分母中 $\dfrac{T_D}{K_D K_I T_I} \ll 1$，可略去，则得

$$W(s) = K_P F \frac{1+\frac{1}{FT_I s}+\frac{T_D}{F}s}{1+\frac{1}{K_I T_I s}+\frac{T_D}{K_D}s} \tag{2-34}$$

控制器各项变量的取值范围如下。

比例度　$\delta = \dfrac{1}{K_P} \times 100\% = \dfrac{nC_M}{2\alpha C_I} \times 100\% = 2\% \sim 500\%$

积分时间　$T_I = mR_I C_I$，当 $m=1$ 时，$T_I = 0.01 \sim 2.5\text{min}$；
　　　　　　　　　　　　当 $m=10$ 时，$T_I = 0.1 \sim 25\text{min}$

微分时间　$T_D = nR_D C_D = 0.04 \sim 10\text{min}$

微分增益　$K_D = n = 10$

积分增益　$K_I = \dfrac{A_3 C_M}{mC_I}$，当 $m=1$ 时，$K_I \geqslant 10^5$；当 $m=10$ 时，$K_I \geqslant 10^4$

相互干扰系数　$F = 1+\dfrac{T_D}{T_I}$

实际整定变量与刻度值之间的关系为

$$K'_P = FK_P \left(\text{或}\ \delta' = \frac{\delta}{F}\right),\quad T'_I = FT_I,\quad T'_D = \frac{T_D}{F}$$

式中，K'_P（或 δ'）、T'_I、T'_D 为实际值；K_P（或 δ）、T_I、T_D 为 $F=1$ 时的刻度值。

在阶跃输入信号作用下，PID 电路输出的时间函数表达式为

$$\Delta U_{o3}(t) = K_P \left[F + (K_I - F)(1 - e^{-\frac{t}{K_I T_I}}) + (K_D - F)e^{-\frac{K_D}{T_D}t} \right](U_i - U_s) \qquad (2-35)$$

电路的阶跃响应特性见图 2-7。

当 $t = \infty$ 时，$\Delta U_{o3}(\infty) = K_P K_I (U_i - U_s)$，因此控制器的静态误差为

$$\varepsilon = U_i - U_s = \frac{\Delta U_{o3}(\infty)}{K_P K_I} \qquad (2-36)$$

当 K_P 及 K_I 都取最小值 K_{Pmin} 和 K_{Imin}，而 $\Delta U_{o3}(\infty)$ 取最大值 4V 时，控制器的最大静态误差为

$$\varepsilon_{max} = \frac{\Delta U_{o3max}(\infty)}{K_{Pmin}K_{Imin}} = \frac{4}{0.2 \times 10^4} = 2(mV)$$

控制器的控制精度（在不考虑放大器的漂移、积分电容的漏电等因素时）为

$$\Delta = \frac{1}{K_{Pmin}K_{Imin}} \times 100\% = 0.05\%$$

六、输出电路

输出电路的作用是把 PID 电路输出的、以 U_B 为基准的 1～5V 直流电压信号转换成 4～20mA 的输出直流电流，使它流过负载 R_L 至电源的负端。其电路如图 2-20 所示。

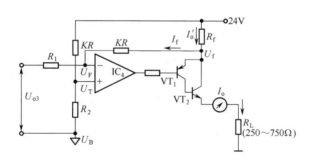

图 2-20　输出电路

输出电路实际上是一个电压-电流转换电路。图 2-20 中晶体管 VT_1、VT_2 组成复合管，把 IC_4 的输出电压转换成整机的输出电流。采用复合管的目的是提高放大倍数，降低 VT_1 的基极电流。

当正的输入信号 U_{o3} 通过电阻 R_1 加到 IC_4 的反相输入端时，IC_4 的输出电压降低，复合管的电流增大，I'_o 及 I_o 都增大，电压 U_f 降低，经电阻 KR 反馈到反相输入端，构成比例运算电路，使 U_f 与 U_{o3} 有一一对应的关系，即 I'_o 及 I_o 与 U_{o3} 呈比例关系。若忽略复合管的基极电流，则有

$$I_o = I'_o - I_f \qquad (2-37)$$

现把 IC_4 看作理想集成运算放大器，并设 $R_1 = R_2 = R$，则可从图 2-20 列出如下方程

$$\begin{cases} U_F = U_T = \dfrac{24 - U_B}{(1+K)R}R + U_B = \dfrac{24 + KU_B}{1+K} \\[3mm] \dfrac{U_F - (U_{o3} + U_B)}{R} = \dfrac{U_f - U_F}{KR} \\[3mm] I'_o = \dfrac{24 - U_f}{R_f} \end{cases}$$

解上述三个方程式可得

$$I'_o = \frac{KU_{o3}}{R_f} \tag{2-38}$$

在相同的条件下，由图 2-20 可求得

$$I_f = \frac{U_F - (U_{o3} + U_B)}{R}$$

即

$$I_f = \frac{24 - U_B - (1+K)U_{o3}}{(1+K)R} \tag{2-39}$$

把式（2-38）和式（2-39）代入式（2-37）得

$$I_o = \frac{KU_{o3}}{R_f} - \frac{24 - U_B - (1+K)U_{o3}}{(1+K)R} \tag{2-40}$$

由式（2-38）可知，当 $R_f = 62.5\Omega$，$K = \dfrac{1}{4}$，$U_{o3} = 1 \sim 5\text{V}$ 时，$I'_o = 4 \sim 20\text{mA}$。而从式（2-40）可知，其最后一项（$I_f$）即为运算误差。最大运算误差发生在 U_{o3} 最小（即 1V）时，将变量 $R = 40\text{k}\Omega$，$U_B = 10\text{V}$，$K = \dfrac{1}{4}$ 代入，可得最大运算误差为 0.255mA。为了消除该项运算误差，实际电路中取 $R_1 = 40\text{k}\Omega + 250\Omega$，$R_2 = 40\text{k}\Omega$，$R_f = 62.5\Omega$，$KR = 10\text{k}\Omega$，这样可使误差为零。

按照上述电路变量，当电源为 24V，基准电压 $U_B = 10\text{V}$ 时，IC_4 的 $U_T = U_F = 21.2\text{V}$，可见 IC_4 的共模输入电压很高。另外可算出 IC_4 的最大输出电压接近电源电压，所以 IC_4 的选择应同时满足共模输入电压范围及最大输出幅度的要求。

七、手动操作电路

手动操作电路分为软手操和硬手操两种电路，是在 PI 电路中附加电路来实现的，如图 2-21 所示。图中 S_1、S_2 为联动的自动、软手操、硬手操切换开关，S_{41}、S_{42}、S_{43}、S_{44} 为软手操扳键，R_s 为硬手操电位器。

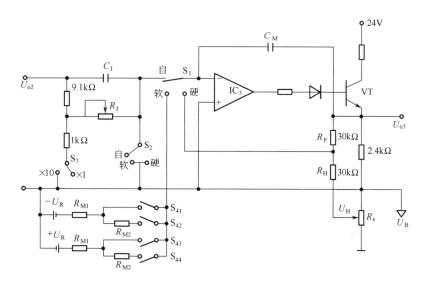

图 2-21　手动操作电路

（一）软手操电路

将开关 S_1、S_2 置"软手操"位置，这时 IC_3 的反相输入端与自动输入信号断开，而通过 R_M（图 2-22）接至 $+U_R$ 或 $-U_R$，组成一个积分电路；同时 S_2 将 C_I 与 R_I 的公共端接到电平 U_B，使 U_{o2} 存储在 C_I 中。扳动软手操扳键 S_4（$S_{41}\sim S_{44}$）即可实现软手操。

图 2-22 所示为软手操电路。图 2-21 中的射极跟随器包含在图 2-22 的 IC_3 中。

软手操输入信号为 $+U_R$ 和 $-U_R$，由 S_4 来切换。当 S_4 扳向 $-U_R$ 时，输出电压 U_{o3} 按积分式上升；当 S_4 扳向 $+U_R$ 时，输出电压 U_{o3} 按积分式下降。输出电压 U_{o3} 的上升或下降速度取决于 R_M 和 C_M 的数值，其变化量为

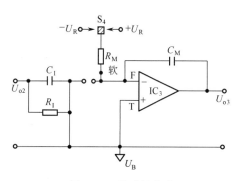

图 2-22　软手操电路

$$\Delta U_{o3} = -\frac{\pm U_R}{R_M C_M}\Delta t \tag{2-41}$$

式中，Δt 为 S_4 接通 U_R 的时间。

根据式（2-41）可求得软手操输出电压满量程变化（1~5V）所需的时间为

$$T = \frac{4}{U_R}R_M C_M$$

改变 R_M 的大小即可进行快慢两种速度的软手操。设电路变量 $R_{M1} = 30 \text{k}\Omega$，$R_{M2} = 470 \text{k}\Omega$，$U_R = 0.2\text{V}$，$C_M = 10\mu\text{F}$，则可分别求出快、慢速软手操时输出 U_{o3} 做满量程变化所需的时间。

快速软手操：将 S_{41} 或 S_{43} 扳向 U_R 时，$R_M = R_{M1} = 30 \text{k}\Omega$，输出做满量程变化所需的时

间为

$$T_1 = \frac{4}{0.2} \times 30 \times 10^3 \times 10 \times 10^{-6} = 6(s)$$

慢速软手操：将 S_{42} 或 S_{44} 扳向 U_R 时，$R_M = R_{M1} + R_{M2} = 500k\Omega$，输出做满量程变化所需的时间为

$$T_2 = \frac{4}{0.2} \times 500 \times 10^3 \times 10 \times 10^{-6} = 100(s)$$

软手操扳键有五个位置，即在升、降四个位置之间还有一个"断"位置，只要松开软手操扳键，S_4 即处于"断"位置，这时 IC_3 输入端处于浮空状态，输出 U_{o3} 保持在松开 S_4 前一瞬间数值上。若 IC_3 为理想集成运算放大器，则 U_{o3} 能长时间保持不变。为了获得良好的保持特性，应选用高输入阻抗的集成运算放大器和漏电流特别小的电容（C_M），此外还应保证接线端子有良好的绝缘性。

（二）硬手操电路

将 S_1、S_2 置"硬手操"位置，这时 IC_3 的反相输入端通过电阻 R_H 接至硬手操电位器 R_s 的滑动触头，把 R_F 并联在 C_M 上。同时 S_2 将 C_I 与 R_I 的公共端接到电平 U_B 上，使 U_{o2} 存储在 C_I 中。

图 2-23 所示为硬手操电路。由于硬手动输入信号 U_H 一般为变化缓慢的直流信号，R_F（30kΩ）与 C_M（10μF）并联后，可忽略 C_M 的影响。由于 $R_H = R_F$，因此硬手操电路实际上是一个比例增益为 1 的比例运算电路，即

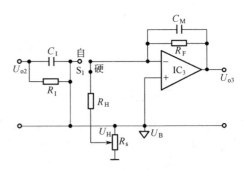

图 2-23　硬手操电路

$$U_{o3} = -U_H$$

（三）自动与手动操作的相互切换

在控制器中，"自动⇌软手操""硬手操→软手操"和"硬手操→自动"的切换都是无平衡、无扰动切换。所谓无平衡切换，是指在自动和手动相互切换时，无须事先调平衡，可以随时切换至所要求的位置。所谓无扰动切换，是指在切换瞬间控制器的输出不发生变化，对生产过程无扰动。

"自动→软手操"的切换：S_1、S_2 由自动切到软手操后，在 S_4 尚未扳至 U_R 时，IC_3 的反相输入端浮空，由于电路具有保持特性，U_{o3} 不变，故这种切换是无平衡、无扰动的。当需要改变输出时，将 S_4 扳至所需的位置，使 U_{o3} 线性上升或下降。

"软手操→自动"的切换：手动操作时，电容 C_I 接到 U_B 上，使 C_I 两端的电压始终等于 U_{o2}。当从软手操（或硬手操）切换到自动时，由于 C_I 两端电压等于 U_{o2} 而极性相反，C_I 的右端就和 IC_3 的反相输入端一样处于零电位（相对于 U_B 而言），故在接通瞬间电容无充放电现象，输出 U_{o3} 不变，这就实现了无平衡、无扰动切换。

因此，自动和软手操之间可实现双向无平衡、无扰动切换。同理，"硬手操→软手操"和"硬手操→自动"的切换，也是无平衡、无扰动的。

但是，进行"自动→硬手操"或"软手操→硬手操"切换时，要做到无扰动切换，必须事先调平衡。

八、指示电路

全刻度指示的基型控制器的测量信号指示电路和给定信号指示电路是完全相同的，下面以测量信号指示电路为例进行讨论。

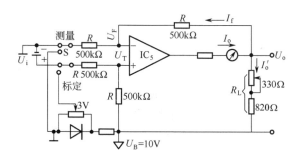

图 2-24 所示为全刻度指示电路，该电路也是一个电压-电流转换器。输入信号是以 0V 为基准的、1～5V 的测量信号；输出信号为 1～5mA 电流，用 0～100% 刻度的双针指示电流表显示。

图 2-24 全刻度指示电路

图 2-25 所示为全刻度指示的基型控制器电路图。

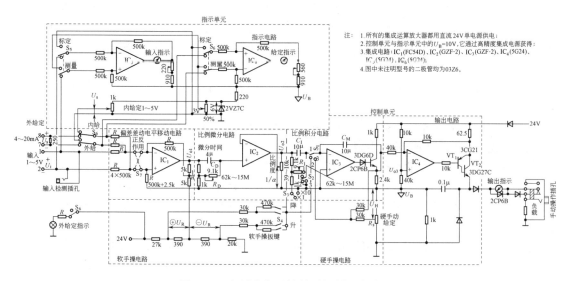

图 2-25 全刻度指示的基型控制器电路图

指示电路与输入电路一样，亦采用偏差差动电平移动电路。当开关 S 处于"测量"位置时，IC_5 接收 U_i 信号。假设 IC_5 为理想集成运算放大器，R 均为 500kΩ，从图 2-24 不难求出

$$U_o = U_i$$

于是

$$I'_o = \frac{U_o}{R_L} = \frac{U_i}{R_L} \tag{2-42}$$

电流表置于 IC_5 的输出端与 U_o 之间而不与 R_L 串联在一起，是为了使测量结果免受电流表内阻随温度变化的影响，提高测量精度。由图 2-24 可知，流过电流表的电流为

$$I_o = I'_o + I_f \tag{2-43}$$

其中，I_f 为反馈电流，其值为

$$I_f = \frac{U_F}{R} = \frac{U_B + U_i}{2R} \tag{2-44}$$

将式（2-42）和式（2-44）代入式（2-43），经整理后得

$$I_o = \left(\frac{1}{R_L} + \frac{1}{2R} \right) U_i + \frac{1}{2R} U_B \qquad (2\text{-}45)$$

由上式可见，I_o 与电流表内阻无关，因此当电流表内阻随温度而变化时，不会影响测量精度。等式右边第二项 $\frac{1}{2R} U_B$ 为恒值，可通过调整电流表的机械零点来消除该项的影响。

为了检查指示电路的示值是否正确，设置了标定电路。当开关 S 切至"标定"时，IC_5 接收 3V 的标准电压信号，这时电流表应指示在 50% 的刻度上，否则应调整 R_L 和电流表的机械零点。

思考题与习题

2-1　说明 P、PI、PD 控制规律的特点以及这几种控制规律在控制系统中的作用。

2-2　控制器输入一个阶跃信号，作用一段时间后突然消失。在上述情况下，分别画出 P、PI、PD 控制器的输出变化过程。如果输入一个随时间线性增加的信号，控制器的输出将作何变化？

2-3　如何用频率特性描述控制器的调节规律？分别画出 PI、PD、PID 的对数幅频特性曲线。

2-4　什么是比例度、积分时间和微分时间？如何测定这些变量？

2-5　某 P 控制器的输入信号是 4～20mA 电流信号，输出信号为 1～5V 电压信号，当比例度 $\delta = 60\%$ 时，输入变化 6mA 所引起的输出变化量是多少？

2-6　说明积分增益和微分增益的物理意义。它们的大小对控制器的输出有什么影响？

2-7　什么是控制器的调节精度？实际 PID 控制器用于控制系统中，控制结果能否消除余差？为什么？

2-8　某 PID 控制器（正作用）输入、输出信号均为 4～20mA 电流信号，控制器的初始值 $I_i = I_o = 4\text{mA}$，$\delta = 200\%$，$T_I = T_D = 2\text{min}$，$K_D = 10$。在 $t = 0$ 时输入 $\Delta I_i = 2\text{mA}$ 的阶跃信号，分别求取 $t = 12\text{s}$ 时：①PI 工况下的输出值；②PD 工况下的输出值。

2-9　PID 控制器的构成方式有哪几种？各有什么特点？

2-10　基型控制器的输入电路为什么采用偏差差动输入和电平移动的方式？偏差差动电平移动电路怎样消除导线电阻所引起的运算误差？

2-11　在基型控制器的 PD 电路中，如何保证开关 S 从"断"位置切至"通"位置时输出信号保持不变？

2-12　试分析基型控制器产生积分饱和现象的原因。若将控制器输出加以限幅，能否消除这一现象？为什么？应怎样解决？

2-13　基型控制器的输出电路（参照图 2-20）中，已知 $R_1 = R_2 = KR = 30\text{k}\Omega$，$R_f = 250\Omega$，试通过计算说明该电路对集成运算放大器共模输入电压的要求及负载电阻的范围。

2-14　基型控制器如何保证"自动→软手操""软手操（或硬手操）→自动"无平衡、无扰动的切换？

第三章 ▶▶ 数字式控制器

以数字技术为基础的数字式控制仪表及装置具有丰富的控制功能、灵活而方便的操作与调试手段、形象而又直观的图形或数字显示以及高度的安全可靠性等特点，因而比模拟式控制仪表及装置能更有效地控制和管理生产过程。本章首先概述数字式控制器的特点和基本构成，然后以 AI-759/759P 为例介绍数字式控制器的功能。工业上广泛使用的可编程控制器在第五章详述。

第一节　概述

一、数字式控制器特点

与模拟式控制仪表相比，数字式控制器具有如下一些特点。

1. 实现了仪表和计算机一体化

将微机引入仪表中，能充分发挥计算机的优越性，它使仪表电路简化、功能增强、性能改善，缩短了研制周期，从而提高了仪表的性能价格比。

多数数字式控制器的外形结构、面板布置保留了模拟式控制仪表的特征，易被人们所接受，便于使用。

2. 具有丰富的运算、控制功能

数字式控制器配有多种功能丰富的运算模块和控制模块，通过组态可完成各种运算处理和复杂控制。除了 PID 控制功能外，它还能实现串级控制、比值控制、前馈控制、选择性控制、纯滞后控制、非线性控制和自适应控制等，以满足不同控制系统的需求。

3. 通用性强，使用方便

数字式控制器采用盘装方式和标准尺寸。模拟量输入输出信号采用统一标准信号［1～5V（DC）和 4～20mA（DC）］，可方便地与 DDZ-Ⅲ型等模拟式控制仪表相连。它还可输入输出数字信号，进行开关量控制。

用户程序使用面向过程语言（Procedure-Oriented Language，POL）来编写，易于用户学习、掌握。使用者只要稍加培训，便能自行编制适用于各种控制对象的程序。

4. 具有通信功能，便于系统扩展

数字式控制器具有标准通信接口，通过数据通道和通信控制器可方便地与局部显示操作站连接，实现小规模系统的集中监视和操作。控制器还可挂上高速数据公路，与上位计算机进行通信，形成中大规模的多级、分散型综合控制系统。

5. 可靠性高，维护方便

在硬件方面，一台数字式控制器往往可代替数台模拟式控制仪表，使系统的硬件数量和接点数量大为减少。硬件电路软件化，也减少了控制器元件数量。同时，元件以大规模集成电路为主，并经过严格筛选、老化处理，使可靠性提高。

在软件方面，利用各种运算模块，可自行开发联锁保护功能。控制器的自诊断程序随时监视各部件的工作状况，一旦出现故障，便采取相应的保护措施，并显示故障状态，指示操作人员及时排除，从而缩短检修时间，提高调节器（控制器）的在线使用率。

二、基本构成

数字式控制器包括硬件系统和软件系统两大部分。

（一）硬件系统

数字式控制器有多种类型，但其硬件电路结构均如图 3-1 所示。它包括主机电路、过程输入通道、过程输出通道、人机联系部件以及通信部件等部分。

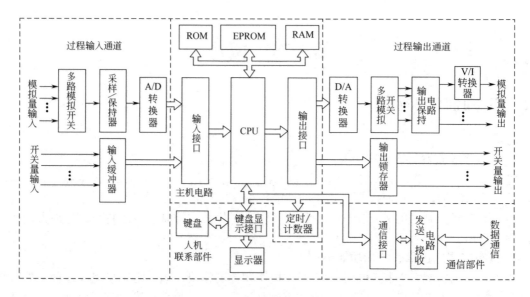

图 3-1　数字式控制器硬件电路结构

过程输入通道接收模拟量和开关量输入信号，并分别通过模/数（A/D）转换器和输入缓冲器将模拟量和开关量转换成计算机能识别的数字信号，然后经输入接口送入 CPU（微处理器）。CPU 在程序控制下对输入数据进行运算处理、判断分析等一系列工作，运算结果经输出接口送至过程输出通道。一路由数/模（D/A）转换器将数字信号转换成直流模拟电压，作为模拟量输出信号；另一路经由输出锁存器直接输出开关量信号。

人机联系部件和通信部件分别用来对系统进行监视、操作和将调节器同其他数字式控制仪表或装置联系起来。人机联系部件中的键盘、按钮用以输入必要的变量和命令，切换运行状态，以及改变输出值；显示器则用来显示过程变量、给定值、输出值、整定变量和故障标志等。通信部件既可输出各种数据，也可接收来自操作站或上位计算机的操作命令和控制变量。

1. 主机电路

主机电路由微处理器（CPU）、只读存储器（ROM、EPROM）、随机存储器（RAM）、定时/计数器（CTC）以及输入/输出接口（I/O 接口）等组成。

CPU 完成数据传递、算术逻辑运算、转移控制等功能。

ROM 中存放系统软件。EPROM 中存放由使用者自行编制的用户程序。RAM 用来存放输入数据、显示数据、运算的中间值和结果值等。为了在断电时保持 RAM 中的内容，通常选用低功耗的 CMOS-RAM，并备有微型电池作后备电源；也可采用电可改写的只读存储器 E^2PROM 或闪速存储器 Flash ROM，将重要变量置于其中，它们具有同 RAM 一样的读写功能，且在断电时不会丢失数据。

定时/计数器的定时功能用来确定调节器的采样周期，并产生串行通信接口所需的时钟脉冲；计数功能主要用来对外部事件进行计数。

输入/输出接口是 CPU 同过程输入、输出通道及其他外设进行数据交换的部件，它有并行接口和串行接口两种。并行接口具有数据输入、输出、双向传送和位传送的功能，用来连接过程输入、输出通道，或直接输入、输出开关量信号。串行接口具有异步或同步传送串行数据的功能，用来连接可接收或发送串行数据的外部设备。

数字式控制仪表一般采用单片机（或专用集成芯片）作为主要部件。单片机内部包括 CPU、ROM、RAM、CTC 和 I/O 接口等电路，与多芯片组成的主机电路相比，具有体积小、连接线少、可靠性高、价格便宜的优点，因而这类仪表的性能价格比更高。

2. 过程输入通道

（1）模拟量输入通道 模拟量输入通道依次将多个模拟量输入信号采入，并经保持、模/数转换后送入主机电路。它包括多路模拟开关、采样/保持器（S/H）和 A/D 转换器（图 3-1）。如果调节器输入的是低电平信号，还需要将信号放大，达到 A/D 转换器所需的信号电平。

多路模拟开关又称采样开关，一般采用固态模拟开关，其速度可达 10^5 点/s。也可使用继电器，其速度低（在 100 点/s 以下），但接通电阻极小，常用在低速、低电平信号的场合。

采样/保持器具有暂时存储模拟量输入信号的作用。它在一特定的时间点采入一个模拟量输入信号值，并把该值保持一段时间，以供 A/D 转换器转换。如果被测值变化缓慢，多路模拟开关采入的信号可直接送 A/D 转换器，而不必使用采样/保持器。

A/D 转换器的作用是将模拟信号转换为相应的数字信号。这类器件的品种繁多、性能各异，基本误差为 0.01%～0.5%。A/D 转换器有 8 位、10 位、12 位、16 位、24 位（二进制代码）及 $3\frac{1}{2}$ 位、$4\frac{1}{2}$ 位（二-十进制代码）等几种。

（2）开关量输入通道 开关量输入通道将多个开关量输入信号转换成能被计算机识别的数字信号。

开关量输入信号指的是在控制系统中电接点的通与断，或者逻辑电平"1"与"0"这类两种状态的信号。例如各种按钮开关、继电器触点、无触点开关（晶体管等）的接通与断开，以及逻辑部件输出的高电平与低电平等。这些开关量输入信号通过输入缓冲器或者直接由输入接口送至主机电路。

为了抑制来自现场的干扰，开关量输入通道常采用光电耦合器件作为输入电路进行隔离传输，使通道的输入与输出在直流上互相隔离，彼此间无公共连接点，因而具有抗共模干扰的能力。

3. 过程输出通道

（1）模拟量输出通道 模拟量输出通道依次将多个经运算处理后的数字信号进行数/模转换，并经多路模拟开关送入输出保持电路暂存，以便分别输出模拟量电压（1～5V）或电流（4～20mA）信号。该通道包括 D/A 转换器、多路模拟开关、输出保持电路和 V/I（电压/电流）转换器（图 3-1）。

D/A 转换器起数/模转换作用。常采用电流型 D/A 集成芯片，因其输出电流小，尚需加接集成运算放大器，以实现将二进制数字代码转换成相应的模拟量电压信号。D/A 集成芯片有 8 位、10 位、12 位、16 位等品种可供选用。

V/I 转换器将 1～5V 的模拟电压信号转换成 4～20mA 的电流信号。该转换器与 DDZ-Ⅲ 型控制器或运算器的输出电路类似。

多路模拟开关与模拟量输入通道中的相同。输出保持电路一般采用 S/H 集成电路，也可用电容器和高输入阻抗的集成运算放大器构成。

（2）开关量输出通道　开关量输出通道通过输出锁存器输出开关量（包括数字、脉冲量）信号，以便控制继电器触点和无触点开关的接通与释放，也可控制步进电机的运转。

同开关量输入通道一样，开关量输出通道也常采用光电耦合器件作为输出电路进行隔离传输，以免受到现场干扰的影响。

4. 人机联系部件

人机联系部件一般置于控制器面板上，有测量值和给定值显示、输出电流显示、运行状态（自动/串级/手动）切换按钮、给定值增/减按钮和手动操作按钮等，还有一些状态显示灯、设置和指示各种变量的键盘、显示器等。

在有些数字式控制器中附有后备手操器，当发生故障时，可用后备手操器来改变输出电流。

5. 通信部件

调节器的通信部件包括通信接口和发送、接收电路等。通信接口将欲发送的数据转换成标准通信格式的数字信号，由发送电路送至通信线路（数据通道）上；同时通过接收电路接收来自通信线路的数字信号，将其转换成能被计算机接收的数据。

通信接口有并行和串行两种，分别用来进行并行传送和串行传送数据。并行传送是以位并行、字节串行形式，即数据宽度为一个字节，一次传送一个字节，连续传送。其优点是数据传输速率高，适用于短距离传输；缺点是需要较多的电缆，成本较高。串行传送是以位串行形式，即一次传送一位，连续传送。其优点是所用电缆少，成本低，适用于较远距离传输；缺点是数据传输速率比并行传送的低。数字式控制器大多采用串行传送方式。

（二）软件系统

软件系统分为系统程序和用户程序两大部分。下面分别讨论这两种程序的基本组成和 PID 控制算式。

1. 系统程序

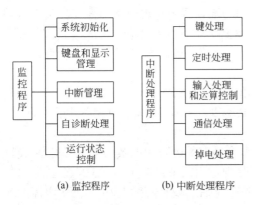

(a) 监控程序　　(b) 中断处理程序

图 3-2　系统程序的组成

系统程序是调节器软件的主体部分，通常由监控（主）程序和中断处理程序组成。这两部分程序又分别由许多功能模块（子程序）构成，如图 3-2 所示。

监控程序包括系统初始化、键盘和显示管理、中断管理、自诊断处理以及运行状态控制等模块。

系统初始化模块进行变量初始化，可编程器件（例如 I/O 接口、定时/计数器）的初值设置等；键盘和显示管理模块的功能是识别键码、确定键处理模块的走向和显示格式；中断管理模块用以识别不同的中断源，比较它们的优先级，以便作出相应的中断处理；自诊断处理模块采用巡测方式监督检查调节器各功能部件是否正常，如果发生异常，则显示异常标志、发出报警或作出相应的故障处理；运行状态控制模块判断调节器操作按钮的状态和故障情况，以便进行手动、自动或其他控制。除了上述功能模块外，有些数字式控制器的监控程序还具有时钟管理和外设管理模块。

数字式控制器上电复位后，首先进行系统初始化，然后依次调用其他各个模块，并且除了初始化外，重复进行这一工作。一旦发生中断，在确定了中断源后，程序便进入相应的中断处理模块，待执行完毕，又返回监控程序，进行下一轮循环。

中断处理程序包括键处理、定时处理、输入处理和运算控制、通信处理和掉电处理等模块。

键处理模块根据识别的键码，建立键服务标志，以便执行相应的键服务程序；定时处理模块实现调节器的定时（或计数）功能，确定采样周期，并产生时序控制所需的时基信号；输入处理和运算控制模块的功能是进行数据采集、数字滤波、标度变换、非线性校正、算术运算和逻辑运算、各种控制算法的实施以及数据输出等；通信处理模块按一定的通信规程完成与外界的数据交换；掉电处理模块用以处理"掉电事故"，当供电电压低于规定值时，CPU立即停止数据更新，并将各种状态变量和有关信息存储起来，以备复电后调节器能照常运行。

以上为数字式控制器系统程序的基本功能模块。不同的控制器，其具体用途和硬件结构不完全一样，因而它们的系统程序功能模块在内容和数量上是有差异的。

2. 用户程序

用户程序的作用是"连接"系统程序中各功能模块，使其完成预定的控制任务。使用者编制程序实际上是完成功能模块的连接，即组态工作。

编程采用 POL，它是为了便于定义和解决某些问题而设计的专用程序语言。只要提出问题、输入数据、指明数据处理和运算控制的方式、规定输出形式，就能得到所需的结果。

POL 专用性强、操作方便、程序设计简单、容易掌握和调试。这类语言大致上分为空栏式语言和组态式语言两种，而组态式语言又有表格式和助记符式之分。控制器的编程工作是通过专用的编程器进行的，有"在线"和"离线"两种编程方法。

第一种，编程器与控制器通过总线连接，共用一个 CPU，编程器上插一个 EPROM 供用户写入。用户程序调试完毕后写入 EPROM，然后将其取下，插在控制器相应的插座上。

第二种，编程器自带一个 CPU，编程器脱离调节器，自行组成一台"程序写入器"，它能独自完成编程工作，并写入 EPROM，然后将 EPROM 移到调节器的相应插座上。

3. PID 算式

同模拟式控制器一样，PID 控制算法也是数字式控制器最基本的控制算法。

（1）PID 算式的基本形式——完全微分型（理想）算式 数字式控制器的 PID 算式是对模拟式控制器的算式进行离散化得到的。模拟式控制器的完全微分型算式为

$$y(t) = K_P \left[e(t) + \frac{1}{T_I} \int_0^t e(\tau) d\tau + T_D \frac{de(t)}{dt} \right] + y' \qquad (3\text{-}1)$$

式中，$y(t)$ 为控制器的输出；$e(t)$ 为控制器的输入偏差；y' 为控制器输入偏差为零时的输出初值；K_P、T_I、T_D 分别为控制器的比例增益、积分时间和微分时间。

当采样周期 T 相对于输入信号变化周期很小时，可用矩形法来求积分的近似值，用一阶的差分来代替微分。这样，式（3-1）中的积分项和微分项可分别表示为

$$\int_0^t e(\tau) d\tau \approx \sum_{i=0}^n e(i)\Delta t = T_s \sum_{i=0}^n e(i)$$

$$\frac{\mathrm{d}e(t)}{\mathrm{d}t} \approx \frac{e(n) - e(n-1)}{\Delta t} = \frac{e(n) - e(n-1)}{T_s}$$

式中，Δt、T_s 为采样周期，$\Delta t = T_s$；n 为采样序号。

经替换，便得到离散 PID 算式为

$$y(n) = K_P \left\{ e(n) + \frac{T_s}{T_I} \sum_{i=0}^{n} e(i) + \frac{T_D}{T_s} \left[e(n) - e(n-1) \right] \right\} + y' \tag{3-2}$$

$y(n)$ 是数字式控制器第 n 次采样时的输出值，它对应控制阀的开度，即 $y(n)$ 值与阀位一一对应，因此式（3-2）称为位置型算式。

由式（3-2）同样可以列写出第 $n-1$ 次采样的 PID 算式，即

$$y(n-1) = K_P \left\{ e(n-1) + \frac{T_s}{T_I} \sum_{i=0}^{n-1} e(i) + \frac{T_D}{T_s} \left[e(n-1) - e(n-2) \right] \right\} + y' \tag{3-3}$$

式（3-2）减去式（3-3），得

$$\Delta y(n) = K_P \left\{ \left[e(n) - e(n-1) \right] + \frac{T_s}{T_I} e(n) + \frac{T_D}{T_s} \left[e(n) - 2e(n-1) + e(n-2) \right] \right\}$$

$$= K_P \left[e(n) - e(n-1) \right] + K_i e(n) + K_d \left[e(n) - 2e(n-1) + e(n-2) \right] \tag{3-4}$$

式中，K_i 为数字式控制器的积分系数，$K_i = K_P \dfrac{T_s}{T_I}$；$K_d$ 为数字式控制器的微分系数，$K_d = K_P \dfrac{T_D}{T_s}$。

式（3-4）称为增量型算式，$\Delta y(n)$ 对应于在两次采样时间间隔内控制阀开度的变化量。还有一种速度型算式，即

$$v(n) = \frac{\Delta y(n)}{T_s} = \frac{K_P}{T_s} \left[e(n) - e(n-1) \right] + \frac{K_P}{T_I} e(n) + \frac{K_P T_D}{T_s^2} \left[e(n) - 2e(n-1) + e(n-2) \right] \tag{3-5}$$

上式中 $v(n)$ 是输出的变化速度。由于数字式控制器的采样周期一经选定，T_s 也就为常数，因此速度型算式和增量型算式没有本质上的差别。

在计算机控制中，增量型算式用得最为广泛。这种算式易于实现手动和自动之间的无扰动切换，这是因为上次采样值总是保存在输出装置或寄存器中，在手动、自动切换的瞬时，控制器相当于处在保持状态，因此在控制器的给定值和测量值相等时，切换就不会产生扰动。

（2）PID 算式的改进　为了改善控制质量，在实际使用中对 PID 算式做了改进，现举几例予以说明。

① 不完全微分型（非理想）算式　完全微分型算式的控制效果较差，故数字式控制器通常采用不完全微分型算式。其传递函数的一种表达式为

$$\frac{Y(s)}{E(s)} = K_P \left(1 + \frac{1}{T_I s} + \frac{T_D s}{1 + \frac{T_D}{K_D} s} \right) \tag{3-6}$$

式中，K_D 为微分增益；K_P、T_I、T_D 的意义同上。

将式（3-6）分为两部分，即

$$Y_{PI}(s) = K_P \left(1 + \frac{1}{T_I s} \right) E(s) \tag{3-7}$$

$$Y_D(s) = K_P \frac{T_D s}{1 + \frac{T_D}{K_D} s} E(s) \tag{3-8}$$

$Y_{PI}(s)$ 的差分算式与式（3-2）的比例积分项相同，即

$$y_{PI}(n) = K_P \left[e(n) + \frac{T_s}{T_I} \sum_{i=0}^{n} e(i) \right] \tag{3-9}$$

$Y_D(s)$ 的差分算式较复杂，先把它化成微分方程

$$\frac{T_D}{K_D} \times \frac{dy_D(t)}{dt} + y_D(t) = K_P T_D \frac{de(t)}{dt}$$

再化为差分方程

$$\frac{T_D}{K_D} \times \frac{y_D(n) - y_D(n-1)}{T_s} + y_D(n) = K_P T_D \frac{e(n) - e(n-1)}{T_s}$$

化简上式，得

$$\left(\frac{T_D}{K_D} + T_s \right) y_D(n) = K_P T_D \left[e(n) - e(n-1) \right] + \frac{T_D}{K_D} y_D(n-1)$$

所以

$$y_D(n) = K_P \frac{T_D}{T^*} \left[e(n) - e(n-1) \right] + \alpha y_D(n-1) \tag{3-10}$$

其中，$T^* = \frac{T_D}{K_D} + T_s$，$\alpha = \frac{T_D / K_D}{T_D / K_D T_s}$。

将式（3-9）和式（3-10）合并，就可以得到不完全微分的 PID 位置型算式，即

$$y(n) = K_P \left\{ e(n) + \frac{T_s}{T_I} \sum_{i=0}^{n} e(i) + \frac{T_D}{T^*} [e(n) - e(n-1)] \right\} + \alpha y_D(n-1) \tag{3-11}$$

该算式与完全微分型算式相比，多了一项 $n-1$ 次采样的微分输出值 $\alpha y_D(n-1)$，算式的系数设置和计算比较复杂，占用内存单元也较多，但不完全微分的控制品质比完全微分的好。完全微分作用在阶跃扰动的瞬间很强，即输出有很大的变化，这对控制不利。如果选择的微分时间较长，比例度较小，采样时间又较短，就有可能在大偏差阶跃扰动的作用下，使算式的输出值超出极限范围，引起溢出停机。另外，完全微分型算式的输出，只在扰动产生的第一个周期内有变化，也就是说，完全微分仅在瞬间起作用，从总体上看，微分作用不明显，因此它的控制效果就比较差。

② 微分先行 PID 控制　如同微分先行的模拟式控制器一样，它只对测量值进行微分，而不是对偏差微分，这样，在给定值变化时，不会产生输出的大幅度变化。

③ 积分分离 PID 算式　使用一般的 PID 控制，当开工、停工或大幅度提降给定值时，由

于短时间内产生很大的偏差，故会造成严重超调和长时间的振荡。为了克服这一缺点，可采用积分分离 PID 算式，即在偏差大于一定值时，取消积分作用，而当偏差小于这一值时，才将积分投入。这样既可减小超调，又可达到积分校正的效果，即能消除偏差。

积分分离 PID 算式为

$$\Delta y(n) = K_P[e(n) - e(n-1)] + K_L K_i e(n) + K_d[e(n) - 2e(n-1) + e(n-2)] \qquad (3\text{-}12)$$

其中，

$$K_L = \begin{cases} 1, & e(n) \leqslant A \\ 0, & e(n) > A \end{cases}$$

式中，K_L 为分离系数；A 为预定阈值。显然，当 $e(n) > A$ 时，积分项不起作用，只有当偏差 $e(n) \leqslant A$ 时，才引入积分作用。

对 PID 算式的改进还可采取其他措施，例如用梯形法来求取积分值、采用带有死区的 PID 控制、自动改变比例增益的 PID 控制等。

第二节　AI-759/759P 型控制器

工业上使用的数字式控制器类型众多、功能各异。虽然数字式控制器在构成规模、仪表结构及使用方法上存在一些差异，但基本构成原理相似。本节介绍厦门宇电自动化科技有限公司 AI 系列仪表产品中的 AI-759/759P 型控制器。AI-759 型控制器是 0.1 级测量精度等级、5 位显示的高精度温控器，具有双组独立 PID 参数支持加热/制冷双输出、位置比例输出控制阀门、手自动无扰动切换、多种报警模式及变送、AIBUS/Modbus 双协议通信等功能。AI-759P 型控制器在 AI-759 基础上增加 50 段时间程序控制功能。AI 系列仪表在使用前应对输入、输出规格及功能要求正确设置参数，然后才能投入使用。

一、主要特点

① 输入可自由选择热电偶、热电阻、电压、电流，并可扩充输入及自定义非线性校正表格，测量精度等级达 0.1 级。

② 既可按照常规 PID 算法进行控制参数设定，也可实现控制参数自整定（At）、无超调的精细控制。

③ 模块化结构可提供丰富的输出规格。AI-759/759P 型控制器硬件采用了先进的模块化设计，具备 5 个可选装的功能模块插座，即辅助输入（MIO）、主输出（OUTP）、报警（ALM）、辅助输出（AUX）以及通信接口（COMM）。可通过输出、报警、通信及其他功能模块的自由组合来实现不同类型的输出规格及功能要求。

二、主要技术参数

（1）输入信号　包括热电偶（K、S、E、R、T 等）、热电阻（Cu50、Pt100 等）、线性电压（0～5V、1～5V、−5～+5V 等）、线性电流（0～10mA、0～20mA、4～20mA 等）。测量精度等级为 0.1 级。

（2）控制方式 位式控制（回差可调）、常规 PID 控制和自整定 PID 控制等控制方式。

（3）控制周期 0.24～300.0s 可调。

（4）输出方式 继电器触点开关、晶闸管无触点开关、固态继电器电压、晶闸管触发、线性电流输出（0～10mA 或 4～20mA）、输出报警等。

（5）电源 100～240V(AC)(–15%～+10%)/(50～60Hz)；

            120～240V(DC)、24V(DC/AC) (–15%～+10%)。

三、显示及操作

1. 显示面板

显示面板上有上、下显示窗，上显示窗显示测量值（PV）、参数名称等，下显示窗显示给定值（SV）、报警代号、参数值等。有 10 个 LED 指示灯显示运行状态、手动输出、通信状态以及相关模块输入/输出动作。显示面板上有设置键，用于进入参数设置状态，确认参数修改等，还有数据移位键（兼定点控制操作）、数据减少键（兼运行/暂停操作）、数据增加键（兼停止操作）。

2. 操作方法

仪表上电后可以进行给定值设置、手动输出、PID 参数设置、报警参数设置、密码设置等工作。AI-759/759P 参数设置流程见图 3-3，AI-759P 程序设置流程见图 3-4。

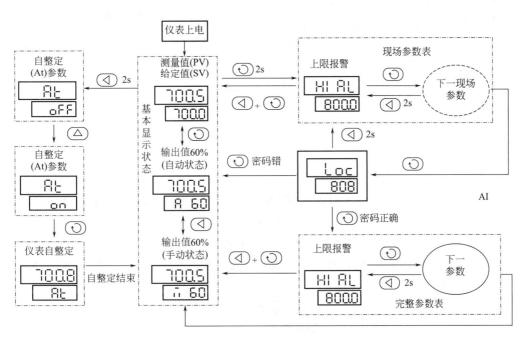

图 3-3 AI-759/759P 参数设置流程

四、参数功能

1. 自定义参数表

AI-759/759P 型控制器可以编程自定义仪表的参数表。为保护重要参数不被随意修改，将在现场需要显示或修改的参数称为现场参数。现场参数表是完整参数表的一个子集，并可由用户自己定义，能直接调出供用户修改，而完整参数表必须在输入密码的条件下方可调出。参数锁（LOC）可提供多种不同的参数操作权限及进入完整参数表的密码输入操作权限。

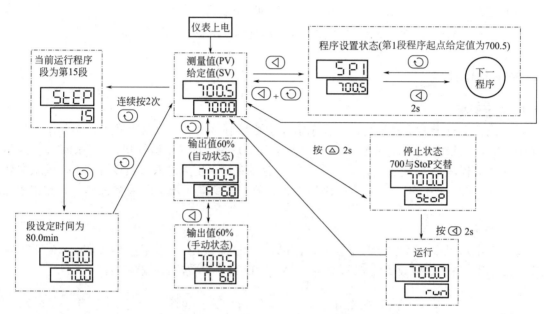

图 3-4　AI-759P 程序设置流程

2. 完整参数表

完整参数表分报警、调节控制、输入、输出、通信、系统功能、给定值/程序及现场参数定义等，参见表 3-1。

（1）"报警"　设置测量值上/下限报警、偏差上/下限报警、报警回差、报警指示、报警输出定义。

（2）"调节控制"　设置控制方式，如位式控制、PID 控制（比例度、积分时间、微分时间等参数设置）、自整定 PID。也可以直接将 PV 设置成输出值，将仪表作为温度变送器使用，或将 SV 设置成输出值，将仪表作为程序发生器使用。

（3）"输入"　设置输入规格，用于选择不同分度号的热电偶、热电阻，或者不同信号范围的电压、电流、电阻等。另外，还包括小数点位置、输入刻度上/下限、输入平移修正、输入数字滤波、电源频率及温度单位选择。

（4）"输出"　设置输出类型，如电流输出、继电器输出、晶闸管输出等。

（5）"通信"　设置通信地址、波特率。

（6）"系统功能"　设置密码、高级功能代码、事件输入功能类型（如运行、停止、定点控制时给定值切换）等。

（7）"给定值/程序"　设置给定值允许的上/下限、升温速率限制、程序段数、上电自动运行模式、程序运行模式。

（8）"现场参数定义"　可定义 1~8 个现场参数，作为 LOC 上锁后常用的、需要现场操作工修改的参数。

表 3-1　AI-759/759P 型控制器完整参数表

参数	参数含义	说明	设置范围
HIAL	上限报警	测量值（PV）大于 HIAL 值时仪表将产生上限报警；测量值小于 HIAL−AHYS 值时，仪表将解除上限报警 注：每种报警可自由定义为控制 AL_1、AL_2、AU_1、AU_2 等输出端口动作，也可以不做任何动作，请参见报警输出定义参数 AOP 的说明	−9990～+32000 单位
LoAL	下限报警	当 PV 小于 LoAL 时产生下限报警，当 PV 大于 LoAL+AHYS 时下限报警解除 注：若有必要，HIAL 和 LoAL 也可以设置为偏差报警（参见 AF 参数说明）	
HdAL	偏差上限报警	当偏差（测量值 − 给定值）大于 HdAL 值时产生偏差上限报警；当偏差小于 HdAL−AHYS 值时报警解除。设置 HdAL 值为最大值时，该报警功能被取消	
LdAL	偏差下限报警	当偏差（测量值 − 给定值）小于 LdAL 值时产生偏差下限报警，当偏差大于 LdAL+AHYS 值时报警解除。设置 LdAL 值为最小值时，该报警功能被取消。注：若有必要，HdAL 和 LdAL 可设置为绝对值报警（参见 AF 参数说明）	
AHYS	报警回差	又名报警死区、滞环等，用于避免报警临界位置报警继电器频繁动作，作用见上	0～2000 单位
AdIS	报警指示	OFF，报警时在下显示器不显示报警符号。ON，报警时在下显示器同时交替显示报警符号以作为提醒，推荐使用	
AOP	报警输出定义	AOP 的 4 位数的个位、十位、百位及千位分别用于定义 HIAL、LoAL、HdAL 和 LdAL 等 4 个报警的输出位置，如下 AOP = $\underline{\quad3\quad}$　$\underline{\quad3\quad}$　$\underline{\quad0\quad}$　$\underline{\quad1\quad}$； 　　　　LdAL　　HdAL　　LoAL　　HIAL 数值范围是 0～4，0 表示不从任何端口输出该报警，1、2、3、4 分别表示该报警由 AL_1、AL_2、AU_1、AU_2 输出。例如设置 AOP = 3301，则表示 HIAL 由 AL_1 输出，LoAL 不输出，HdAL 及 LdAL 则由 AU_1 输出，即 HdAL 或 LdAL 产生报警均导致 AU_1 动作 注：1. 当 AUX 在双向调节系统作辅助输出时，报警指定 AU_1、AU_2 输出无效 2. 若需要使用 AL_2 或 AU_2，可在 ALM 或 AUX 位置安装 L_3 双路继电器模块	0～6666
CtrL	控制方式	OnoF，采用位式调节（ON-OFF），只适合在要求不高的场合进行控制时采用 APID，先进的 AI（人工智能）PID 调节算法，推荐使用。nPID，标准的 PID 调节算法，并有抗饱和积分功能。PoP，直接将 PV 作为输出值，可使仪表成为温度变送器。SoP，直接将 SV 作为输出值，可使 AI-759P 型仪表成为程序发生器。MAnS，可向下兼容 AI-708J 手操器模式，操作方法见 AI-708J 使用说明书	
Srun	运行状态	run，运行控制状态，PRG 灯亮 StoP，停止状态，下显示器闪动显示"StoP"，PRG 灯灭 HoLd，保持运行控制状态。如果仪表为不限时的恒温控制（AI-759 或 AI-759P 参数 Pno = 0 时），此状态等同正常运行状态，但禁止从面板执行运行或停止操作。如果仪表为程序控制（Pno>0），该状态下仪表保持控制输出，但暂停计时，同时下显示器闪动显示"HoLd"且 PRG 灯闪动，可利用面板按键执行运行控制或停止以解除保持运行状态 注：仅用面板操作是无法进入保持运行状态的，只有直接修改本参数，或利用程序运行中的编程、上位机通信或事件输入等方式才可以进入该状态	
Act	正/反作用	rE，反作用调节方式，输入增大时，输出趋向减小，如加热控制。dr，正作用调节方式，输入增大时，输出趋向增大，如制冷控制。rEbA，反作用调节，并且有上电免除下限报警及偏差下限报警功能。drbA，正作用调节方式，并且有上电免除上限报警及偏差上限报警功能	
A-M	自动/手动控制选择	MAn，手动控制状态，由操作员手动调整 OUTP 的输出 Auto，自动控制状态，OUTP 的输出由 CtrL 决定的方式运算后决定 FMAn，固定手动控制状态，该模式禁止从前面板直接按键操作转换到自动状态 FAut，固定自动控制状态，该模式禁止从前面板直接按键操作转换到手动状态	
At	自整定	OFF，自整定功能处于关闭状态 ON，启动 PID 及 Ctl 参数自整定功能，自整定结束后会自动返回 OFF FOFF，自整定功能处于关闭状态，且禁止从面板操作启动自整定	
P	比例带	定义 APID 及 PID 调节的比例带，单位与 PV 相同，而非采用量程的百分比 注：通常可采用 At 功能确定 P、I、D 及 Ctl 参数值，但对于熟悉的系统，比如成批生产的加热设备，可直接输入已知的、正确的 P、I、D、Ctl 参数值	1～32000 单位
I	积分时间	定义 PID 调节的积分时间，单位是 s，I = 0 时取消积分作用	1～9999s

续表

参数	参数含义	说　明	设置范围
D	微分时间	定义 PID 调节的微分时间，单位是 0.1s，D = 0 时取消微分作用	0～3200s
CtI	控制周期	采用 SSR、晶闸管或电流输出时一般设置为 0.5～3.0s。当输出采用继电器开关输出时或在采用加热/冷却双输出控制系统中，短控制周期会缩短机械开关的寿命或导致冷/热输出频繁转换启动，周期太长则使控制精度降低，因此一般在 15～40s 之间，建议 CtI 设置为微分时间（基本应等于系统的滞后时间）的 1/10～1/5 当输出为继电器开关（OPt 或 Aut 设置为 rELY），实际 CtI 将限制在 3s 以上，并且自整定 At 会自动设置 CtI 为合适的数值，以兼顾控制精度及机械开关寿命 若输出为控制阀门，推荐 CtI = 3～15s，兼顾响应速度和避免阀门频繁动作 当控制方式参数 CtrL 定义为 ON-OFF 模式时，CtI 定义输出断开或上电后的 ON 动作延迟时间，避免断开后又立即接通，这项功能的目的是保护压缩机的运行	0.2～300.0s
P2	冷输出比例带	定义 APID 及 PID 调节的冷输出比例带，单位与 PV 相同，而非采用量程的百分比	1～32000单位
I2	冷输出积分时间	定义冷输出 PID 调节的积分时间，单位是 s，I = 0 时取消积分作用	1～9999s
D2	冷输出微分时间	定义冷输出 PID 调节的微分时间，单位是 0.1s，D = 0 时取消微分作用	0～3200s
CtI2	冷输出周期	采用 SSR、晶闸管或电流输出时一般设置为 0.5～3.0s。当输出为继电器开关（OPt 或 Aut 设置为 rELY），实际 CtI 将限制在 3s 以上，一般为 20～40s	0.2～300.0s
CHYS	控制回差（死区、滞环）	用于避免 ON-OFF 位式调节输出继电器频繁动作 用于反作用（加热）控制时，当 PV 大于 SV 时继电器关断，当 PV 小于 SV–CHYS 时输出重新接通；用于正作用（制冷）控制时，当 PV 小于 SV 时输出关断，当 PV 大于 SV+CHYS 时输出重新接通	0～2000 单位
dPt	小数点位置	可选择 0、0.0、0.00、0.000 四种显示格式 注：一般热电偶或热电阻输入时，可选择 0 或 0.0 两种格式。即使选择 0 格式，内部仍维持 0.1℃分辨率用于控制运算，使用 S、R、B 型热电偶时，建议选择 0 格式；当 InP = 17、18、22 时，仪表内部为 0.01℃分辨率，可选择 0.0 或 0.00 两种显示格式	
Fru	电源频率及温度单位选择	50C 表示电源频率为 50Hz，输入对该频率有最大抗干扰能力；温度单位为℃ 50F 表示电源频率为 50Hz，输入对该频率有最大抗干扰能力；温度单位为℉	
Scb	输入平移修正	Scb 参数用于对输入进行平移修正，以补偿传感器、输入信号或热电偶冷端自动补偿的误差 注：一般应设置为 0，不正确的设置会导致测量误差	1999～+4000 单位
InP	输入规格代码	InP 用于选择输入规格，其数值对应的输入规格如下 | 0　K	20　Cu50
1　S	21　Pt100
2　R	22　Pt100（-100～+300.00℃）
3　T	25　0～75mV 电压输入
4　E	26　0～80Ω 电阻输入
5　J	27　0～400Ω 电阻输入
6　B	28　0～20mV 电压输入
7　N	29　0～100mV 电压输入
8　WRe3～WRe25	30　0～60mV 电压输入
9　WRe5～WRe26	31　0'～1V
10　用户指定的扩充输入规格	32　0.2～1V
12　F2 辐射高温温度计	33　1～5V 电压输入
15　MIO 输入 1（安装 I4 为 4～20mA）	34　0～5V 电压输入
16　MIO 输入 2（安装 I4 为 0～20mA）	35　-20～+20mV
17 K（0～300.00℃）	36　-100～+100mV
18 J（0～300.00℃）	37　-5～+5V	 注：设置 InP = 10 时，可自定义输入非线性表格，或付费由厂家输入	0～37

续表

参数	参数含义	说　明	设置范围
SCH	输入刻度上限	用于定义线性输入信号上限刻度值，当仪表作为变送输出或光柱显示时还用于定义信号的上限刻度	
FILt	输入数字滤波	FILt 决定数字滤波强度，设置越大滤波越强，但测量数据的响应速度也越慢。在测量受到较大干扰时，可逐步增大 FILt 使测量值瞬间跳动小于 2～5 个字即可。当仪表进行计量检定时，应将 FILt 设置为 0 或 1,以提高响应速度。FILt 单位为 0.5s	0～40
SCL	输入刻度下限	用于定义线性输入信号下限刻度值；当仪表作为变送输出或光柱显示时还用于定义信号的下限刻度	−9990～+32000 单位
SPSL	外给定刻度下限	使用外给定功能时用于定义外给定输入信号刻度下限；使用位置比例输出时定义阀门位置反馈信号的下限，可由阀门自整定功能确定该参数	−9990～+30000 单位
SPSH	外给定刻度上限	使用外给定功能时用于定义外给定输入信号刻度上限；使用位置比例输出时定义阀门位置反馈信号的上限，可由阀门自整定功能确定该参数 警告：阀门位置自整定后的数值只供显示参考，除非是专业人士，请勿再人为修改 SPSH 及 SPSL 参数	
OPt	输出类型	SSr,输出 SSR 驱动电压或晶闸管过零触发时间比例信号，应分别安装 G、K₁ 或 K₃ 等模块，利用调整接通-断开的时间比例来调整输出功率，周期通常为 0.5～4.0s rELy,输出为继电器触点开关或执行系统中有机械触点开关时（如接触器或压缩机等），采用此设置延长机械触点寿命，系统限制输出周期为 3～120s 0-20,0～20mA 线性电流输出，需安装 X₃ 或 X₅ 线性电流输出模块 4-20,4～20mA 线性电流输出，需安装 X₃ 或 X₅ 线性电流输出模块 PHA1,单相移相输出，应安装 K₅₁ 移相触发输出模块实现移相触发输出。在该设置状态下，AUX 不能作为调节输出的冷输出端 PHA3,三相移相输出，安装 K₉ 模块，实现三相移相触发输出 nFEd,无反馈信号的位置比例输出，直接控制阀门电机正/反转，阀门行程时间由 Strt 参数定义 FEd,有反馈信号的位置比例输出，阀门行程时间应在 10s 以上，反馈信号由仪表的 0～5V/1～5V 输入端输入。注意：该输出模式下不能再使用外给定功能 FEAt,自整定阀门位置，仪表会先关闭阀门将反馈信号记录在 SPSL 参数内，再全开阀门记忆阀门反馈信号在 SPSH 参数内，完成后自动返回 FEd 控制模式	
Aut	冷却输出类型	仅当 AUX 作为加热/冷却双向调节中的辅助输出时，定义 AUX 的输出类型 SSr,输出 SSR 驱动电压或晶闸管过零触发时间比例信号，应分别安装 G 或 K₁ 模块，利用调整接通-断开时间比例来调整输出功率，周期通常为 0.5～4.0s rELy,输出为继电器触点开关或执行系统中有机械触点开关时（如接触器或压缩机等），应采用此设置。为延长机械触点寿命，系统限制输出周期为 3～120s,一般为系统滞后时间的 1/10～1/5 0-20,0～20mA 线性电流输出，AUX 上需安装 X₃ 或 X₅ 线性电流输出模块 4-20,4～20mA 线性电流输出，AUX 上需安装 X₃ 或 X₅ 线性电流输出模块 注：若 OPt 或 Aut 输出设置为 rELy,则输出周期原则上限制在 3～120s 之间。若加热或制冷输出信号为 4～20mA,当加热有输出时，制冷输出端信号会归零，输出是 0mA 不是 4mA;当制冷有输出时，加热输出端信号归零，输出是 0 不是 4mA	
OPL	输出下限	设置为 0～100%时，在通常的单向调节中作为调节输出 OUTP 最小限制值 设置为−1%～−110%时，仪表成为一个双向输出系统，具备加热/冷却双输出功能，当设置 Act 为 rE 或 rEbA 时，主输出 OUTP 用于加热，辅助输出 AUX 用于制冷，反之当 Act 设置为 dr 或 drbA 时，OUTP 用于制冷，AUX 用于加热 当仪表成为双向输出时，OPL 用于反映最大冷输出限制，OPL = −100%时，不限制冷输出，−110%可使电流输出（4～20mA）最大量程超出 10%以上，适合特殊场合，SSR 或继电器输出时，最大冷输出限制不应大于 100%	−110%～+110%
OPH	输出上限	在测量值 PV 小于 OEF 时，限制主输出 OUTP 的最大输出值，而当 PV 大于 OEF 后，系统修正输出上限为 100%;在无反馈位置比例输出（OPt=nFEd）时，如果 OPH<100%,仪表会在上电时自动整定阀门位置，若 OPH = 100%,则仪表会在输出为 0% 及 100%时自动整定阀门位置，可缩短上电开机时间。OPH 设置必须大于 OPL	0～110%

续表

参数	参数含义	说　明	设置范围
Strt	阀门转动行程时间	Strt 定义当仪表为位置比例控制输出时阀门转动的行程时间，如果有阀门反馈信号，仪表会依据 Strt 的设置自动选择阀门控制信号的回差，行程时间越短，回差越大，阀门定位精度会降低。使用无阀门反馈信号模式或阀门反馈信号产生超量程故障时，仪表会依据 Strt 定义的行程时间对比输出来决定阀门电机动作的时间	10～240s
Ero	过量程时输出值	当仪表控制方式为 PID 或 APID 时，Ero 定义输入过量程（通常为传感器故障或断线导致）时调节输出值 AF2 参数可以定义 Ero 是否有效及设置模式，Ero 定义为自动设置模式时，当偏差小于 4 个测量单位时，仪表自动存入积分输出值，因此 Ero 值会跟随系统自动变化 Ero 手动设置模式时，由人工设置 Ero 值	−110%～110%
OEF	OPH 有效范围	测量值 PV 小于 OEF 时，OUTP 输出上限为 OPH，而当 PV 大于 OEF 值时，调节器输出不限制，为 100% 注：该功能用于一些低温时不能满功率加热的场合，例如由于需要烘干炉内水分或避免升温太快，某加热器在温度低于 150℃时只允许最大 30%的加热功率，则可设置：OEF = 150.0℃，OPH = 30%	−999.0～+3200.0℃ 或线性单位
OPrt	上电输出软启动时间	若仪表上电时测量值小于 OEF，则主输出 OUTP 的最大允许输出将经过 OPrt 的时间才上升到 100%。若上电时测量值大于 OEF，则输出上升时间限制在 5s 内。该功能仅特殊要求客户需要用到，手动输出或自整定时，最大输出不受软启动的限制。若需要用软启动功能降低感性负载的冲击电流，可设置 CtI = 0.5s，OPrt = 5s	0～3600s
Addr	通信地址	Addr 参数用于定义仪表通信地址，有效范围是 0～80。在同一条通信线路上的仪表应分别设置不同的 Addr 值以便相互区别	0～80
bAud	波特率	bAud 参数定义通信波特率，可定义范围是 1200～19200b/s（19.2k）；当 COMM 位置不用于通信功能时，可由 bAud 参数设置将 COMM 口作为其他功能使用：bAud = 1，作为外部开关量输入，功能同 MIO 位置，当 MIO 位置被占用时可将 I_2/I_5 模块装在 COMM 位置；bAud = 3，将 COMM 口作为 0～20mA 测量值变送输出功能；bAud =4，将 COMM 口作为 4～20mA 测量值变送输出功能	0～19.2k
Et	事件输入类型	nonE，不启用事件输入功能。 ruSt，运行/停止。MIO 短时间接通，启动运行控制（run），常按保持 2s 以上，停止控制（Stop） SP1.2，定点控制时（AI-759P 的参数 Pno=0）给定值切换。MIO 开关断开时，给定值为 SP1，MIO 接通时，给定值为 SP2 PId2，单向控制（非加热/冷却双输出控制）。MIO 开关断开时，使用 P、I、D 及 CtI 参数进行运算调节，MIO 开关接通时，切换使用 P2、I2、D2 及 CtI2 参数进行调节运算 EAct，外部开关切换加热/冷却控制。MIO 开关断开时，使用 P、I、D 及 CtI 参数进行加热调节，MIO 开关接通时，切换使用 P2、I2、D2 及 CtI2 参数进行冷却调节运算，输出为 OUTP，该参数会按 MIO 的接通断开自动修改 Act 的值 EMAn，外部开关输入切换手动/自动。MIO 开关断开时仪表为自动状态；MIO 开关接通时仪表为手动状态	
AF	高级功能代码	AF 参数用于选择高级功能，其计算方法如下：AF = A×1+B×2+C×4+D×8+E×16+F×32+G×64+H×128 A = 0，HdAL 及 LdAL 为偏差报警；A = 1，HdAL 及 LdAL 为绝对值报警，这样仪表可分别拥有 2 路绝对值上限报警及绝对值下限报警 B = 0，报警及位式调节回差为单边回差；B = 1，为双边回差 C = 0，仪表光柱指示输出值；C = 1，仪表光柱指示测量值（仅带光柱的仪表） D = 0，进入参数表密码为公共的 808；D = 1，密码为参数 PASd 值 E = 0，HIAL 及 LoAL 分别为绝对值上限报警及绝对值下限报警；E = 1，HIAL 及 LoAL 分别改变为偏差上限报警及偏差下限报警，这样有 4 路偏差报警 F = 1 为宽范围显示模式。G = 0，传感器断线导致的测量值增大，允许上限报警（上限报警设置值应小于信号量程上限）；G = 1，传感器断线导致的测量值增大，不允许上限报警。注：该模式下即使正常上限报警（HIAL）也会延迟约 30s 才动作 H = 0，仪表通信协议为 AIBUS，H = 1，仪表通信协议为 Modbus 兼容模式。注：非专家级别用户，可设置该参数为 0	0～255

续表

参数	参数含义	说　明	设置范围
AF2	高级功能代码 2	AF2 用于选择第二组高级功能代码，其计算方法如下 AF = A×1+B×2+C×4+D×8+E×16+F×32+G×64+H×128 　A = 0，给定值为内给定；A = 1，给定值为外给定，外给定信号由 5V 输入端输入。B = 0，外给定信号为 1～5V；B = 1，外给定信号为 0～5V。C = 0，正常输入模式；C = 1，线性输入信号进行开方处理。D = 0，变送输出用 SCH/SCL 定义刻度；D = 1，变送输出用 SPSL/SPSH 定义刻度（注：有使用阀门反馈信号输入时请勿使用）。E = 0，传感器断线时输出 0；E = 1，传感器断线时输出 Ero 参数。F = 0，系统自动设置 Ero；F = 1，手动设置 Ero。自动定义 Ero 是 AI（人工智能）自学习控制内容之一，即仪表会自动记忆下当测量值和给定值一致时，最新的平均输出值，以在 PID 调节运算时作为参考，能提升控制效果。为安全起见，Ero 最大学习值为 70% 输出功率，如果需要更高的 Ero 值，可在人工设置 Ero 参数时，设置为最安全的常用输出 　G = 0，备用 　H = 0，正常控制模式；H = 1，在 MIO 位置安装 J_1 模块，允许仪表使用双热电偶输入，辅助输入热电偶接 16+、14−，主输入热电偶接 18−、19+；当其中一个故障时会提示显示"EErr"错误，同时自动切换使用另一个工作	
PASd	密码	PASd 等于 0～255 或 AF.D = 0 时，设置 Loc = 808，可进入完整参数表 PASd 等于 256～9999 且 AF.D = 1 时，必须设置 Loc = PASd 方可进入参数表 注：只有专家级用户才可设置 PASd，建议用统一的密码以免忘记	0～9999
SPL	SV 下限	SV 允许设置的最小值	−9990～+30000 单位
SPH	SV 上限	SV 允许设置的最大值	−9990～+30000 单位
SP1	给定点 1	在 AI-759 型仪表或 AI-759P 型仪表的参数 Pno = 0 或 1 时，正常情况下给定值为 SP1	SPL～SPH
SP2	给定点 2	在 AI-759 型仪表或 AI-759P 型仪表的参数 Pno = 0 或 1 时，当 MIO 位置安装了 I_2 模块，且设置参数 Et = SP1.2 时，可通过一个外部的开关来切换 SP1/SP2，当开关断开时，SV = SP1，当开关接通时，SV = SP2	SPL～SPH
SPr	升温速率限制	若 SPr 被设置为有效，则程序启动时，若测量值低于给定值，将先以 SPr 定义的升温速率限制值升温至首个给定值。在升温速率限制状态下，PRG 灯将闪动。对于斜率模式，SPr 只对首个程序段有效，而在平台模式下，SPr 对任何程序段有效	0～3200 ℃/min
Pno	程序段数（仅 AI-759P 型仪表有）	用于定义有效的程序段数，数值为 0～50，可减少不必要的程序段，使操作及程序设置方便最终客户的使用。其中设置 Pno = 0 时，AI-759P 型仪表为恒温模式，并可完全兼容 AI-759 型仪表的操作，同时亦可设置 SPr 参数用于限制升温速率；设置 Pno = 1 时，为单段程序模式，只需要设置一个给定值和一个保温时间，设置非常方便；设置 Pno = 2～50 时，AI-759P 型仪表采用正常程序控制仪表操作模式进行操作	0～50
PonP	上电自动运行模式（仅 AI-759P 型仪表有）	Cont，停电前为停止状态则继续停止，否则在仪表通电后继续在原终止处执行 StoP，通电后无论出现何种情况，仪表都进入停止状态。run1，停电前为停止状态则继续停止，否则来电后都自动从第 1 段开始运行程序 dASt，在通电后如果没有偏差报警则程序继续执行，若有偏差报警则停止运行。HoLd（仅 AI-759P 型仪表），仪表在运行中停电，来电后无论出现何种情况，仪表都进入暂停状态；但如果仪表停电前为停止状态，则来电后仍保持停止状态	
PAF	程序运行模式（仅适用 AI-759P 型仪表）	PAF 参数用于选择程序控制功能，其计算方法如下 PAF = A×1+B×2 +C×4+D×8+E×16+F×32 　A = 0，准备功能（rdy）无效；A = 1，准备功能有效。B = 0，斜率模式，程序运行时存在温度差别时，按折线过渡，可以定义不同的升温模式，也可以降温运行；B = 1，平台模式（恒温模式），每段程序定义给定值及保温时间，段间升温速率可受 SPr 限制，到达下段条件可受 rdy 参数限制；另外，即使设置 B = 0，如果程序最后一段不是结束命令，则也执行恒温模式，时间到后自动结束 　C = 0，程序时间以分为单位；C = 1，以小时为单位。D = 0，无测量值启动功能；D = 1，有测量值启动功能。E = 0，作为程序给定发生器时上显示窗显示测量值；E = 1，作为程序给定发生器时上显示窗显示程序段号 　F = 0，标准运行模式；F = 1，程序运行时执行 run 操作将进入暂停（HoLd）状态	
EP1～EP8	现场使用参数定义	可定义 1～8 个现场参数，作为 Loc 上锁后常用的需要现场操作工修改的参数，如果没有或不足 8 个现场参数，可将其值设置为 nonE	

五、程序控制（仅适用于 AI-759P 型仪表）

AI-759P 程序型仪表用于需要按一定时间规律自动改变给定值进行控制的场合。它具备 50 段程序编排功能，可设置任意大小的给定值升、降斜率；具有跳转、运行、暂停及停止等可编程/可操作命令，可在程序控制运行中修改程序；具有停电处理模式、测量值启动功能及准备功能。

（一）功能及概念

① 程序段：段号为 1～50，当前段（StEP）表示目前正在执行的段。

② 设定时间：指程序段设定运行的总时间，单位是 min 或 h，有效数值为 0.1～3200。

③ 运行时间：指当前段已运行时间，当运行时间达到设置时间时，程序自动转往下一段运行。

④ 跳转：程序段可编程为自动跳转到任意段，实现循环控制。通过修改 StEP 的数值也可实现跳转。

⑤ 运行（run/HoLd）：程序在运行状态时，时间计时，给定值按预先编排的程序曲线变化。在保持运行状态（暂停）下，时间停止计时，给定值保持不变。暂停操作（HoLd）能在程序段中编入。

⑥ 停止（StoP）：执行停止操作，使程序停止运行，此时运行时间被清 0 并停止计时，并且停止控制输出。

⑦ 停电/开机事件：指仪表接通电源或在运行中意外停电，通过设置 PonP 参数可选择多种不同的处理方案。

⑧ 准备功能（rdy）：在启动运行程序→意外停电/开机后但又需要继续运行程序时，如果测量值与给定值不同，并且其差值大于（或小于）偏差报警值 HdAL（或 LdAL）时，仪表并不立即进行正（或负）偏差报警，而是先将测量值调节到其误差小于偏差报警值，此时程序也暂停计时，不输出偏差报警信号，直到正、负偏差符合要求后才再启动程序。

⑨ 测量值启动功能：在启动运行程序→意外停电/开机后但又需要继续运行程序时，仪表的实际测量值与程序计算的给定值往往不相同，这种情况难以预料但又不希望出现，可以将仪表运行时间设置为希望重新启动运行时对应实际测量值的运行时间。

例如：一个升温段程序，设置仪表由 25℃经过 600min 升温至 625℃，每分钟升温 1℃。假定程序从该段起始位置启动时测量值刚好为 25℃，则程序能按原计划顺利执行，但如果启动时系统温度还未降下来，测量值为 100℃，则程序难以按原计划顺利执行。可由仪表通过自动调整运行时间使得二者保持一致。本例中，如果启动运行时测量值为 100℃，则仪表就自动将运行时间设置为 75min，这样程序就直接从 100℃的位置启动运行。

⑩ 曲线拟合：由于控制对象通常具有时间滞后的特点，因此仪表对线性升、降温及恒温曲线在折点处进行自动平滑处理，平滑程度与系统的滞后时间 t（t = 微分时间 D+控制周期 CtI）有关，t 越大，则平滑程度也越大，反之越小。控制对象的滞后时间（如热惯性）越短，则程序控制效果越好。按曲线拟合方式处理程序曲线，可以避免出现超调现象。

（二）程序编排

程序运行模式有斜率模式、平台模式等。这里仅简单介绍斜率模式。

斜率模式定义是：从当前段设置温度，经过该段设置的时间到达下一温度。温度设置值的单位同测量值（PV），而时间值的单位可选择 min 或 h。在斜率模式下，若运行到程序段数 Pno 定义的最后一段程序不为停止命令或跳转命令，则表示在该温度下保温该段时间后自动结束。

现以包含线性升温、恒温、线性降温、跳转循环、准备、暂停的 5 段程序例子说明工作过程。

第 1 段　SP1 = 100.0　t1 = 30.0：100℃起开始线性升温到 SP2，升温时间为 30min，升温斜率为 10℃/min。

第 2 段　SP2 = 400.0　t2 = 60.0：在 400℃恒温运行，时间为 60min。

第 3 段　SP3 = 400.0　t3 = 120.0：降温到 SP4，降温时间为 120min，降温斜率为 2℃/min。

第 4 段　SP4 = 160.0　t4 = 0.0：降温至 160℃后进入暂停状态，需执行运行（run）操作才能继续运行下一段。

第 5 段　SP5 = 160.0　t5 = −1.0：跳往第 1 段执行，从头开始循环运行。

本例中，在第 5 段跳往第 1 段后，由于其当前温度为 160℃，与第一段设定温度 100℃不相等，而第 5 段又是跳转段，假定将偏差上限报警值设置为 105℃，则程序在第 5 段跳往第 1 段后将先进入准备状态，即先将温度控制到小于偏差上限报警值，然后进行第 1 段的程序升温。这个温控程序见图 3-5。

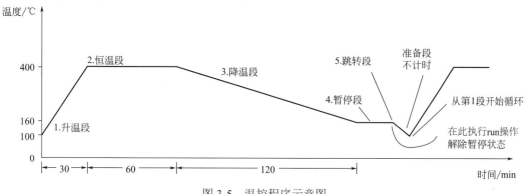

图 3-5　温控程序示意图

六、通信编程

AIBUS 是 AI 系列显示控制仪表的通信协议，运算简单且通信可靠，波特率为 4800b/s、9600b/s、19200b/s 等。在波特率为 19200b/s 时，上位机访问一台 AI-759 系列仪表的平均时间仅 20ms。允许在一个 RS-485 通信接口上连接多达 80 台仪表（为保证通信可靠，仪表数量大于 60 时需要加一个 RS-485 中继器）。AI 系列仪表可以用 PC、触摸屏及 PLC 作为上位机。

（一）接口规格

使用异步串行通信接口，接口电平符合 RS-232C 或 RS-485 标准，采用光电隔离技术将通信接口与仪表的其他部分线路隔离。

（二）通信指令

使用十六进制数据格式来表示各种指令代码及数据，通信指令只有两条，一条为读指令，另一条为写指令。标准读和写指令分别如下。

读：地址代号+52H（82）+要读的参数代号+0+0+校验码。

写：地址代号+43H（67）+要写的参数代号+写入数低字节+写入数高字节+校验码。

地址代号：为了在一个通信接口上连接多台 AI 仪表，需要给每台 AI 仪表编一个互不相同的通信地址。有效的地址为 0～80（部分型号为 0～100），故一条通信线路上最多可连接 81 台 AI 仪表。

参数代号：仪表的参数用 1 个 8 位二进制数（一个字节，写为十六进制数）的参数代号来表示。它在指令中表示要读/写的参数名。

校验码：校验码采用 16 位求和校验方式。

返回数据：无论是读还是写，仪表都返回 10 个字节数据：测量值(PV)+给定值(SV)+输出值(MV)及报警状态+所读/写参数值+校验码。

返回校验码：PV+SV+(报警状态×256+MV)+参数值+ADDR（按整数加法相加后得到的余数）。

（三）编程方法

系统采用主从式多机通信结构，每向仪表发一条指令，仪表返回一个数据。

例如，将地址代号（参数 ADDR）为 1 的仪表的给定值（参数代号 0）写为 100.0℃（整数为 1000），用 VB 的编程方法如下：

① 初始化通信接口，包括与仪表相同的波特率，数据位 8，停止位 2，无校验。

② VB 编程指令（写 SP1 为 1000）为：

COMM1.OUTPUT =

CHR$（129）+CHR$（129）+CHR$（67）+CHR$（0）+CHR$（232）+CHR$（3）+CHR$（44）+CHR$（4）

③ 小数点处理：仪表传输的所有数值均为 16 位二进制补码整数，因此上位机必须将整数按一定规则转换为带小数点的实际数据。方法是在上位机程序启动后，优先读取参数 dPt（0CH）获得测量信号的小数点位置。

七、应用实例

下面以某过程控制实验装置为例介绍以 AI-759 为控制器构成控制系统的实际应用。

（一）过程控制实验装置介绍

某过程控制实验装置包括两个由透明有机玻璃制作的实验水箱（1 号水箱和 2 号水箱）和一个由不锈钢制作的储水箱，连接实验水箱的管道，输送流体的磁力泵以及完成实验控制所需要的测量仪表、阀门等。根据实验需要，每个实验水箱配备了两组进水管道，使两个实验水箱既可以独立工作，也可以串联工作，这样可增加装置的灵活性，满足不同实验教学要求。例如，在做液位控制实验时，可以以一个管道的流量作为操纵变量，另外一个管道的流量作为干扰变量。实验水箱采用多槽结构，有效克服水流的动量冲击，使液位测控更精确。

实验系统配备的仪表包括 3 台压力式液位计、2 台涡街流量计、2 个气动薄膜调节阀、1 台变频器、4 个电磁阀。另外，还配备了电气安全保护装置。所有检测仪表都具有 4～20mA 标准电流信号输出，精度等级为 0.5 级。实验过程中可根据不同的实验要求组成不同的控制回路，完成不同目的和功能的实验。该套装置采用 AI 系列仪表进行显示和控制。电磁阀的切换由电气柜上的开关控制。

图 3-6 给出用该装置分别设置液位、压力简单控制回路的例子，即 1、2 号水箱液位控制回路，液位检测器分别为 LT_1 和 LT_2，液位控制器分别为 LC_1 和 LC_2，操纵变量为各自水箱进水管路的进水流量；2 号水箱进水管路的压力控制回路，压力检测器为 PT，压力控制器为 PC，通过控制变频器的频率变化改变水泵的进水量。要求在实验时 2 号水箱液位控制回路和 2 号水箱进水管压力控制回路不同时运行。

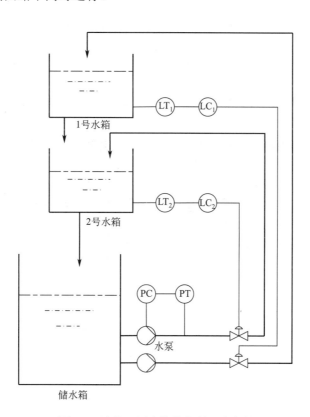

图 3-6　液位、压力简单控制回路实例

（二）仪表配置与组态

控制仪表选用 3 台 AI-759 型控制器，有 4～20mA 电流输出，带光柱显示，通信接口为 RS-485 串行通信接口，协议为 AIBUS。另外选用 2 台 AI-751 型控制器用于进水流量的显示，带 4～20mA 电流输入，带光柱显示，其通信接口同 AI-759 型控制器。

1. AI-751 显示仪表的组态

① "报警"组态：这里不设置流量下限报警，只设置流量上限报警 HIAL 为 900L/h。

② "输入"组态：首先设置 InP 参数为 15，表示 4～20mA 输入。小数点 dPt 为 0 位，输入刻度上限 SCH 为 1000，下限 SCL 为 0。FILt 为 4。其他的用默认值。

③ "通信"组态：设置两个显示仪表的总线地址 Addr 分别为 1 和 2，波特率 bAud 为 9600b/s，8 个数据位，1 个停止位，无校验。

④ "系统功能"组态：这里设置密码，防止非授权用户修改仪表参数等。

2. AI-759 控制仪表的组态

以液位控制为例加以说明。本装置中液位的最高值为 160mm，超过就要溢出。

① "报警"组态：设置液位测量值的上限报警 HIAL 为 140mm，AHYS 报警回差为 15mm。

② "调节控制"组态：设置控制方式 CtrL 为 nPID（标准 PID），控制作用为 PI，比例度 P 为 2.2，积分时间 I 为 20。控制周期 CtI 为 1s，Act 为反作用，上电自动运行模式 PonP 为 StoP，设定值为 90mm。

③ "输入"组态：首先设置 InP 参数为 15，表示 4～20mA 输入，小数点 dPt 为 1。输入刻度上限 SCH 为 160，下限 SCL 为 0，输入数字滤波 FILt 为 2。

④ "输出"组态：设置输出类型 OPt 为 4～20mA 电流输出。输出下限 OPL=0，输出上限 OPH = 100。

⑤ "通信"：设置 3 台 AI-759 型控制器的总线地址 Addr 分别为 3～5，波特率 bAud 为 9600b/s，8 个数据位，1 个停止位，无校验。

⑥ "系统功能"组态：这里设置密码，防止非授权用户修改仪表参数等。

3. 上位机监控

上位机监控系统结构如图 3-7 所示。3 台控制仪表和 2 台显示仪表通过 RS-485 总线连接，与 1 台上位机构成主从式通信，通信协议为 AIBUS。RS-485 总线通过 USB-RS-485 转换器与上位机（计算机人机界面）的 USB 口连接。通过 USB 自带的驱动可以映射出虚拟串口号，在上位机组态软件中就选择该串口号来配置仪表驱动。

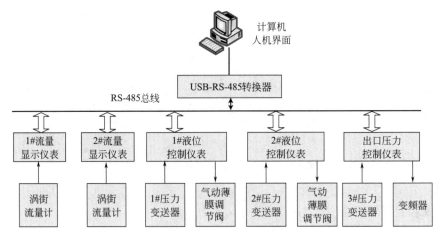

图 3-7 上位机监控系统

计算机人机界面采用组态王。组态王内置 AIBUS 通信协议的驱动。该系列仪表支持读和写操作 2 条指令。设置组态王中进行驱动的通信参数时，必须把虚拟的串口通信参数设置得与仪表中一致，即波特率为 9600b/s，8 个数据位，无奇偶校验位，1 个停止位。设备组态时，需要在虚拟的串口中增加 3 台控制仪表和 2 台显示仪表。驱动设置中要注意每台仪表的地址与实际仪表地址一一对应。驱动设置好后，再在组态王的数据字典中添加控制仪表的测量值、设定值、输出值和 PID 控制的参数等变量；添加显示仪表的测量值。这样上位机可以读 3 台控制仪表的测量值等参数，并且可以读写设定值、PID 参数，进行手动/自动切换等，实现对被控参数的控制。

思考题与习题

3-1 数字式控制器具有哪些特点？试与模拟式控制器做一比较。

3-2 说明数字式控制器的基本组成，硬件和软件各包括哪些部分？

3-3 试从连续 PID 控制规律推导出离散 PID 控制规律。

3-4 工程上主要使用何种 PID 算式（位置式、增量型或是速度型算式）？它有什么优点？

3-5 举出几种 PID 基本算式的改进形式，它们各有什么特点？

3-6 请参考 AI-759P 使用说明书，思考如何编制图 3-5 对应的升温控制程序。

3-7 如何根据你所熟悉的编程语言或监控软件实现上位机与 AI-759P 的通信？

第四章
执行器

执行器由执行机构和调节机构组成。执行机构系指产生推力或位移的装置，调节机构系指直接改变能量或物料输送量的装置，通常称之为控制阀（或调节阀）。

执行器按使用的能源可分为电动、气动和液动三大类。液动的很少使用。本节只介绍电动和气动执行器。

第一节 执行器的组成及选择

一、电动执行机构

电动执行机构有角行程和直行程两种，它将输入的直流电流信号线性地转换成位移量。这两种电动执行机构均是以两相交流电机为动力的位置伺服机构，两者电气原理完全相同，只是减速器不一样。下面讨论角行程电动执行机构。

角行程电动执行机构的输入信号为 4～20mA（DC）的电流信号，输入电阻为 250Ω，输出轴转矩为 16N·m、40N·m、100N·m、250N·m、600N·m、1600N·m、4000N·m、6000N·m、10000N·m，输出轴转角为 90°，全行程时间为 2s，基本误差为±2.5%，变差为 1.5%。

（一）基本构成和工作原理

角行程电动执行机构由伺服放大器和执行机构两大部分组成，如图 4-1 所示。该执行机构适用于操纵蝶阀、挡板等转角式调节机构。

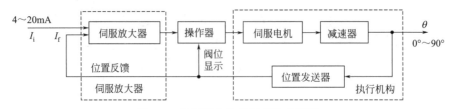

图 4-1 角行程电动执行机构方框图

伺服放大器将输入信号 I_i 和反馈信号 I_f 相比较，所得差值信号经功率放大后，驱使两相伺服电机转动，再经减速器减速，带动输出轴改变转角 θ。若差值为正，伺服电机正转，输出轴转角增大；若差值为负，伺服电机反转，输出轴转角减小。

输出轴转角经位置发送器转换成相应的反馈电流 I_f，回送到伺服放大器的输入端，当反馈信号 I_f 与输入信号 I_i 平衡，即差值为零时，伺服电机停止转动，输出轴就稳定在与输入信号 I_i

相对应的位置上。

输出轴转角 θ 与输入信号 I_i 的关系为

$$\theta = KI_i$$

式中，K 为比例系数。

由上式可知，输出轴转角和输入信号成正比，故电动执行机构可看成一比例环节。

电动执行机构还可以通过操作器实现控制系统的自动操作和手动操作的相互切换。当操作器的切换开关切向"手动"位置时，进行手动操作，由正、反操作按钮直接控制伺服电机的电源，以实现执行机构输出轴的正转和反转。

（二）伺服放大器

伺服放大器由信号隔离器、综合放大电路、触发电路和固态继电器等组成，如图 4-2 所示。它将来自控制器的电流信号（输入信号）和位置反馈信号进行综合比较，并将差值放大，以足够的功率去驱动伺服电机旋转。

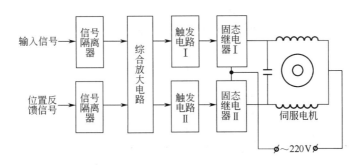

图 4-2　伺服放大器原理框图

该伺服放大器使用信号隔离器代替原伺服放大器中的前置磁放大器，且采用过零触发的固态继电器技术，因而具有体积小、反应灵敏、抗干扰能力强、性能稳定、工作可靠等优点。

1. 信号隔离器

信号隔离器将输入信号、位置反馈信号与综合放大电路进行相互隔离，其实质是一个隔离式电流/电压转换电路，它把输入 4～20mA 电流转换成 1～5V 电压，送至综合放大电路。信号隔离器采用光电隔离集成电路，其精度为 0.1%～0.25%，绝缘电阻大于 50MΩ。

2. 综合放大电路

综合放大电路由集成运算放大器 IC_1 和 IC_2 等组成，如图 4-3 所示。IC_1 将输入信号和位置反馈信号相减，得到偏差信号，IC_2 再将其放大。R_{P1} 为调零电位器，调节 R_{P1} 使输入信号和位置反馈信号相等时，综合放大电路输出为零。电位器 R_{P2} 用来调整放大倍数，通常为 60。

3. 触发电路

触发电路由比较器 IC_3、IC_4 组成，如图 4-3 所示。正偏差时，若 $U_o > U_\varepsilon$，则 IC_3 输出为正，使固态继电器Ⅰ动作。负偏差时，若 $U_o < -U_\varepsilon$，则 IC_4 输出为正，使固态继电器Ⅱ动作。无偏差或偏差小于死区（$2U_\varepsilon$）时，固态继电器Ⅰ、Ⅱ均不动作。

4. 固态继电器

固态继电器是一个无触点功率放大器件，由触发电路控制其功率输出，以驱动伺服电机。

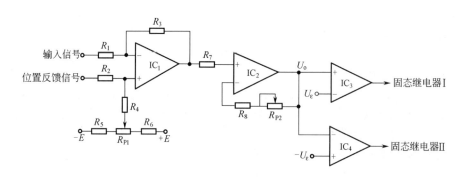

图 4-3　综合放大和触发电路

（三）执行机构

执行机构由伺服电机、减速器和位置发送器三部分组成。它接收伺服放大器或操作器的输出信号，控制伺服电机的正、反转，再经减速器减速后变成输出力矩去推动调节机构动作。与此同时，位置发送器将调节机构的角位移转换成相应的直流电流信号，用以指示阀位，并反馈到伺服放大器的输入端，去平衡输入电流信号。

1. 伺服电机

伺服电机的作用是将伺服放大器输出的电功率转换成机械转矩，并且当伺服放大器没有输出时，伺服电机又能可靠地制动。

伺服电机特性与一般电机不同。由于执行机构工作频繁，经常处于启动工作状态，故要求伺服电机具有低启动电流、高启动转矩的特性，且要有克服执行机构从静止到动作所需的足够力矩。电机的特性曲线如图 4-4 所示，图中 1、2 分别为普通感应电机与伺服电机的特性。

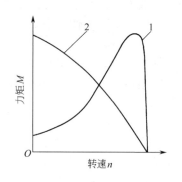

图 4-4　电机特性曲线

1—普通感应电机；2—伺服电机

伺服电机的结构与普通笼型感应电机相同，由转子、定子和电磁制动器等部件构成。电磁制动器设在电机后输出轴端，制动线圈与电机绕组并联。当电机通电时，制动线圈同时得电，由此产生的电磁力将制动片打开，使电机转子自由旋转。当电机断电时，制动线圈同时失电，制动片靠弹簧力将电机转子刹住。

2. 减速器

减速器把伺服电机高转速、小力矩的输出功率转换成执行机构输出轴的低转速、大力矩的输出功率，以推动调节机构。它采用正齿轮和行星齿轮机构相结合的机械传动结构。

行星齿轮机构如图 4-5 所示，它由系杆（偏心轴）、摆轮、内齿轮、销轴和输出轴等构成。系杆偏心的一端是摆轮的转轴，摆轮空套在该转轴上。当系杆转动时，摆轮的轴心 O_2 也随之转动，同时摆轮又与固定不动的内齿轮相啮合，这样，摆轮产生两种运动，即往复摆动和绕自身轴心 O_2 的转动。在摆轮的周围有几个销轴孔，输出轴的销轴插入销轴孔内，销轴孔比销轴大些，所以摆轮的往复摆动对输出轴没有影响，而它的自转则经输出轴输出。

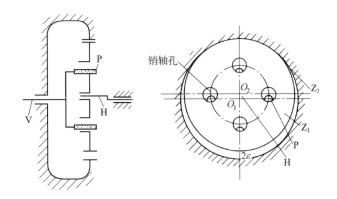

图 4-5　行星齿轮机构

Z_1—摆轮（即齿轮 1）；Z_2—内齿轮（即齿轮 2）；H—系杆；V—输出轴；P—销轴

行星齿轮机构的减速比由摆轮和内齿轮的齿数来决定，即

$$i = -\frac{z_2 - z_1}{z_1}$$

式中，i 为减速比；z_1 为摆轮的齿数；z_2 为内齿轮的齿数。

一般 z_2 和 z_1 之差为 1～4，故减速比很大。式中负号表示摆轮和系杆的转动方向相反。

执行机构的减速器按输出功率的不同，可分为单偏心轴传动机构和双偏心轴传动机构两种。图 4-6 所示为一级圆柱齿轮传动和一级行星齿轮的单偏心轴传动机构。电机输出轴上的齿轮 2 带动与偏心轴 6 连为一体的齿轮 3 转动，偏心轴带动齿轮 4（即摆轮），沿内齿轮 12 做摆动和自身转动，摆轮的自转通过销轴和联轴器带动输出轴转动，作为执行机构的输出。

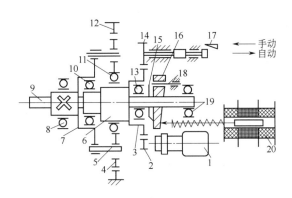

图 4-6　单偏心轴传动结构示意图

1—伺服电机；2，3，4，14—齿轮；5—销轴，销套；6—偏心轴；7—联轴器；9—输出轴；8，10，11，13，19—轴承；12—内齿轮；15—弹簧片；16—凸轮；17—手动部件；18—限位销；20—差动变压器

在单偏心轴传动机构中，偏心轴上只套有一个摆轮，因此它具有结构简单，制造、安装方便的优点，但无力平衡装置，在高速运转时，偏心力很大，而且摆轮和内齿轮的啮合对中心轴的径向作用也很大，所以这种结构不适用于高转速、大力矩的传动机构。

在输出力矩较大的执行机构中，可采用双偏心轴传动机构。它与单偏心轴传动机构的区别只是在一根轴上套有两段偏心轴，两段偏心轴上各套有一个摆轮，两个摆轮与内齿轮的啮合处正好相差 180°，因此在工作时对中心轴的径向作用力减小，离心力也相互抵消，可以在高转速、大力矩情况下工作。

减速器输出轴的另一端装有弹簧片和凸轮，凸轮借弹簧片的压力和输出轴一起转动。凸轮上有限位槽，用基座上的限位销来限制凸轮即输出轴的转角。

在减速器箱体上装有手动部件，用来进行就地手动操作，操作时只要把手柄拉出使齿轮 14 与齿轮 3 啮合，摇动手柄，减速器的输出轴即随之转动。

3. 位置发送器

位置发送器的作用是将执行机构输出轴的转角（0°～90°）线性地转换成 4～20mA 的直流电流信号，用以指示阀位，并作为位置反馈信号 I_f 反馈到伺服放大器的输入端，以实现整机负反馈。

差动变压器（图 4-7）是位置发送器的主要部件，它将执行机构的位移线性地转变成电压输出。其原理如图 4-7（b）所示。

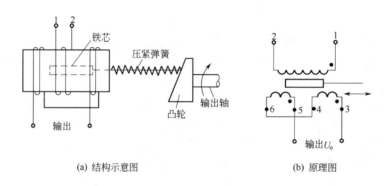

(a) 结构示意图　　　　　　　(b) 原理图

图 4-7　差动变压器

为了得到比较好的线性，差动变压器采用三段式结构。在一个三段式线圈骨架上，中间一段绕有一个励磁线圈，作为原边，由铁磁谐振稳压器供电。两边对称地绕有完全相同的副边线圈，它们反向串联，其感应电势的差值作为输出。在线圈骨架中有一个可动铁芯，如图4-7（a）所示。铁芯与凸轮斜面是靠压紧弹簧压紧相接触的，因此当输出轴旋转时，将带动凸轮使铁芯左右移动。凸轮斜面保证铁芯位置与输出轴的转角呈线性关系。

差动变压器副边绕组的感应电压分别为 U_{34} 和 U_{56}［图 4-7（b）］，由于两副边绕组匝数相等，故输出交流电压 U_o 的大小取决于铁芯的位置。

交流电压 U_o 经整流滤波，并通过电压/电流转换器得到与差动变压器铁芯位置相对应的直流反馈电流。

二、气动执行机构

气动执行机构接收电/气转换器（或电/气阀门定位器）输出的气压信号，并将其转换成相应的输出力和推杆直线位移，以推动调节机构动作。

气动执行机构有薄膜式和活塞式两种。常见的气动执行机构均属薄膜式，它的特点是结构简单、动作可靠、维修方便、价格低廉，但输出行程较短，只能直接带动推杆。气动活塞式执行机构的特点是输出推力大，行程长，但价格较高，只用于有特殊需要的场合。

（一）气动薄膜式执行机构

气动薄膜式执行机构分正作用和反作用两种形式。信号压力增加时推杆向下动作的叫正作用式气动薄膜式执行机构（ZMA）；信号压力增加时推杆向上动作的叫反作用式气动薄膜式执行机构（ZMB）。现以正作用式气动薄膜式执行机构为例说明其结构、特性和输出力。

1. 结构

图 4-8 为正作用式气动薄膜式执行机构结构图。

当信号压力通过上膜盖 1 和波纹膜片 2 组成的薄膜气室时，在波纹膜片上产生一个推力，使推杆 5 下移并压缩弹簧 6。

当弹簧的作用力与信号压力在波纹膜片上产生的推力相平衡时，推杆稳定在一个对应的位置上，推杆的位移即执行机构的输出，也称行程。

正作用式气动薄膜式执行机构的行程规格有 10mm、16mm、25mm、40mm、60mm、100mm 等。波纹膜片的有效面积有 200cm²、280cm²、400cm²、630cm²、1000cm²、1600cm² 等，有效面积越大，执行机构的推力也越大。

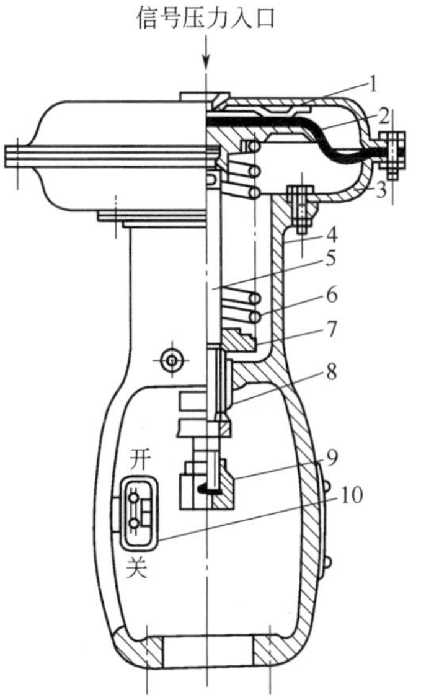

2. 特性

若不计波纹膜片的弹性刚度及推杆与填料之间的摩擦力，在平衡状态时，正作用式气动薄膜式执行机构的力平衡方程式可用下式表示，即

$$l = \frac{A_e}{C_s} p_1 \tag{4-1}$$

图 4-8　正作用式气动薄膜式执行机构结构图

1—上膜盖；2—波纹膜片；3—下膜盖；4—支架；5—推杆；6—弹簧；7—弹簧座；8—调节件；9—螺母；10—行程标尺

式中，p_1 为气室内的气体压力，在平衡状态时，p_1 等于控制器的输出压力 p_0；A_e 为波纹膜片有效面积；l 为弹簧位移，即推杆的位移；C_s 为弹簧刚度。

式（4-1）说明在平衡状态时，推杆位移 l 和输出信号 p_0 之间呈比例关系，如图 4-9 虚线所示。图中，推杆的位移用相对变化量 l/L 的百分数表示。

考虑到波纹膜片的弹性、弹簧刚度 C_s 的变化及推杆与填料之间的摩擦力，执行机构将产生非线性偏差和正、反行程变差，如图 4-9 实线所示。通常执行机构的非线性偏差小于±4%，正、反行程变差小于 2.5%。实际使用中，将阀门定位器作为气动执行器的组成部分，可减小非线性偏差和正、反行程变差。

在动态情况下，引压导管存在一定的阻力，而且引压导管和薄膜气室也可近似作为一个气容。因此执行机构可看成是一个阻容环节，薄膜气室内压力 p_1 和控制器输出压力 p_0 之间的关系可以写为

$$\frac{p_1}{p_0} = \frac{1}{RCs+1} = \frac{1}{Ts+1} \tag{4-2}$$

式中，R 为从控制器到执行机构间导管的气阻；C 为薄膜气室及引压导管的气容；T 为时间常数，$T = RC$。

综合上式和式（4-1）可得控制器输出压力 p_0 与推杆位移 l 之间的关系为

$$\frac{l}{p_0} = \frac{A_e}{(Ts+1)C_s} = \frac{K}{Ts+1} \qquad (4\text{-}3)$$

式中，K 为执行机构的放大系数，$K = A_e/C_s$。

由式（4-3）可知，正作用式气动薄膜式执行机构的动态特性为一阶滞后环节。其时间常数的大小与薄膜气室大小及引压导管长短和粗细有关，一般在数秒和数十秒之间。

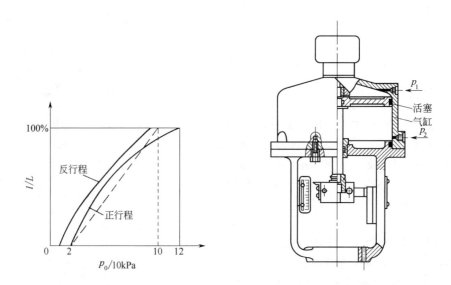

图 4-9　正作用式气动薄膜式执行机构输入输出静态特性　　图 4-10　无弹簧气动活塞式执行机构结构图

3. 输出力

执行机构的输出力用以克服由流体静压和动压所产生的不平衡力。正、反作用式气动薄膜式执行机构的输出力均为信号压力在波纹膜片上产生的推力与弹簧的反作用力之差，用公式表示为

$$\pm F = p_0 A_e - C_s(L_0 + l) \qquad (4\text{-}4)$$

式中，F 为输出力，N；p_0 为信号压力，kPa；A_e 为波纹膜片有效面积，cm²；C_s 为弹簧刚度，N/cm；L_0 为弹簧预紧量，cm；l 为弹簧位移量，cm。

从上式可知，输出力的大小取决于波纹膜片有效面积 A_e 和信号压力 p_0。因此，为了提高气动薄膜式执行机构的输出力，可增大信号压力 p_0 的变化范围；在选择执行机构时，酌情把膜头尺寸选大 1～2 号规格。

（二）气动活塞式执行机构

气动活塞式执行机构分有弹簧和无弹簧两种。无弹簧气动活塞式执行机构的结构如图 4-10 所示，其主要部件为气缸和活塞，活塞在气缸内随两侧差压的变化而移动。活塞的两侧可分别输入一个固定信号和一个可变信号，或两侧都输入可变信号。由于无弹簧反作用力，故其输出力比气动薄膜式执行机构大。

这种执行机构的输出特性有比例式及两位式两种。两位式是根据输入活塞两侧操作压力的大小，活塞从高压侧被推向低压侧，使推杆从一个极端位置移到另一个极端位置。比例式是在两位式的基础上加上有阀门定位器，使推杆位移和信号压力呈比例关系。

三、阀门定位器

阀门定位器与气动执行机构配套使用，是气动执行器的主要附件。它接收控制器的输出信号，然后成比例地输出信号至气动执行机构，当阀杆移动后，其位移量又通过机械装置负反馈到阀门定位器，因此阀门定位器和气动执行机构构成了一个闭环系统，图 4-11 为阀门定位器功能示意图。来自控制器的输出信号 p_0 经定位器比例放大后输出 p_1，用以控制气动执行机构动作，位置反馈信号再送回至定位器，由此构成一个使阀杆位移与输入压力呈比例关系的负反馈系统。

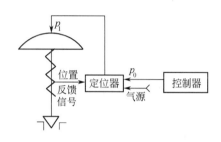

阀门定位器能够增大气动执行机构的输出功率，减少控制信号的传递滞后，克服阀杆的摩擦力和消除不平衡力的影响，加快阀杆的移动速度，提高信号与阀位间的线性度，从而保证控制阀的正确定位。本节介绍电/气阀门定位器以及阀门定位器的应用场合。

图 4-11　阀门定位器功能示意图

1. 电气阀门定位器

电/气阀门定位器具有电/气转换器和阀门定位器的双重作用。它接收电动控制器输出的 4～20mA 直流电流信号，成比例地输出 20～100kPa 或 40～200kPa（大功率）气动信号至气动执行机构。

（1）结构　图 4-12 为电/气阀门定位器结构原理图。它由转换组件、气路组件、反馈组件和接线盒组件等部分构成。

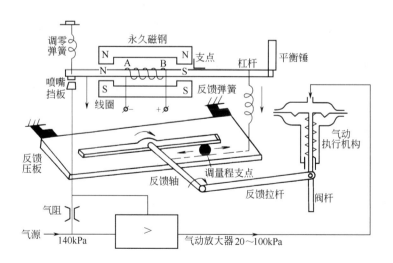

图 4-12　电/气阀门定位器结构原理图

转换组件包括永久磁钢、线圈、杠杆、喷嘴挡板及调零弹簧等部件。其作用是将电流信号转换为气压信号。

气路组件包括气动放大器、气阻、压力表及自动-手动切换阀等部件。它可实现气压信号放大和自动-手动切换的功能。

反馈组件包括反馈弹簧、反馈拉杆、反馈压板等部件。它的作用是平衡电磁力矩，并保证阀门定位器输出与输入的线性关系。

接线盒组件由接线盒、端子板及电缆引线等部分组成。对于一般型和本质安全型无隔爆要求，而对于安全隔爆复合型则采取了隔爆措施。

（2）工作原理　阀门定位器是按力矩平衡原理工作的。来自控制器或输出式安全栅的 4～20mA 直流电流信号输入到转换组件的线圈中，由于线圈两侧各有一块极性方向相同的永久磁钢，因此线圈产生的磁场与永久磁钢的恒定磁场共同作用在线圈中间的可动铁芯即杠杆上，使杠杆产生位移。当输入信号增加时，杠杆向下运动（即做逆时针偏转），固定在杠杆上的挡板便靠近喷嘴，使气动放大器背压升高，经放大后输出气压也随之升高。此输出作用在膜头上，使阀杆向下运动。阀杆的位移通过反馈拉杆转换为反馈轴和反馈压板的角位移，并通过调量程支点作用于反馈弹簧上，该弹簧被拉伸，产生一个反馈力矩，使杠杆顺时针偏转，当反馈力矩和电磁力矩相平衡时，阀杆就稳定在某一位置，从而实现了阀杆位移与输入信号电流呈比例的关系。调整调量程支点的位置，可以满足不同阀杆行程的要求。

2. 阀门定位器的应用场合

（1）增大气动执行机构的推力　通过提高阀门定位器的气源压力来增大气动执行机构的输出力，可克服介质对阀芯的不平衡力，也可克服阀杆与填料间较大的摩擦力或介质对阀杆移动产生的较大阻力。因此阀门定位器能用于高差压、大口径、高压、高温、低温及介质中含有固体悬浮物或黏性流体的场合。

（2）加快气动执行机构的动作速度　控制器与气动执行机构距离较远时，为了克服信号的传递滞后，加快气动执行机构的动作速度，必须使用阀门定位器，一般用于两者相距 60m 以上的场合。

（3）实现分程控制　分程控制时，两台阀门定位器由一个控制器来操纵，每台阀门定位器的工作区间由分程点决定。假定分程点为 50%，则控制器输出 0～50%时，第一台阀门定位器输出 0～100%，第二台阀门定位器输出为 0；控制器输出 50%～100%时，第二台阀门定位器输出 0～100%，第一台阀门定位器输出一直保持在 100%。

（4）改善控制阀的流量特性　通过改变反馈凸轮的几何形状可改变控制阀的流量特性，这是因为反馈凸轮形状的变化，改变了气动执行机构对阀门定位器的反馈量变化规律，使阀门定位器的输出特性发生变化，从而改变了阀门定位器输入信号与气动执行机构输出位移间的关系，即修正了流量特性。

四、调节机构

调节机构又称控制阀（或调节阀，简称阀），它和普通阀门一样，是一个局部阻力可以变化的节流元件。由于阀芯在阀体内移动，改变了阀芯与阀座之间的流通面积，即改变了控制阀的阻力系数，被控介质的流量相应地改变，从而达到控制工艺变量的目的。

（一）控制阀的结构

图 4-13 所示为常用的直通单座阀，它由上阀盖、下阀盖、阀体、阀座、阀芯、阀杆、填料和压板等零部件组成。执行机构输出的推力通过阀杆使阀芯产生上、下方向的位移。上、

下阀盖都装有衬套，对阀芯移动起导向作用，由于上、下都导向，称为双导向。阀盖上斜孔使阀盖内腔和阀后内腔互相连通，阀芯移动时，阀盖内腔的介质很容易经斜孔流入阀后内腔，不致影响阀芯的移动。

由于调节机构直接与被控介质接触，为适应各种使用要求，阀体、阀芯有不同的结构，使用的材料也各不相同。现介绍常用的控制阀的结构形式和阀芯形式，以及流体对阀芯的作用形式和阀芯的安装形式。

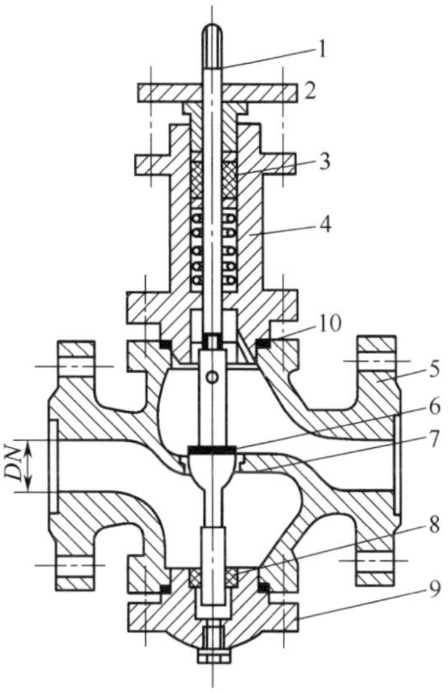

1. 控制阀的结构形式

根据不同的使用要求，控制阀结构形式有很多种，主要有以下几种。

（1）直通单座阀　如图4-14（a）、（b）所示，阀体内只有一个阀芯和一个阀座。此阀的特点是泄漏量小，不平衡力大，因此它适用于泄漏量要求严格、压差较小的场合。

（2）直通双座阀　如图4-14（c）所示，阀体内有两个阀芯和阀座。它与同口径的直通单座阀相比，流通能力大20%～25%。其优点是允许压差大，缺点是泄漏量大，故适用于阀两端压差较大、泄漏量要求不高的场合，不适用于高黏度和含纤维的场合。

（3）角形阀　如图4-14（d）所示，阀体为直角形，其流路简单，阻力小，适用于高压差、高黏度、含悬浮物和颗粒状物料流体流量的控制。一般采用底进侧出，此阀稳定性较好。在高压场合下，为了延长阀芯使用寿命，可采用侧进底出，但在小开度时容易发生振荡。

图4-13　直通单座阀

1—阀杆；2—压板；3—填料；4—上阀盖；5—阀体；
6—阀芯；7—阀座；8—衬套；9—下阀盖；10—斜孔

（4）三通阀　如图4-14（e）、（f）所示，阀体上有三个通道与管道相连，三通阀分为分流型和合流型。使用中流体温差应小于150℃，否则会使三通阀变形，造成泄漏或损坏。

（5）蝶阀　如图4-14（g）所示，挡板以转轴的旋转来控制流体的流量。它由阀体、挡板、挡板轴和轴封等部件组成。其结构紧凑、成本低、流通能力大，特别适用于低压差、大口径、大流量气体和带有悬浮物液体的场合，但泄漏量较大。其流量特性在转角达到70°前和等百分比特性相似，70°以后工作不稳定，特性也不好，故蝶阀通常在0°～70°转角范围内使用。

（6）套筒阀　如图4-14（h）所示，套筒阀又叫笼式阀，阀内有一个圆柱形套筒。根据流通能力的大小，套筒的窗口可为四个、两个或一个。利用套筒导向，阀芯可在套筒中上、下移动。由于这种移动改变了节流孔的面积，从而实现了流量控制。

此阀具有不平衡力小、稳定性好、噪声小、互换性和通用性强、拆装维修方便等优点，因而得到广泛应用；但不宜用于高温、高黏度、含颗粒和结晶的介质的控制。

（7）偏心旋转阀　如图4-14（i）所示，此阀是一种新型结构的调节阀。球面阀芯的中心线与转轴中心偏移，转轴带动阀芯偏心旋转，使阀芯向前下方进入阀座。此阀具有体积小、质量轻、使用可靠、维修方便、通用性强、流体阻力小等优点，适用于黏度较大的场合，在石灰、泥浆等流体中，具有较好的使用性能。

（8）高压阀　如图4-14（j）所示，高压阀是一种适用于高静压和高压差控制的特殊阀门，多为角形单座，额定工作压力可达32000kPa。为了提高阀的寿命，根据流体分级降压的原理，目前已采用多级阀芯。

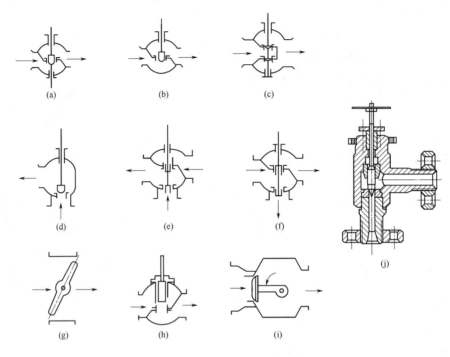

图 4-14 控制阀的结构形式

2. 阀芯形式

阀芯根据动作形式可分为直行程阀芯和角行程阀芯两大类。其中，直行程阀芯又分为下列几种。

（1）平板型阀芯 如图 4-15（a）所示，其结构简单，具有快开特性，可作两位控制用。

（2）柱塞型阀芯 如图 4-15（b）～（d）所示。其中图 4-15（b）的特点是上、下可倒装，以实现正、反控制作用，阀的特性常见的有线性和等百分比两种。图 4-15（c）适用于角形阀和高压阀。图 4-15（d）所示为针形、球形阀芯，适用于小流量阀。

（3）窗口型阀芯 如图 4-15（e）所示，适用于三通阀，左边为合流型，右边为分流型，阀流量特性有直线、等百分比和抛物线三种。

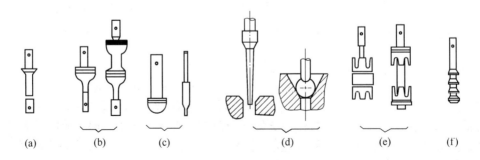

图 4-15 直行程阀芯的形式

（4）多级阀芯　如图 4-15（f）所示，它把几个阀芯串接在一起，起逐级降压作用，用于高压差阀，可防止汽蚀破坏作用。

图 4-16 所示为角行程阀芯。通过阀芯的旋转运动可改变其与阀座间的流通截面积。图 4-16（a）所示为偏心旋转阀芯，它适用于偏心旋转阀。图 4-16（b）所示为蝶形阀芯，它适用于蝶阀。图 4-16（c）所示为球形阀芯，它适用于球阀，图中所画为 O 形球阀芯和 V 形球阀芯。

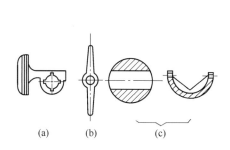

图 4-16　角行程阀芯

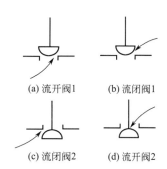

(a) 流开阀1　　(b) 流闭阀1

(c) 流闭阀2　　(d) 流开阀2

图 4-17　两种不同流向的控制阀

3. 流体对阀芯的作用形式和阀芯的安装形式

根据流体通过控制阀时对阀芯的作用方向，控制阀分为流开阀和流闭阀，如图 4-17 所示。流开阀稳定性好，有利于控制，一般情况下多采用流开阀。

阀芯有正装和反装两种形式：阀芯下移时，阀芯与阀座间的流通截面积减小的称为正装阀；相反，阀芯下移时，流通截面积增大的称为反装阀。对于图 4-18（a）所示的双导向正装阀，只要将阀杆与阀芯下端相接，即为反装阀，如图 4-18（b）所示。公称直径小于 DN25 的阀，一般为单导向式，因此只有正装阀。

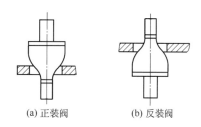

(a) 正装阀　　　(b) 反装阀

图 4-18　阀芯的安装形式

（二）控制阀的特性

1. 节流原理

当流体经过控制阀时，由于阀芯、阀座所造成的流通截面积的局部缩小，形成局部阻力，使流体在该处产生能量损失。对于不可压缩流体，由能量守恒原理可知，控制阀上的能量损失可表示为

$$H = \frac{p_1 - p_2}{\rho g} \tag{4-5}$$

式中，H 为单位质量流体的能量损失；p_1 为阀前压力；p_2 为阀后压力；ρ 为流体密度；g 为重力加速度。

如果控制阀的开度不变，流体的密度不变，那么单位质量流体的能量损失与流体的动能成正比，即

$$H = \xi \frac{w^2}{2g} \tag{4-6}$$

式中，w 为流体的平均流速；ξ 为控制阀阻力系数，与控制阀结构形式、开度和流体的性质有关。

流体的平均流速算式为

$$w = \frac{Q}{A} \qquad (4\text{-}7)$$

式中，Q 为流体流量；A 为控制阀接管流通截面积，$A = \pi(DN)/4$，DN 为阀的公称直径。综合以上三式可得控制阀的流体流量方程式为

$$Q = \frac{A}{\sqrt{\xi}} \sqrt{\frac{2(p_1 - p_2)}{\rho}} \qquad (4\text{-}8)$$

上式各项采用的单位：A 为 cm^2；ρ 为 g/cm^3；p_1、p_2 为 100kPa；Q 为 m^3/h。

则式（4-8）可写成

$$Q = \frac{A}{\sqrt{\xi}} \times \frac{3600}{10^4} \times \sqrt{\frac{2 \times 10^5}{10^3} \times \frac{p_1 - p_2}{\rho}} = 5.09 \frac{A}{\sqrt{\xi}} \sqrt{\frac{\Delta p}{\rho}} \quad (m^3/h) \qquad (4\text{-}9)$$

上式即为不可压缩流体情况下控制阀实际应用的流量方程。在控制阀口径一定（A 一定）和 Δp、ρ 不变的情况下，流量 Q 仅随阻力系数 ξ 变化，控制阀的开度增大，阻力系数 ξ 减小，流量随之增大。控制阀就是通过改变阀芯行程实现开度的变化，即改变其阻力系数 ξ 来实现流量调节的。

2. 流量系数

（1）定义　把式（4-9）改写为

$$Q = K_V \sqrt{\frac{\Delta p}{\rho}} \qquad (4\text{-}10)$$

其中

$$K_V = 5.09 \frac{A}{\sqrt{\xi}} \qquad (4\text{-}11)$$

K_V 称为流量系数，K_V 的大小反映了流过控制阀的流量，即流通能力的大小。

流量系数的大小与流体的种类、性质、工况及阀芯、阀座的结构尺寸等许多因素有关。在一定条件下 ξ 是一个常数，因而根据流量系数 K_V 的值就可确定 DN，即可确定控制阀的几何尺寸。因此，流量系数是选择控制阀口径的一个重要依据。

不同单位制下流量系数的定义不同。采用国际单位制时，流量系数定义为：在控制阀全开，阀前后压差为 100kPa，流体密度为 $1g/cm^3$（5～40℃的水）时，每小时通过控制阀的流量数（m^3）。按此定义，一个 $K_V = 50$ 的控制阀，则表示当阀全开、阀前后压差为 100kPa 时，每小时通过的水量为 $50m^3$。

采用工程单位制时，流量系数的定义为：5～40℃的水，在 $1kgf/cm^2$❶的阀前后压差下，每小时流过控制阀的流量数（m^3），用 C 表示。

---

❶ $1kgf/cm^2 = 98.0665kPa$。

采用英制单位制时，流量系数的定义为：40～60°F的水，保持阀两端压差为 1lbf/in²[❶]，每分钟流过控制阀的美国加仑数（US gal[❷]），用 C_V 表示。

各流量系数的转换关系如下：

$$K_V = 0.865C_V，\quad K_V = 1.01C$$

$$C_V = 1.156K_V，\quad C_V = 1.167C$$

$$C = 0.9903K_V，\quad C = 0.857C_V$$

（2）K_V 值的计算　根据我国有关规定，控制阀计算采用国际单位制，即使用 K_V。

流量系数计算式可从式（4-10）直接获得，若将式中Δp 的单位取为 kPa，则不可压缩流体 K_V 值的计算公式可写为

$$K_V = \frac{10Q\sqrt{\rho}}{\sqrt{\Delta p}} \tag{4-12}$$

式中，Q 为流过控制阀的体积流量，m³/h；Δp 为阀前后压差，kPa；ρ为介质密度，g/cm³。

由于流体的种类和性质影响流量系数的大小，因此在计算 K_V 值时应考虑不同流体的影响因素。例如，对于高黏度的液体，在按式（4-12）计算 K_V 值时，还需乘上黏度系数。对于气体和蒸气，由于具有可压缩性，通过控制阀后的气体密度将小于控制阀前的气体密度，因此要用压缩因数等加以修正。对于气液两相混合流体，必须考虑两种流体之间的相互影响。

流体的流动状态也会影响流量系数的大小。当控制阀前后压差达到某一临界值时，通过阀的流量将达到极限，这时即使进一步增大压差，流量也不会再增加，这种达到极限流量的流动状态称为阻塞流。此时的 K_V 值计算要引入与阻塞流有关的系数：压力恢复系数、临界压力比等。

各种情况下的流量系数 K_V 的计算公式如表 4-1 所示，除表中所列计算公式外，工程上也常采用平均重度法计算 K_V 值。关于流量系数的详细计算方法，可参阅控制阀工程设计资料。

表 4-1　控制阀流量系数计算公式

流体	判别条件	计算公式
液体	一般	$K_V = 10Q_L\sqrt{\dfrac{\rho_L}{\Delta p}}$
	闪蒸及空化 $\Delta p \geqslant \Delta p_T$（阀前后临界压差）	$K_V = 10Q_L\sqrt{\dfrac{\rho_L}{\Delta p_T}}$ $\Delta p_T = F_L^2(p_1 - F_F p_V)$
	高黏度	$K_V = 10\varphi Q_L\sqrt{\dfrac{\rho_L}{\Delta p}}$

❶ 1lbf/in²=6894.76Pa。

❷ 1US gal=3.78541dm³。

续表

流体	判别条件	计算公式		
		平均密度法		膨胀系数法
气体	$p_2>0.5p_1$	一般气体 $K_V=\dfrac{Q_N}{3.8}\sqrt{\dfrac{\rho_N(273+t)}{\Delta p(p_1+p_2)}}$ 高压气体 $K_V=\dfrac{Q_N}{3.8}\sqrt{\dfrac{\rho_N(273+t)}{\Delta p(p_1+p_2)}}\sqrt{Z}$	$X<F_KX_T$	$K_V=\dfrac{Q_N}{5.14p_1Y}\sqrt{\dfrac{T_1\rho_NZ}{X}}$ $K_V=\dfrac{Q_N}{24.6p_1Y}\sqrt{\dfrac{T_1MZ}{X}}$ $K_V=\dfrac{Q_N}{4.57p_1Y}\sqrt{\dfrac{T_1G_0Z}{X}}$
	$p_2\leqslant0.5p_1$	一般气体 $K_V=\dfrac{Q_N}{3.3}\times\dfrac{\sqrt{\rho_N(273+t)}}{p_1}$ 高压气体 $K_V=\dfrac{Q_N}{3.3}\times\dfrac{\sqrt{\rho_N(273+t)}}{p_1}\sqrt{Z}$	$X\geqslant F_KX_T$	$K_V=\dfrac{Q_N}{2.9p_1}\sqrt{\dfrac{T_1\rho_NZ}{kX_T}}$ $K_V=\dfrac{Q_N}{13.9p_1}\sqrt{\dfrac{T_1MZ}{kX_T}}$ $K_V=\dfrac{Q_N}{2.58p_1}\sqrt{\dfrac{T_1G_0Z}{kX_T}}$
蒸气	$p_2>0.5p_1$	$K_V=\dfrac{W_s}{0.00827K'}\sqrt{\dfrac{1}{\Delta p(p_1+p_2)}}$	$X<F_KX_T$	$K_V=\dfrac{W_s}{3.16Y}\sqrt{\dfrac{1}{Xp_1\rho_s}}$ $K_V=\dfrac{W_s}{1.1p_1Y}\sqrt{\dfrac{T_1Z}{XM}}$
	$p_2\leqslant0.5p_1$	$K_V=\dfrac{140W_s}{K'p_1}$	$X\geqslant F_KX_T$	$K_V=\dfrac{W_s}{1.78}\sqrt{\dfrac{1}{kX_Tp_1\rho_s}}$ $K_V=\dfrac{W_s}{0.62p_1}\sqrt{\dfrac{T_1Z}{kX_TM}}$
符号		Q_L—液体体积流量，m^3/h；Δp—阀前后压差，kPa；ρ_L—液体密度，g/cm^3；p_1—阀前绝对压力，kPa；p_V—液体饱和蒸气压力，kPa；F_L—压力恢复系数；F_F—临界压力比系数；φ—黏度修正系数；Q_N—气体标准状态下体积流量，m^3/h；ρ_N—气体标准状态下的密度，kg/m^3；Z—压缩因数；Y—线膨胀系数；X—压差比，$X=\Delta p/p_1$；T_1—阀入口热力学温度，K；G_0—对空气的相对密度；M—气体分子量；k—气体绝热指数；X_T—临界差压比；F_K—比热比系数；W_s—蒸气质量流量，kg/h；ρ_s—蒸气阀前密度，kg/m^3；K'—蒸气修正系数		

3. 阻塞流和压力恢复系数

图 4-19 表示了流体通过控制阀的压力降变化情况。阀前、后压力分别为 p_1、p_2，压差 $\Delta p=p_1-p_2$。按能量守恒定律，在 p_1 处流体流速较小，在阀芯、阀座的节流孔后缩流处流速最大，而压力最低，即压力降最大，为 Δp_{VC}。缩流处后流体流速又减小，至 p_2 处大部分静压得到恢复，此时的压差为 Δp，即压力损失。

如前所述，在阀的压差达到某一临界值，使通过阀的流量达到极限状态时，形成阻塞流。当介质为液体时，在压差大到足以引起液体汽化，即缩流处的压力小于液体入口温度下的饱和蒸气压力，使部分液体蒸发为气体（产生闪蒸）时，会出现极限流量，也就是阻塞流。它产生于阀芯缩流处后，此处的压力 p_{VC} 用 p_{VCr} 表示。p_{VCr} 与介质的物理性质有关，其值为

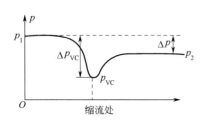

图 4-19　阀内压力恢复特性

$$p_{VCr}=F_Fp_V \qquad (4-13)$$

式中 p_V——液体的饱和蒸气压；

F_F——液体的临界压力比系数。

压力恢复系数 F_L 表示控制阀内流体流经缩流处后动能转换为静压的恢复能力，用公式表示为

$$F_L = \sqrt{\frac{p_1 - p_2}{p_1 - p_{VCr}}} \qquad (4\text{-}14)$$

F_L 的大小与阀的结构和流路特性有关，其值一般为 0.5～0.9。F_L 越小，压力恢复能力越强。各种典型控制阀的 F_L 值见表 4-2，供计算 K_V 时选用。

式（4-14）表示了压力恢复系数与阻塞流状态下的阀前后压差及缩流处压差的关系，将此式变换后可得介质为液体时产生阻塞流的条件式，即

$$\Delta p \geqslant F_L^2 (p_1 - F_F p_V) \qquad (4\text{-}15)$$

当介质为气体（或蒸气）时，同样会产生阻塞流。用压差比 X 表示阀前后压差 Δp 与入口压力 p_1 之比。实践表明，当发生阻塞流时，气体的压差比成为常数 X_T，定义为临界压差比。介质为气体（或蒸气）时阻塞流产生的条件是

$$X \geqslant F_K X_T \qquad (4\text{-}16)$$

式中 F_K——介质的比热比系数，空气的 F_K 为 1。各种典型控制阀的 X_T 值如表 4-2 所示。

表 4-2 压力恢复系数 F_L 和临界压差比 X_T

控制阀形式	阀芯形式	流向	F_L	X_T
直通单座阀	柱塞型	流开	0.90	0.72
	柱塞型	流闭	0.80	0.55
	窗口型	任意流向	0.90	0.75
	套筒型	流开	0.90	0.75
	套筒型	流闭	0.80	0.70
直通双座阀	柱塞型	任意流向	0.85	0.70
	窗口型	任意流向	0.90	0.75
角形阀	柱塞型	流开	0.90	0.72
	柱塞型	流闭	0.80	0.65
	套筒型	流开	0.85	0.65
	套筒型	流闭	0.80	0.60
球阀	O 形球阀（孔径为 0.8d）	任意流向	0.55	0.15
	V 形球阀	任意流向	0.57	0.25
偏心旋转阀	柱塞型	任意流向	0.85	0.61
蝶阀	60°全开	任意流向	0.68	0.38
	90°全开	任意流向	0.55	0.20

4. 控制阀的可调比

控制阀的可调比（亦称可调范围）就是控制阀所能控制的最大流量与最小流量之比，用 R 表示。

$$R = \frac{Q_{max}}{Q_{min}} \qquad (4\text{-}17)$$

要注意 Q_{min} 是控制阀可调流量的下限值，一般为最大流量的 2%～4%。它与泄漏量不同，泄漏量是阀全关时泄漏的量，仅为最大流量的 0.01%～0.1%。控制阀的可调比受阀前后压差变化的影响，因此有理想可调比和实际可调比之分。

（1）理想可调比　控制阀前后压差不变时的可调比称为理想可调比。

$$R = \frac{Q_{max}}{Q_{min}} = \frac{K_{Vmax}\sqrt{\Delta p / \rho}}{K_{Vmin}\sqrt{\Delta p / \rho}} = \frac{K_{Vmax}}{K_{Vmin}} \tag{4-18}$$

理想可调比等于最大流量系数与最小流量系数之比，它反映了控制阀调节能力的大小。用户希望可调比大些，但由于阀芯结构设计和加工的限制，K_{Vmin} 不能太小，因此理想可调比一般小于 50。目前统一设计时取 $R = 30$。

（2）实际可调比　考虑控制阀前后压差变化因素时的可调比称为实际可调比。

① 串联管道时的可调比　以图 4-20 为例讨论。随着流量 Q 的增加，管道的阻力损失也增加，则通过控制阀的最大流量减小，控制阀的实际可调比降低。此时实际可调比为

$$R_r = \frac{Q_{max}}{Q_{min}} = R\sqrt{\frac{\Delta p_{min}}{\Delta p_{max}}} \tag{4-19}$$

式中　Δp_{min}，Δp_{max}——控制阀全开、最小流量时的阀前后压差，$\Delta p_{max} \approx \Delta p$。

令 s 为控制阀全开时的阀前后压差与系统总压差之比，即

$$s = \frac{\Delta p_{min}}{\Delta p} \tag{4-20}$$

则

$$R_r = R\sqrt{s} \tag{4-21}$$

由上式可知，当 s 值越小，即串联管道的阻力损失越大时，实际可调比就越小。其变化情况如图 4-20 所示。

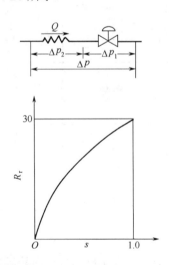

图 4-20　串联管道可调比特性

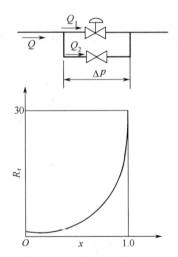

图 4-21　并联管道可调比特性

② 并联管道时的可调比　并联管道相当于控制阀的旁路阀打开一定的开度，如图 4-21 所示。

$$R_r = \frac{Q_{max}}{Q_{1min} + Q_2} \tag{4-22}$$

式中，Q_{max} 为总管最大流量；Q_{1min} 为控制阀最小流量；Q_2 为旁路流量。

令 x 为控制阀全开时的流量与总管最大流量之比，即 $x = \dfrac{Q_{1max}}{Q_{max}}$（$0 < x \leqslant 1$），因为 $Q_{1max} = RQ_{1min}$，所以 $Q_{1min} = x\dfrac{Q_{max}}{R}$；又 $Q_2 = Q_{max}(1-x)$；代入式（4-22）得

$$R_r = \frac{Q_{max}}{x\dfrac{Q_{max}}{R} + (1-x)Q_{max}} = \frac{R}{R - (R-1)x} \tag{4-23}$$

通常 $R \gg 1$，则

$$R_r \approx \frac{1}{1-x} \approx \frac{Q_{max}}{Q_2} \tag{4-24}$$

当 x 越小，即 Q_2 越大时，实际可调比越小，并且实际可调比近似为总管的最大流量与旁路流量的比值。并联管道可调比特性 $[R_r = f(x)]$ 如图 4-21 所示。

5. 控制阀的流量特性

控制阀的流量特性是指介质流过控制阀的相对流量与相对位移（即控制阀的相对开度）之间的关系，即

$$\frac{Q}{Q_{max}} = f\left(\frac{l}{L}\right) \tag{4-25}$$

式中，$\dfrac{Q}{Q_{max}}$ 为相对流量，是控制阀在某一开度流量 Q 与全开度流量 Q_{max} 之比；$\dfrac{l}{L}$ 为相对位移，是控制阀某一开度阀芯位移 l 与全开度阀芯位移 L 之比。

控制阀开度变化的同时，阀前后的压差也会发生变化，而压差的变化又将引起流量的变化。为了便于分析，称阀前后压差不随阀的开度而变化的流量特性为理想流量特性；称阀前后压差随阀的开度而变化的流量特性为工作流量特性。

（1）理想流量特性　理想流量特性又称固有流量特性，主要有直线、等百分比（对数）、抛物线及快开四种，如图 4-22（a）所示。相应的柱塞型阀芯形状如图 4-22（b）所示。前三种流量特性的通用数学表达式为

$$\frac{d(Q/Q_{max})}{d(l/L)} = K\left(\frac{Q}{Q_{max}}\right)^n \tag{4-26}$$

式中　K——控制阀的放大系数。

① 直线流量特性　式（4-26）中 $n = 0$ 时的流量特性称为直线流量特性，即控制阀的相对流量与相对位移呈直线关系。其数学表达式为

$$\frac{d(Q/Q_{max})}{d(l/L)} = K \tag{4-27}$$

将上式积分得

$$\frac{Q}{Q_{max}} = K \frac{l}{L} + c \qquad (4-28)$$

式中　c——积分常数。

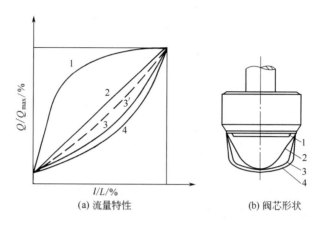

(a) 流量特性　　　　　　(b) 阀芯形状

图 4-22　理想流量特性

1—快开；2—直线；3—抛物线；3'—修正抛物线；4—等百分比

已知边界条件：$l = 0$ 时，$Q = Q_{min}$；$l = L$ 时，$Q = Q_{max}$。把边界条件代入式（4-28），求得各常数项为

$$c = \frac{Q_{min}}{Q_{max}} = \frac{1}{R}, \quad K = 1 - c = 1 - \frac{1}{R}$$

因此可得

$$\frac{Q}{Q_{max}} = \frac{1}{R} + \left(1 - \frac{1}{R}\right)\frac{l}{L} \qquad (4-29)$$

式中　R——控制阀的理想可调比。

上式表明，Q/Q_{max} 与 l/L 之间呈直线关系，故称直线流量特性。其流量特性和阀芯形状如图 4-22 中曲线 2 所示。直线流量特性控制阀的放大倍数虽是常数，但其流量相对变化值是不同的。小开度时，流量相对变化值大，而在大开度时，流量相对变化值小。因此，直线特性控制阀在小开度时，灵敏度高，调节作用强，易产生振荡；在大开度时，灵敏度低，调节作用弱，调节缓慢。

② 等百分比流量特性（对数流量特性）　式（4-26）中 $n = 1$ 时的控制阀流量特性称为等百分比流量特性，即控制阀的单位相对位移变化所引起的相对流量变化与此点的相对流量呈正比关系。其数学表达式为

$$\frac{d(Q/Q_{max})}{d(l/L)} = K' \frac{Q}{Q_{max}} \qquad (4-30)$$

将上式积分得

$$\ln \frac{Q}{Q_{max}} = K \frac{l}{L} + c$$

将前述的边界条件代入，求得常数项为

$$c = \ln \frac{Q_{min}}{Q_{max}} = \ln \frac{1}{R} = -\ln R$$

$$K = \ln R$$

最后得

$$\frac{Q}{Q_{max}} = e^{\left(\frac{l}{L}-1\right)\ln R} \qquad (4-31)$$

或

$$\frac{Q}{Q_{max}} = R^{\frac{l}{L}-1} \qquad (4-32)$$

由式（4-32）可见，相对位移与相对流量呈对数关系，故也称为对数流量特性，在半对数坐标上为一条直线，而在笛卡儿坐标中为一条对数曲线，如图4-22（a）中曲线4所示，其阀芯形状见图4-22（b）曲线4。等百分比流量特性曲线的斜率随着流量增大而增大，即它的放大系数随流量增大而增大。但流量相对变化值是相等的，即流量变化的百分比是相等的。因此，具有等百分比流量特性的控制阀，在小开度时，放大系数小，调节缓和、平稳；在大开度时，放大系数大，调节灵敏、有效。

③ 抛物线流量特性 当式（4-26）中 $n = \frac{1}{2}$ 时的流量特性称为抛物线流量特性，其单位相对位移的变化所引起的相对流量变化与此点的相对流量值的平方根呈正比关系，数学表达式为

$$\frac{d(Q/Q_{max})}{d(l/L)} = K \left(\frac{Q}{Q_{max}}\right)^{\frac{1}{2}} \qquad (4-33)$$

积分后代入边界条件再整理得

$$\frac{Q}{Q_{max}} = \frac{1}{R} \left[1 + (\sqrt{R} - 1)\frac{l}{L}\right]^2 \qquad (4-34)$$

上式表明相对流量与相对位移之间为抛物线关系，在笛卡儿坐标中为一条抛物线，如图4-22（a）中曲线3所示，它介于直线和对数流量特性曲线之间。阀芯形状为图4-22（b）中曲线3。

为了弥补直线流量特性在小开度时调节性能差的缺点，在抛物线流量特性基础上派生出一种修正抛物线流量特性，如图4-22（a）中虚线3′所示。它在相对位移30%及相对流量20%以下为抛物线关系，而在此以上的范围内是线性关系。

④ 快开流量特性 这种流量特性在开度较小时就有较大的流量，随着开度的增大，流量很快就达到最大，此后再增大开度，流量变化很小，故称为快开流量特性。快开流量特性的阀芯形状是平板形的。它的有效位移一般为阀座直径的 $\frac{1}{4}$，当位移再增大时，阀的流通截面

积就不再增大，失去了调节作用。快开流量特性控制阀适用于迅速启闭的切断阀或双位控制系统。其流量特性和阀芯形状如图 4-22 中曲线 1 所示。

各种阀门都有自己特定的流量特性，隔膜阀的特性接近快开流量特性，但它的工作段应在位移的 60%以下。蝶阀特性接近等百分比流量特性。对于隔膜阀和蝶阀，由于其结构特点，不可能用改变阀芯的曲面形状来改变其特性。因此，要改善其流量特性，只能通过改变定位器反馈凸轮的外形来实现（这是对使用了定位器的控制阀而言）。

（2）工作流量特性　在实际使用中，控制阀总是与工艺设备、管道等串联或并联使用，因此阀前后压差会因阻力损失而变化，致使流量特性发生变化。下面分两种情况进行讨论。

① 串联管道时的工作流量特性　以图 4-20 所示串联管道系统为例。系统的总压差 Δp 等于管路系统（控制阀除外的全部设备和管道）的压差 Δp_2 与控制阀的压差 Δp_1 之和，即

$$\Delta p = \Delta p_1 + \Delta p_2 \tag{4-35}$$

当 Δp_1 恒定时，则

$$\frac{Q}{Q_{max}} = \frac{K_V}{K_{Vmax}} \tag{4-36}$$

式中，Q_{max}，K_{Vmax} 分别为流过控制阀的最大流量和阀全开时的流量系数。

由于 $K_V = K_{Vmax} \dfrac{Q}{Q_{max}} = K_{Vmax} f\left(\dfrac{l}{L}\right)$，则

$$Q = K_{Vmax} f\left(\frac{l}{L}\right) \sqrt{\frac{\Delta p_1}{\rho}} \tag{4-37}$$

当流量 Q 用管路系统的流量系数 α 和压力损失 Δp_2 来表示时，则

$$Q = \alpha \sqrt{\frac{\Delta p_2}{\rho}} \tag{4-38}$$

根据式（4-35）、式（4-37）和式（4-38），求得

$$\Delta p_1 = \frac{\Delta p}{\left(\dfrac{1}{M} - 1\right) f^2\left(\dfrac{l}{L}\right) + 1} \tag{4-39}$$

其中

$$M = \frac{\alpha^2}{\alpha^2 + K_{Vmax}^2}$$

当阀全开时，$f\left(\dfrac{l}{L}\right) = 1$，则

$$\Delta p_{1min} = M\Delta p$$

即

$$M = \frac{\Delta p_{1min}}{\Delta p} = s$$

式（4-39）可改写成

$$\Delta p_1 = \frac{\Delta p}{\left(\dfrac{1}{s} - 1\right) f^2\left(\dfrac{l}{L}\right) + 1} \tag{4-40}$$

上式表示了控制阀压差变化的规律，利用它可导出相对流量和相对位移的关系式，即导出控制阀的工作流量特性。

以 Q_{max} 表示管道阻力等于零时的阀全开流量，以 Q_{100} 表示存在管道阻力时阀的全开流量，则可得

$$\frac{Q}{Q_{max}} = f\left(\frac{l}{L}\right)\sqrt{\frac{1}{(s^{-1}-1)f^2\left(\frac{l}{L}\right)+1}} \tag{4-41}$$

$$\frac{Q}{Q_{100}} = f\left(\frac{l}{L}\right)\sqrt{\frac{1}{(1-s)f^2\left(\frac{l}{L}\right)+s}} \tag{4-42}$$

式（4-41）和式（4-42）分别表示串联管道以 Q_{max} 及 Q_{100} 为参比值时的工作流量特性。此时，对于理想流量特性为直线及等百分比流量特性的控制阀，在不同的 s 值下，工作流量特性畸变情况如图 4-23 和图 4-24 所示。

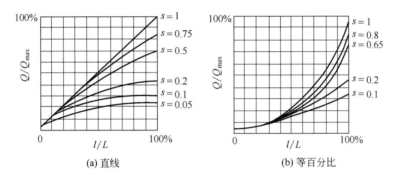

图 4-23　串联管道时控制阀的工作流量特性（以 Q_{max} 为参比值）

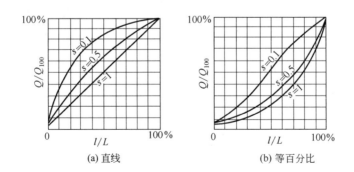

图 4-24　串联管道时控制阀的工作流量特性（以 Q_{100} 为参比值）

从图 4-23 和图 4-24 看出，在 $s=1$ 时，管道阻力损失为零，系统的总压差全部降落在阀上，实际工作流量特性和理想流量特性是一致的。随着 s 的减小，管道阻力损失增加，不仅阀全开时的流量减小，而且理想流量特性曲线也发生很大的畸变：直线流量特性趋近于快开流量特性，等百分比流量特性趋近于直线流量特性，使得小开度时放大系数增大，调节不稳定，

大开度时放大系数减小，调节迟钝，影响控制质量。

综上所述，串联管道将使控制阀的可调比减小，流量特性发生畸变，并且 s 值越小，影响越大。因此，在实际使用中，s 值不能太小，通常希望 s 值不低于 0.3。

② 并联管道时的工作流量特性　以图 4-21 所示的并联管道进行讨论。管路的总流量 Q 是控制阀流量 Q_1 和旁路通道流量 Q_2 之和，即

$$Q = Q_1 + Q_2 = K_{Vmax} f\left(\frac{l}{L}\right)\sqrt{\frac{\Delta p}{\rho}} + K_{Vb}\sqrt{\frac{\Delta p}{\rho}} \tag{4-43}$$

式中　K_{Vb}——旁路通道的流量系数。

当阀全开时，$f\left(\dfrac{l}{L}\right) = 1$，此时通过控制阀的流量和总管的流量均为最大，则

$$Q_{max} = (K_{Vmax} + K_{Vb})\sqrt{\frac{\Delta p}{\rho}} \tag{4-44}$$

由前两式可得

$$\frac{Q}{Q_{max}} = \frac{K_{Vmax} f\left(\dfrac{l}{L}\right) + K_{Vb}}{K_{Vmax} + K_{Vb}} \tag{4-45}$$

因为

$$x = \frac{Q_{1max}}{Q_{max}} = \frac{K_{Vmax}}{K_{Vmax} + K_{Vb}}$$

所以

$$\frac{Q}{Q_{max}} = xf\left(\frac{l}{L}\right) + (1 - x) \tag{4-46}$$

上式表示并联管道的工作流量特性。理想流量特性为直线及等百分比的控制阀，在不同的 x 值时的工作流量特性如图 4-25 所示。

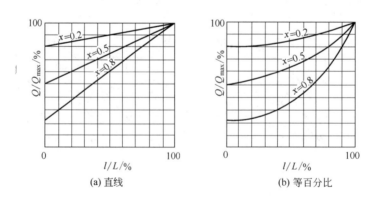

(a) 直线　　　　　　　　　(b) 等百分比

图 4-25　并联管道时控制阀的工作流量特性（以 Q_{max} 为参变量）

由图 4-25 可见，打开旁路虽然阀本身的流量特性变化不大，但可调比大大降低了。同时，系统中总有串联管道阻力的影响，阀上的压差会随流量的增加而减小，使系统的可调比减小得更多，这将使控制阀在整个行程内变化时所能控制的流量变化很小，甚至几乎不起调节作用。一般认为旁路流量只能是总流量的百分之十几，即 x 值不能低于 0.8。

综合串、并联管道的情况，可得如下结论。

① 串、并联管道都会使理想流量特性发生畸变，串联管道的影响尤为严重。

② 串、并联管道都会使控制阀可调比减小，并联管道尤为严重。

③ 串联管道使系统总流量减少，并联管道使系统总流量增加。

④ 串联管道控制阀开度小时放大系数增大，开度大时则减小。并联管道控制阀的放大系数在任何开度下总比原来的要小。

（三）空化作用及避免方法

控制阀内流动的液体常常会出现闪蒸和空化现象。这不但影响控制阀口径的选择计算，而且会引起噪声、振动以致阀材料损坏，从而缩短控制阀的寿命。

1. 闪蒸和空化

闪蒸是液体通过阀节流后，在缩流处的静压降低到等于或低于该液体入口温度下的饱和蒸气压时，部分液体汽化形成气液两相共存的现象。闪蒸的发生不仅与控制阀有关，还与下游过程和管道等因素有关。

闪蒸发生后，随着液体的流动，其静压又要上升。当静压回升到该液体所在工况的饱和蒸气压以上时，闪蒸形成的气泡会破裂，重新转化为液体，这种气泡形成和破裂的过程称为空化。这就是说，空化作用有两个阶段：第一阶段是液体内部形成空隙或气泡，即闪蒸阶段；第二阶段是气泡的破裂，即空化阶段。

2. 空化的破坏作用

（1）材质的损坏　由于气泡破裂时产生较大的冲击力（每平方厘米可达几千牛顿），因此会严重地冲击损伤阀芯、阀座和阀体，造成汽蚀作用。汽蚀对阀芯和阀座的破坏很严重，在高压差等恶劣条件下，极硬的阀芯和阀座也只能使用很短的时间。阀芯和阀座的损坏往往产生在表面，特别是产生在密封面处。

（2）振动　空化作用还带来阀芯的垂直振动和水平振动，从而造成控制阀的机械磨损和损坏。

（3）噪声　空化作用使控制阀产生各种噪声，严重时产生呼啸声和尖叫声，其强度可达110dB，从而对工作人员的健康产生不良的影响。

3. 避免空化和汽蚀的方法

避免空化和汽蚀的方法，主要从压差的选择、材料、结构上考虑。而最根本的方法是使控制阀前后压差不大于最大允许压差。不产生空化的最大压差 Δp_c 用下式计算，即

$$\Delta p_c = K_c(p_1 - p_2)$$

式中，p_1 为阀入口压力，kPa；p_2 为阀入口温度下的饱和蒸气压，kPa；K_c 为汽蚀系数，其值与介质种类、阀芯形状、阀体结构和流向有关，一般 K_c 等于 $0.25 \sim 0.65$。

为使控制阀不在空化条件下工作，必须使阀前后压差 $\Delta p < \Delta p_c$。如果因工艺条件限制而使 $\Delta p > \Delta p_c$，则可采用多级阀芯的高压控制阀或用两个以上的控制阀串联；也可采用节流阀和控制阀串联，使得阀上的压差小于 Δp_c；还可采用抗空化（汽蚀）的特种控制阀。

五、执行器的选择

执行器是自动控制系统的终端控制元件之一，其选型的正确与否对系统的工作好坏关系很大。执行器选择中一般应考虑以下几方面：

① 根据工艺条件，选择合适的执行器结构形式和材质；

② 根据工艺对象的特点，选择合适的流量特性；

③ 根据工艺变量，计算出流量系数，选择合理的控制阀口径；

④ 根据工艺过程要求，选择合适的辅助装置。

本节着重分析前面三个主要问题。

（一）执行器结构形式的选择

1. 执行机构的选择

主要是对气动执行机构和电动执行机构的选择，根据能源、介质的工艺要求、安全性、控制系统的精度、经济效益及现场情况等多种因素，综合考虑选用哪一种执行机构。再根据执行机构的输出力必须大于控制阀的不平衡力（阀芯受到流体静压和动压所产生的作用力）来确定执行机构的规格品种。

对于气动执行机构，气动薄膜式执行机构的输出力通常能满足控制阀的要求，故大多选用它。但当所选用的控制阀口径较大或压差较高时，要求执行机构有较大的输出力，此时可考虑选用气动活塞式执行机构，当然也可用气动薄膜式执行机构再配上阀门定位器。

在选用气动执行器时，还必须考虑气动执行器的作用方式是气开式还是气关式。有压力信号时阀关、无压力信号时阀开为气关式执行器，反之为气开式。气开、气关的选择主要从工艺生产安全的要求出发。考虑的原则是：信号压力中断时，应保证设备和工作人员的安全。如控制阀处于打开位置时危害性小，则选择气关式；反之，选择气开式。例如加热炉的燃气或燃油应采用气开式执行器，即当信号中断时切断进炉燃料，以免炉温过高而造成事故。若介质为易爆气体，则选用气开式执行器，以防爆炸；若介质为易结晶物料，则选用气关式执行器，以防堵塞。

由于执行机构有正、反两种作用方式，调节机构也有正装和反装两种方式，因此实现气动执行器的气开、气关时有四种组合方式，如图 4-26 所示。

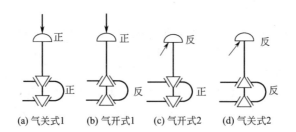

(a) 气关式1　　(b) 气开式1　　(c) 气开式2　　(d) 气关式2

图 4-26　执行器气开、气关的组合方式

对于双座阀和公称直径 25mm 以上的单座阀，推荐用图 4-26（a）、（b）两种形式，即执行机构为正作用，通过控制阀的正装和反装来实现气关和气开。对于单导向阀芯的高压阀、角形阀、公称直径 25mm 以下的直通单座阀以及隔膜阀、三通阀等，由于控制阀只能正装，因此只有通过变换执行机构的正、反作用来实现气开或气关，即采用图 4-26（a）、（c）的组合形式。

2. 调节机构的选择

生产过程中，被控介质的特性千差万别，有高压的、高黏度的、强腐蚀的；流体的流动状态也各不相同，有的流量小，有的流量大；有的是分流，有的是合流。因此，必须根据流体性质、工艺条件和过程控制要求，并参照各种控制阀结构的特点进行综合考虑，同时兼顾经济性来最终确定合适的结构形式。

（二）控制阀流量特性的选择

控制阀流量特性多采用经验准则或根据控制系统的特点进行选择，可从以下几方面考虑。

1. 从控制系统的控制品质考虑

应使一个控制系统，在负荷变动的情况下，仍能保持预定的品质指标，即它总的放大系数应在控制系统整个操作范围内保持不变。但在实际生产过程中被控对象的放大系数却总是随着操作条件和负荷的变化而变化，所以对象特性往往是非线性的。因此，适当地选择控制阀的特性，以阀的放大倍数变化来补偿被控对象放大倍数的变化，使控制系统的总放大系数保持不变或近似不变。例如，对于放大系数随负荷的加大而变小的被控对象，选用放大系数随负荷加大而变大的等百分比流量特性控制阀，便能使两者非线性互相抵消，最终使系统的总放大系数保持不变，近似于线性。

2. 从工艺配管情况考虑

控制阀总是与管道、设备等连在一起使用，由于配管阻力的存在，引起控制阀上压降的变化，因此阀的理想流量特性畸变为工作流量特性。实际应用中先根据系统的特点确定希望得到的工作流量特性，然后考虑工艺配管情况来选择相应的理想流量特性。具体可参照表 4-3 选定。

表 4-3 考虑工艺配管情况的流量特性选择

配管情况	$s = 0.6 \sim 1$			$s = 0.3 \sim 0.6$		
阀的工作流量特性	直线	抛物线	等百分比	直线	抛物线	等百分比
阀的理想流量特性	直线	抛物线	等百分比	等百分比	直线	等百分比

从表 4-3 可以看出，当 $s = 0.6 \sim 1$ 时，所选理想流量特性与工作流量特性一致，当 $s = 0.3 \sim 0.6$ 时，若要求工作流量特性是线性的，那么理想流量特性应选等百分比的。这是因为理想流量特性为等百分比的控制阀，在 $s = 0.3 \sim 0.6$ 时，经畸变的工作流量特性已近于线性。当要求的工作流量特性为等百分比时，那么其理想曲线比它更凹一些，此时可通过修改阀门定位器的反馈凸轮外廓曲线来补偿。当 $s < 0.3$ 时，直线流量特性已严重畸变为快开流量特性，不利于调节；即使是等百分比理想流量特性，工作流量特性也已严重偏离理想流量特性，接近直线流量特性，虽然仍能调节，但调节范围已大大减小，所以一般不希望 s 值小于 0.3。

确定 s 的大小，一般从这两方面考虑：一方面，应保证控制性能，s 值越大，工作流量特性畸变越小，对调节越有利；另一方面，s 越大，控制阀上的压差损失越大，造成不必要的动力消耗。一般设计时取 $s = 0.3 \sim 0.5$。对于高压系统，考虑到节约动力，允许 $s = 0.15$。对于气体介质，因阻力损失小，一般 s 值大于 0.5。

3. 从负荷变化情况考虑

直线阀在小开度时流量相对变化值大，调节过于灵敏，易引起振荡，且阀芯、阀座易受到破坏。因此，不宜在 s 值小、负荷变化大的场合采用。等百分比流量特性阀的放大系数随控制阀行程增加而增大，流量相对变化值是恒定的，因此适合在负荷变化幅度大的场合使用。在工艺变量不能精确确定时，选用等百分比流量特性控制阀具有较强的适应性。

目前，国内外生产的控制阀主要有直线、等百分比、快开三种基本流量特性。快开流量特性一般应用于双位控制和程序控制。因此，流量特性的选择主要指直线流量特性和等百分比流量特性的选择。

（三）控制阀口径的选择

流量系数是选择控制阀口径的主要依据。为了能正确计算流量系数，首先必须合理确定控制阀流量和压差的数值。通常把代入流量系数计算公式的流量和压差称为计算流量和计算压差。在按计算所得的流量系数选择控制阀口径之后，还应对所选阀的开度和可调比进行验算，以保证所选控制阀的口径能满足控制要求。

选择控制阀口径的步骤如下。

① 确定计算流量。根据生产能力、设备负荷及介质状况，确定计算流量 Q_{max} 和 Q_{min}。

② 确定计算压差。根据所选定的流量特性和系统特性选定 s 值，然后确定计算压差。

③ 计算流量系数。根据已确定的计算流量和计算压差，求最大流量时的流量系数 K_{Vmax}。

④ 选择流量系数 K_V。根据已求得的 K_{Vmax}，在所选用的产品型号的标准系列中，选取大于 K_{Vmax} 且与其最接近的那一挡 K_V 值。

⑤ 验算控制阀开度和可调比。

⑥ 确定控制阀口径。验算合格后，根据流量系数值决定控制阀的公称直径和阀座直径。

1. 计算流量的确定

计算流量是指通过控制阀的最大流量。其值应根据工艺设备的生产能力、对象负荷的变化、操作条件的变化以及系统的控制品质等因素综合考虑，合理确定。但有两种倾向应避免：一是过多考虑裕量，使控制阀口径选得过大，这不但造成经济上的浪费，而且使控制阀经常处于小开度工作，从而使可调比减小，调节性能变差，严重时甚至会引起振荡，从而大大降低控制阀寿命；二是只考虑眼前生产，片面强调控制质量，以致当生产力略有提高时，控制阀就不能适应，被迫更换。

计算流量也可以参考泵和压缩机等流体输送机械的输送能力来确定。有时要综合多种方法来确定。

2. 计算压差的确定

计算压差是指控制阀全开（流量最大）时阀前后的压差。确定计算压差时必须兼顾控制性能和动力消耗两方面。阀上的压差占整个系统压差的比值越大，控制阀流量特性的畸变越小，控制性能就越能得到保证。但阀前后压差越大，所消耗的动力越多。

计算压差主要是根据工艺管路、设备等组成的系统压降大小及变化情况来选择，其步骤如下。

① 把靠控制阀前后最近的、压力基本稳定的两个设备作为系统的计算范围。

② 在最大流量条件下，分别计算系统内各项局部阻力（控制阀除外）所引起的压力损失 Δp_F，再求出它们的总和 $\sum \Delta p_F$。

③ 选择 s 值。s 值应为控制阀全开时阀上压差 Δp_v 和系统的压力损失之比，即

$$s = \frac{\Delta p_v}{\Delta p_v + \sum \Delta p_F} \tag{4-47}$$

如前所述，常选 $s = 0.3 \sim 0.5$。但对某些系统，即使 s 值小于 0.3，仍能满足控制性能的要求。

④ 按已求出的 $\sum \Delta p_F$ 及选定的 s 值，利用下式求取控制阀计算压差 Δp_v。

$$\Delta p_v = \frac{s \sum \Delta p_F}{1 - s} \tag{4-48}$$

考虑到系统设备中静压经常波动会影响控制阀压差的变化，会使 s 值进一步减小。如锅炉给水控制系统中，计算压差应增加系统设备静压的 5%～10%，即

$$\Delta p_{\mathrm{v}} = \frac{s \sum \Delta p_{\mathrm{F}}}{1-s} + (0.05 \sim 0.1)p \tag{4-49}$$

在确定计算压差时，还应考虑不产生汽蚀。

3. 验算

计算流量、计算压差确定之后，利用相应的计算公式求得流量系数值，并按厂商提供的各类控制阀标准系列选取控制阀口径。由于在选取 K_{V} 值时进行了圆整，因此对控制阀工作时的开度和可调比必须进行验算。

（1）控制阀开度的验算　一般最大流量下控制阀的开度应在 90% 左右，最小流量下控制阀的开度不小于 10%。开度验算时必须考虑控制阀的理想流量特性和工作条件。下面给出两种常用流量特性控制阀在工作条件下（串联管道）的开度验算公式。

将式（4-42）变换可得

$$f\left(\frac{l}{L}\right) = \sqrt{\frac{s}{s + \left(\dfrac{Q_{100}}{Q}\right)^2 - 1}} \tag{4-50}$$

当通过控制阀的流量 $Q = Q_i$，并取理想可调比为 30 时，由式（4-50）、式（4-29）与式（4-32）可得出如下的开度验算公式。

直线流量特性控制阀

$$k = \left[1.03 \sqrt{\frac{s}{s + (K_{\mathrm{v}}^2 \Delta p_{\mathrm{v}} / Q_i^2 \rho) - 1}} - 0.03 \right] \times 100\% \tag{4-51}$$

等百分比流量特性控制阀

$$k = \left[\frac{1}{1.48} \lg \sqrt{\frac{s}{s + (K_{\mathrm{v}}^2 \Delta p_{\mathrm{v}} / Q_i^2 \rho) - 1} + 1} \right] \times 100\% \tag{4-52}$$

式中，k 为流量 Q_i 时的阀门开度，%；Δp_{v} 为阀门全开时的压差，即计算压差，100kPa；Q_i 为被验算开度处的流量，$\mathrm{m^3/h}$；ρ 为介质密度，$\mathrm{g/cm^3}$（其他符号同前）。

（2）可调比的验算　目前，我国统一设计的控制阀的理想可调比 R 一般为 30，但在使用时受最大开度和最小开度的限制，一般会使可调比下降到 10 左右。在串联管道情况下，实际可调比 $R_{\mathrm{r}} \approx R\sqrt{s}$。因此，按下式进行可调比验算。

$$R_{\mathrm{r}} \approx 10\sqrt{s} \tag{4-53}$$

若 $R_{\mathrm{r}} > \dfrac{Q_{\max}}{Q_{\min}}$，则所选控制阀符合要求；否则，可采取增加系统压力或采用两个控制阀进行分程控制的方法来满足可调比的要求。

验算合格后，便可根据 K_{V} 值确定控制阀的公称直径和阀座直径。各种控制阀的基本参数可查阅相关的产品样本。

第二节　智能阀门定位器

一、概述

智能阀门定位器是数字式执行器的重要组件，既具备传统阀门定位器的基本功能，又具备数字通信和 PID 运算能力，其特点如下。

① 精度较高，可达±0.2%，控制系统稳定性好，死区小。

② 通过串接非线性补偿环节，可改变被控对象的流量特性。

③ 具有自动调零和调量程、智能诊断、报警等功能，安装和调试成本较低，系统维护方便。

④ 可接收模拟、数字混合信号或全数字信号（符合现场总线通信协议）：4～20mA(DC)/HART、FF、Profibus PA 等信号。

⑤ 阀位检测采用霍尔应变式、电感应式等非接触方式，提高了控制回路性能。

⑥ 通过手持通信器或者其他组态工具能对智能阀门定位器进行就地或者远程组态。

智能阀门定位器由输入电路、微处理器、控制面板、压电阀单元、阀位反馈单元等部分组成，如图 4-27 所示。

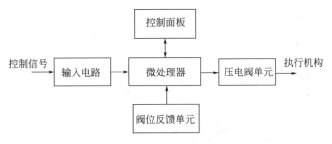

图 4-27　智能阀门定位器结构框图

二、SIPART PS2 智能阀门定位器

Siemens 公司的 SIPART PS2 智能阀门定位器可用于直行程或角行程执行机构的控制。直行程执行机构的行程范围是 3～130mm，反馈杠杆的转角为 16°～90°；角行程执行机构的反馈杠杆的转角为 30°～100°。SIPART PS2 智能阀门定位器可接收叠加了 HART 信号的 4～20mA 直流电流，也可直接接收符合 Profibus PA 或 FF 总线协议的数字信号。该定位器可由用户设定非线性补偿特性，自动进行零点和量程的设定，具备丰富的诊断功能，能够提供执行机构和控制阀的多项重要信息，如行程、报警计数、阀门极限位置、阀门定位时间等。

（一）工作原理

SIPART PS2 智能阀门定位器的结构原理见图 4-28。微处理器对输入信号和位置反馈信号进行比较，若存在偏差，则根据偏差大小和方向，向压电阀单元输出一个控制指令，进而调节进入气动执行机构气室的空气量。偏差很大时，该定位器输出连续信号；偏差稍小时，输出连续脉冲；偏差很小时（自适应或可调死区状态），则不输出控制指令。压电阀单元可释放较窄的控制脉冲，确保该定位器能达到较高的定位精度。

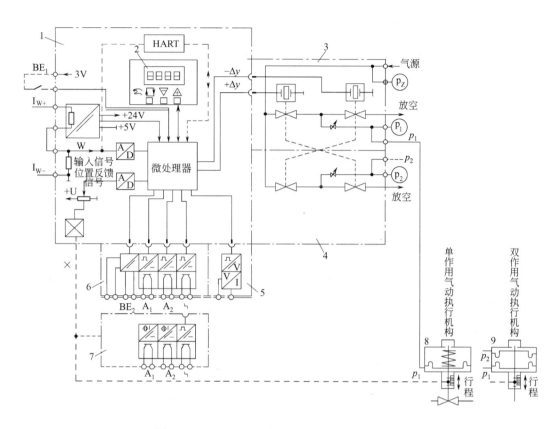

图 4-28　SIPART PS2 智能阀门定位器结构原理图

1—带微处理器和输入电路的电路主板；2—带 LCD 和按键的控制面板；3，4—压电阀单元；

5—二线制 4～20mA 位置反馈信号模块；6—报警模块；7—限位开关报警模块；8，9—气动执行机构

（二）结构和组态

该定位器由电路主板、控制面板、压电阀单元、气动执行机构以及一系列功能模块组成。电路主板上带有相应的符合 HART 协议、Profibus PA 或者 FF 总线协议的数字通信部件。报警模块有 3 个报警输出，其中 2 个作为行程或者转角的限位信号，可单独设置为最大或最小值；1 个作为故障显示，在自动方式时若气动执行机构达不到设定位置或发生故障，该位将输出报警信号；报警模块中还带有 1 个二进制输入接口，可用于控制阀锁定或安全可靠定位。该定位器有单作用定位器和双作用定位器两种，分别用于弹簧加载的执行机构和无弹簧执行机构，所有外壳类型产品（防爆型除外）的行程检测组件和控制器都可以分离安装，以适应特殊的环境，如过高的温度、过强的振动或者具有核辐射等。

可对 SIPART PS2 智能阀门定位器内部固化的参数进行灵活简单的组态，包括输入电流范围（0～20mA 或 4～20mA）、行程限值、零点和满度、响应阈值、动作方向、自动关闭功能、阀门特性、执行机构位置限值、二进制输入功能和报警输出功能等。可直接通过该定位器上的按键或者手持通信器进行组态，也可采用 SIMATIC PDM 软件，通过 HART、

Profibus PA 或者 FF 通信接口，在 PC 或手提电脑上对其进行远程操作、监控和组态。当用 HART 接口与该定位器进行通信时，可通过电脑的 COM 口及 HART 调制解调器用双芯电缆连接。

思考题与习题

4-1　简述电动执行机构的构成原理。伺服电机的转向和位置与输入信号有什么关系？

4-2　伺服放大器由哪些部分组成？它是如何起放大作用的？

4-3　分析减速器中行星齿轮机构的原理，它有什么特点？

4-4　简述位置发送器的工作原理。

4-5　气动执行机构有哪几种？各有什么特点？

4-6　阀门定位器应用在什么场合？简述气动执行机构及电/气阀门定位器的动作过程。

4-7　什么是控制阀的流量系数？如何定义和计算？

4-8　什么是阻塞流？简述阻塞流产生的原因及对计算流量系数的影响。

4-9　什么是控制阀的可调比和流量特性？理想情况下和工作情况下的流量特性有何不同？

4-10　选择气动执行器作用方式（气开或气关）的依据是什么？

4-11　如何选择控制阀的流量特性？

4-12　说明 s 值的物理意义和合理的取值范围。

4-13　如何计算控制阀的口径？

4-14　与传统阀门定位器相比，智能阀门定位器有何特点？简述 SIPART PS2 智能阀门定位器的构成原理。

第五章
可编程控制器

可编程控制器（Programmable Logic Controller，PLC）是一种以微处理器为基础，综合了计算机技术、控制技术和通信技术而发展起来的通用型工业控制装置。按照国际电工委员会（IEC）的定义，该装置专为在工业环境下应用而设计，它将逻辑运算、顺序控制、定时、计数和算术运算等功能以指令方式存储在可编程存储器中，通过数字量或模拟量的输入和输出，控制各种机械设备和生产过程。现代 PLC 具有体积小、功能强、可靠性高、灵活通用、使用方便等优点，已广泛应用于各种工业领域。

本章以典型的三菱电机公司 FX 系列产品和西门子（SIMATIC）公司 S7 系列产品，以及罗克韦尔公司 Micro850 控制器为例介绍可编程控制器的基本构成和使用方法。

第一节　概述

一、可编程控制器的特点

（一）可靠性高、抗干扰能力强

为使控制器能适应恶劣的工业环境，在设计时采取了一系列提高可靠性的措施，除选用优质元器件外，还采用隔离、滤波、屏蔽等抗干扰技术，以及先进的电源技术、故障诊断技术、冗余技术、掉电保护与信息恢复技术、良好的制造工艺，从而使 PLC 的平均无故障时间（MTBF）达到数十万小时。

（二）功能完善、性价比高

PLC 不仅能实现定时、计数、步进等顺序控制功能，完成对各种开关量的控制，而且能实现模/数、数/模转换及数据处理的功能，完成对模拟量的控制。与传统的继电器系统相比，其具有很高的性能价格比（性价比）。同时，现代 PLC 还具有通信联网功能，将多台 PLC 与计算机连接起来，构成集散控制系统，可完成更复杂的控制任务。

（三）通用性强、组合灵活

PLC 产品已系列化、模块化、标准化。PLC 生产厂家均有各种系列化产品和多种模块供用户选择。PLC 的电源和输入、输出信号也有多种规格。使用部门可根据生产规模和控制要求选用合适的产品，方便地组成所需要的控制系统。系统的功能和规模可灵活配置，当控制要求发生改变时，只需修改软件即可。

（四）编程直观、简单

PLC 有多种标准的编程语言可供使用。对电气技术人员而言，由于梯形图语言与电气控制原理图相似，形象直观，因而容易学习和掌握。采用语句表（指令表）语言编程时，由于编程语句是功能的缩写，便于记忆，且与梯形图有一一对应的关系，故编程也较灵活方便。功能块图语言和结构化文本语言具有功能清晰、编程能力强、易于理解和使用等优点，已被广大技术人员所接纳和采用。

（五）体积小、维护方便

PLC 体积小、质量轻，便于安装。它具有完善的自诊断、故障报警功能，便于操作人员检查、判断。维修时，可以通过更换模块插件，迅速排除故障。PLC 结构紧凑，硬件连接方式简单，接线少，便于维护。

经过 40 多年的发展，PLC 已日臻成熟与完善，其产品的销量和用量在所有工业控制装置中占据首位。如今，速度快、功能强、性能价格比高的 PLC 已广泛渗透到工业控制领域的各个层面。随着自动化技术的迅速发展，出现了 PAC（Programmable Automation Controller，可编程自动化控制器），其将 PLC 和基于 PC 控制的技术结合起来，功能更强，性能更优越。与此同时，现代 PLC 技术在加强联网通信、提高运算速度、扩大存储容量、增强信息处理能力、实现编程语言标准化等方面也得到进一步发展，从而使这类可编程控制仪表能更好地满足现代工业自动化的要求。

二、基本构成与工作过程

PLC 的基本构成与可编程调节器类似，其硬件系统由中央处理单元、存储器、输入电路、输出电路、通信接口等功能部件组成，软件系统则由系统程序和用户程序组成。

PLC 的硬件结构形式有两类：功能部件集成在一个壳体内的一体化结构和功能部件相互独立的模块化结构。一体化结构的 PLC 主要是小型 PLC，它们通常用于单机自动化及简单的控制场合。模块化结构的 PLC 在系统配置上较为灵活、方便，易于构成规模较大、复杂程度更高的控制系统。

PLC 的规模往往由输入/输出（I/O）开关量的点数来确定：小型 PLC 的 I/O 点数在 256 点以下；中型 PLC 为 256～2048 点；大型 PLC 在 2048 点以上。

由于顺序控制是 PLC 的主要功能，因此输入端以开关量部件（如按钮、继电触点、限位开关等）为主，输出端多为继电器、电磁阀线圈和指示灯等。

PLC 的工作过程一般可分为三个阶段：输入采样（处理）、程序执行和输出刷新（处理），如图 5-1 所示。

PLC 采用循环扫描的工作方式。在输入采样阶段，PLC 以扫描方式顺序读入所有输入端的通断状态，并将此状态存入输入映像寄存器。在程序执行阶段，PLC 按先左后右、先上后下步序，逐条执行程序指令，从输入映像寄存器和输出映像寄存器读出有关元件的通断状态，根据用户程序进行逻辑、算术运算，再将结果存入输出映像寄存器中。在输出刷新阶段，PLC 将输出映像寄存器的通断状态转存到输出锁存电路，向外输出控制信号，去驱动用户输出设备。

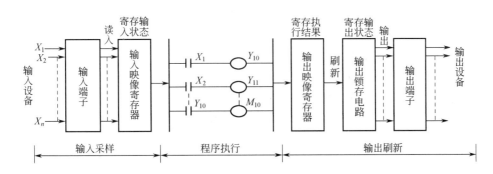

图 5-1 PLC 工作过程

上面三个阶段的工作过程称为一个扫描周期，然后 PLC 又重新执行上述过程，周而复始地进行。扫描周期一般为几毫秒至几十毫秒。

由 PLC 的工作过程可见，PLC 执行程序时所用到的状态值不是直接从输入端获得的，而是来源于输入映像寄存器和输出映像寄存器。因此 PLC 在程序执行阶段，即使输入发生了变化，输入映像寄存器的内容也不会改变，要等到下一周期的输入采样阶段才能改变。同理，暂存在输出映像寄存器中的内容，等到一个循环周期结束，才输送给输出锁存电路。所以，全部输入、输出状态的改变需要一个扫描周期。

与 PLC 的工作方式不同，传统的继电器控制系统是按"并行"方式工作的，或者说是同时执行的，只要形成电流通路，可能有几个电器同时动作。而 PLC 是以扫描方式循环、连续、顺序地逐条执行程序，任何时刻，它只能执行一条指令，即 PLC 是以"串行"方式工作的。PLC 的这种串行工作方式可避免继电器控制系统中触点竞争和时序失配的问题。

三、编程语言

PLC 问世以来，通常使用梯形图、指令表等编程语言进行程序设计。这些由各家厂商提供的专用编程语言，虽然也遵从工程技术人员的专业习惯，满足一般控制系统的编程要求，但由于存在不同型号 PLC 编程规则和图形符号不一致、程序可复用性差、不支持数据结构等缺点，阻碍了 PLC 技术的进一步发展和推广应用。为了弥补传统编程语言的不足，在继承其合理和有效部分的基础上，国际电工委员会组织制定了可编程控制器编程语言的国际标准 IEC 61131-3，并于 2000 年颁布了标准的第二版。IEC 61131-3 是现代软件的概念和现代软件工程的机制与传统 PLC 编程语言的成功结合。标准试行以来，获得了广泛的认可，它的影响已超越可编程控制器的界限，逐渐成为集散控制、基于 PLC 的控制和运动控制等编程系统事实上的标准。

IEC 61131-3 定义了两大类编程语言：文本化编程语言和图形化编程语言。前者包括指令表（Instruction List，IL）语言和结构化文本（Structured Text,ST）语言；后者包括梯形图（Ladder Diagram，LD）语言和功能块图（Function Block Diagram，FBD）语言。标准中的顺序功能图（Sequence Function Chart，SFC）语言，作为公用元素予以定义，这表示 SFC 既可用于文本化编程语言，也可用于图形化编程语言。

标准所定义的几种编程语言均可用来编制用户的应用程序，使用者应根据工程项目的要求和对编程语言的熟悉程度来选用。下面对上述几种编程语言做简要叙述。

（一）梯形图语言

梯形图语言是 PLC 最常用的编程语言之一。它与电气控制原理图类似，沿用了继电器控制逻辑中使用的框架结构、逻辑运算方式和输入、输出形式，使得程序直观易读，对于电气技术人员来说更易理解和掌握。梯形图采用的图形元素有电源轨线（母线）、连接元素（连线）、触点、线圈、函数（功能，Function）和功能块（Function Block）等，其处理的信号主要是布尔量（"1"或"0"）。梯形图按从左到右、自上而下的顺序排列。这种语言的表示方式如图 5-2 所示。

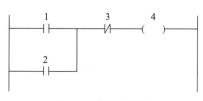

图 5-2 梯形图语言

图 5-2 中 1、2 为常开触点，两者并联（逻辑或）；3 为常闭触点，与前者串联（逻辑与）；4 为线圈（也可用圆或椭圆表示）。其逻辑关系是：当 1 或 2 闭合，并且 3 也闭合时，线圈得电。

（二）指令表语言

这是一种类似于汇编语言的助记符编程语言，其特点是面向机器、简单易学、编程灵活方便。它由一系列指令组成，每条指令均占一行，并执行一条命令。对于上例所示控制逻辑，可用位存取、逻辑或、逻辑与非和输出指令编写出相应的 IL 程序。指令表语言与梯形图语言有一一对应的关系，可相互转换，便于对程序简化。

与传统的 IL 相比较，目前的 IL 通过函数（功能）和功能块的调用可方便地实现原来用多条指令完成的操作。

（三）功能块图语言

功能块图语言源于信号处理领域，它将各种功能块连接起来，实现所需的功能，图形元素有函数（功能）、功能块和连接元素。功能块图语言的特点是直观性强，易于掌握，有较好的操作性，在对复杂控制系统编程时，程序结构清晰。图 5-3 所示就是用这种语言对上例控制逻辑的编程。

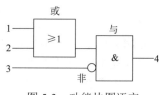

图 5-3 功能块图语言

（四）结构化文本语言

这种语言类似于计算机高级编程语言 PASCAL，它用高度压缩的方式提供大量抽象语句，来描述复杂控制系统的功能。其特点是程序紧凑、结构清晰，具有很强的编程能力，可方便地对变量赋值，调用函数（功能）和功能块，创建表达式，编写条件语句和迭代程序等。该语言主要用于需要复杂运算和控制的系统。

（五）顺序功能图语言

如上所述，顺序功能图是作为编程语言的公用元素定义的，它采用文字叙述和图形符号相结合的方法描述顺序控制的过程、功能和特性。顺序功能图的基本图形元素是步、转移和有向连线，如图 5-4 所示。当步 S1 处于活动状态时，动作被执行；而当转移条件为真（$B = 1$）时，由步 S1 转到步 S2。

该语言以功能为主线，操作过程条理清晰，有利于设计人员同其他专业人员对设计意图进行沟通和交流。用于复杂顺控系统时，可节省编程与调试时间。

几年来的实际使用情况表明,标准编程语言已经在 PLC 以及其他工业控制装置的编程系统中获得了广泛的应用。对标准在使用过程中出现的缺陷与不足,国际电工委员会也不断进行修改和调整,使标准更趋完善,并适时地推出新的修订版本。同时,为使标准编程语言适应集散控制系统体系结构的编程要求,作为 IEC 61131-3 的补充和扩展,国际电工委员会组织制定了 IEC 61499 国际标准,它为实现应用程序的分散化提供了强有力的技术支持。

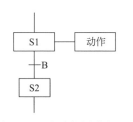

图 5-4　顺序功能图编程语言

第二节　FX 系列可编程控制器

FX 系列可编程控制器包括 FX_{1S}、FX_{1N}、FX_{1NC}、FX_{2N}、FX_{2NC}、FX_{3U} 等多种产品。这些 PLC 的规格各不相同,但它们的基本功能类似。FX 系列 PLC 的主要功能指标如下:I/O 点数为 10～256;基本指令 27 条,步进指令 2 条,功能指令 85～128 条;执行基本指令的时间 0.08～0.7μs;程序容量为 2000～16000 步;中断源 6～15。本节主要介绍 FX_{2N} 可编程控制器。

一、组成

（一）FX_{2N} 系统组成

FX_{2N} PLC 由基本单元、扩展单元、扩展模块、特殊功能模块及编程设备等组成。基本单元包括 CPU、存储器、接口电路和稳压电源,是 PLC 的主要部分。扩展单元是用于增加 I/O 点数的装置,内部设有电源。扩展模块用于增加 I/O 点数和改变 I/O 点数的比例,内部无电源,由基本单元或扩展单元供电。扩展单元和扩展模块内因无 CPU,故需与基本单元一起使用。特殊功能模块是一些有特殊用途的装置,例如模拟量输入/输出模块、高速计数模块、通信适配器等。编程设备包括手持式编程器、图形编程器和通用编程软件包,用于用户程序的写入、读出、检验、修改和监视运行。

（二）输入、输出电路

这里仅讨论开关量的输入、输出电路。

1. 输入电路

FX 系列 PLC 的输入电路以直流输入为主,其输入器件可为无源触点也可为传感器的 NPN 型集电极开路晶体管,24V+端可作为传感器的电源,如图 5-5 所示。当 X 端与 COM 端接通时,输入信号灯亮,表示有输入信号。

输入电路的一次与二次电路间用光电耦合器隔离,在电路中设有 RC 滤波器,以消除输入触点的抖动和由输入线引入的外部噪声干扰。

2. 输出电路

PLC 的输出电路有三种形式:第一种是继电器输出型,CPU 接通或断开继电器的线圈,使其触点闭合或断开;第二种是晶体管输出型,通过光电耦合使开关晶体管截止或饱和导通,以控制外电路;第三种是双向晶闸管输出型,采用的是光触发型双向晶闸管。图 5-6 所示为继电器输出型的输出电路。

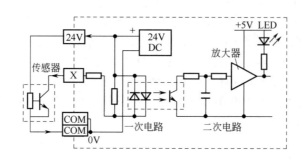

图 5-5 输入电路

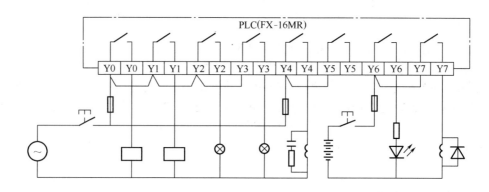

图 5-6 继电器输出型的输出电路

输出端的接线方式有两种：一种是分隔式，其输出端是各自独立的，输出端子上有成对相同的编号，如 Y0、Y0，Y1、Y1，…，相同编号的输出端接一个负载（图 5-6）；另一种是分组式，每组为 4 个点或 8 个点，共有一个公共端，各组输出公共端之间是相互隔离的，同一个公共端的输出，必须用同一电压类型和等级的负载。

（三）编程元件

PLC 可看作由等效的继电器、定时器、计数器等元件组成的装置。为了编程的需要，应对这些软元件进行编号，以便识别。

1. 输入、输出继电器（X，Y）

输入继电器（X0~X267）用来接收外部传感器或开关发送给 PLC 的信号。它与 PLC 的输入端相连，如图 5-7 左部所示。其线圈、常开（闭）触点与通常的继电器表示方法一样，使用次数不限。输入继电器线圈必须由外部信号来驱动，不能由程序驱动。

输出继电器（Y0~Y267）的功能是传送信号到 PLC 外部负载。输出继电器的外部输出触点连接到 PLC 的输出端子上，如图 5-7 右部所示。每一个输出继电器有一个外部输出的常开触点，而内部的常开、常闭触点使用次数不限。

输入、输出继电器采用八进制编号，均从 0 至 267。

2. 辅助继电器（M）

PLC 中备有许多辅助继电器，如同传统继电器控制系统中的中间继电器。辅助继电器的线圈由 PLC 内各元件的触点驱动，其常开（闭）触点使用次数不限，但这些触点不能直接驱动外部负载。

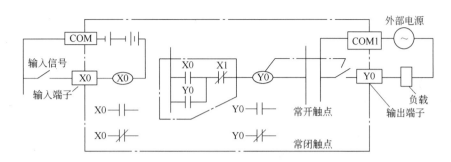

图 5-7　输入、输出继电器示意图

辅助继电器可分为通用型、继电保持型（能保持断电瞬间状态）和特殊型（具有运行、监视、定时扫描等特定的功能）。它们均按十进制编号（除了输入、输出继电器外，其他所有元件均按十进制编号）。这三类辅助继电器的编号分别为 M0～M499，M500～M1023，M8000～M8255。

3. 状态元件（S）

状态元件是构成顺序功能图的重要元件。它与步进指令配合使用，编程十分方便。

状态元件有五种类型：初始状态型（S0～S9）、回零型（S10～S19）、通用型（S20～S499）、保持型（S500～S899）和特殊型（S900～S999）。前四种状态元件的常开、常闭触点使用次数不限。最后一种状态元件（S900～S999）可用作故障诊断，通常称为报警器。

4. 指针（P/I）

指针有分支指令用指针和中断用指针两类。分支指令用指针（P0～P127）作为标号，用来指定 CJ（条件跳转）、CALL（子程序调用）等分支指令的跳转目标。中断用指针有三种：输入中断（I00～I50）、定时器中断（I6～I8）和计数器中断（I010～I060）。

5. 常数（K/H）

常数也看作元件，它在存储器中占有一定的空间。十进制常数用 K 表示，如 38，表示为 K38；十六进制常数用 H 表示，如 38，表示为 H26。

6. 定时器（T）

定时器的作用是实现 PLC 定时控制。定时时间由时钟脉冲累积计时确定。时钟脉冲有 1ms、10ms、100ms，当所计时间达到设定值时，其输出触点动作。定时时间由常数 K 设定，也可由数据寄存器（D）的内容作为设定值。

非积算定时器（T0～T245）设定值有 0.1～3276.7s（T0～T199）和 0.01～327.67s（T200～T245）两种。在图 5-8（a）中，定时器线圈 T200 的驱动输入 X0 接通时，T200 的当前值计数器对 10ms 的时钟脉冲进行计数，当该值与设定值 K123 相等时，定时器的输出触点就接通，即输出触点是在定时器线圈驱动 1.23s 时动作。输入 X0 断开或发生断电时，计数器复位，输出触点也复位。

积算定时器（T246～T255）设定值有 0.001～32.767s（T246～T249）和 0.1～3276.7s（T250～T255）两种。在图 5-8（b）中，定时器线圈 T250 的驱动输入 X1 接通时，T250 的当前值计数器开始对 100ms 的时钟脉冲进行计数，当该值与设定值 K345 相等时，定时器的输出触点接通。计数中途即使输入 X1 断开或者断电，当前值仍可保持。输入 X1 再接通或复电时，计数继续进行，其累计时间为 34.5s 时，触点动作。复位输入 X2 接通时，计数器复位，输出触点也复位。

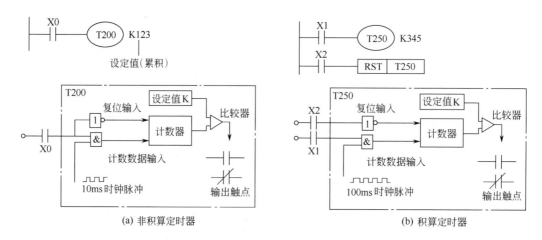

图 5-8　定时器工作示意图

7. 计数器（C）

计数和定时一样，也是 PLC 顺序控制所必需的功能。计数器包括内部信号计数器和高速计数器。

（1）内部信号计数器　内部信号计数器是在执行扫描操作时对内部元件（X、Y、M、S、T 和 C 等）进行计数，有 16 位加计数器和 32 位双向计数器两种。计数器的设定值，除了可由常数 K 设定外，还可通过数据寄存器来设定。

16 位加计数器(C0～C199，其中 C100～C199 计数器用于断电保持)的设定值在 1～32767 之间。图 5-9 所示为 16 位加计数器的动作过程。X11 为计数输入，每次 X11 接通时，计数器当前值加 1。当计数器的当前值等于设定值 K10 时，即计数输入达到第 10 次时，计数器 C0 的输出触点接通。之后即使输入 X11 再接通，计数器的当前值也保持不变。当复位输入 X10 接通（ON）时，执行 RST 指令，计数器当前值复位为 0，输出触点也断开（OFF）。

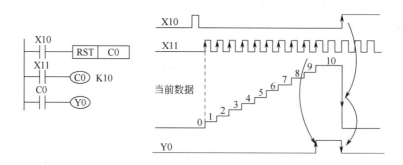

图 5-9　16 位加计数器动作过程

32 位双向计数器（C200～C234，其中 C220～C234 用于断电保持）的设定值为 −2147483648～+2147483647，其计数方向（加计数或减计数）由特殊辅助继电器（M8200～M8234）设定。图 5-10 表示加/减计数器的动作过程。M8200 接通（置 1）时，为减计数；M8200 断开（置 0）时，为加计数。X14 作计数输入，驱动 C200 进行加计数或减计数。

当计数器的当前值由−6→−5（增加）时，C200 触点接通（置 1）；由−5→−6（减少）时，C200 触点断开（置 0）。如从+2147483647 起再进行加计数，当前值就变为−2147483648。同样从−2147483648 起进行减计数，当前值就变为+2147483647（这种动作称为循环计数）。当复位输入 X13 接通（ON），计数器的当前值就为 0，输出触点也复位。

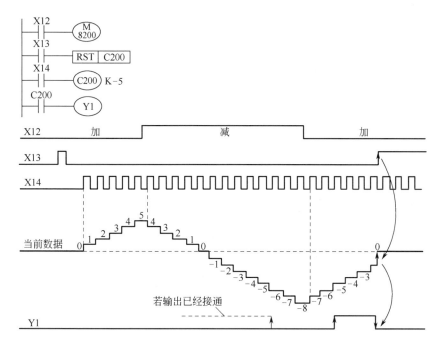

图 5-10 加/减计数器动作过程

（2）高速计数器 高速计数器（C235～C255）用于高速计数（计数脉冲的最高频率为 10kHz）。计数器共享 PLC 上 6 个高速计数输入端（X0～X5）。如果某个输入端已被一个高速计数器占用，它就不能再用于另一个高速计数器，也就是说，由于只有 6 个高速计数输入端，因此最多同时使用 6 个高速计数器。

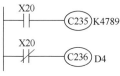

高速计数器有几种类型：1 相 1 输入（C235～C245）、1 相 2 输入（C246～C250）和 2 相输入（C251～C255），它们均为 32 位加/减计数器。高速计数器的输入如图 5-11 所示。当 X20 接通时，选中高速计数器 C235，C235 对应的计数输入端为 X0。因此，计算输入脉冲应从 X0 而不是 X20 输入。当 X20 断开时，C235 线圈断开，同时 C236 线圈接通，从而选中计数器 C236，其输入为 X1 端。

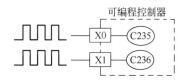

图 5-11 高速计数器的输入

8. 数据寄存器（D）

PLC 在进行输入处理、输出处理、模拟量控制、位置控制时，需要许多数据寄存器存储数据和变量。每一个数据寄存器都是 16 位（最高位为符号位），可用两个数据寄存器合并起来存放 32 位数据（最高位为符号位）。数据寄存器有以下四类。

（1）通用数据寄存器（D0～D199） 只要不写入其他数据，原有数据不会丢失。但是，PLC 状态由运行（RUN）→停止（STOP）时，全部数据均清零（M8031 置 1 除外）。

（2）断电保持数据寄存器（D200～D511） 只要不改写，原有数据同样不会丢失，而且电源接通与否、PLC 运行与否都不会改变寄存器中的内容。在两台 PLC 作点对点的通信时，D490～D509 被用作通信操作。

（3）特殊数据寄存器（D8000～D8255） 这些数据寄存器监视 PLC 中各种元件的运行方式。其在电源接通时，写入初始值（全部先清零，然后由系统安排写入初始值）。

（4）文件寄存器（D1000～D7999） 这些寄存器实际上是一类专用数据寄存器，用于存储大量的数据，例如采集数据、统计计算数据、多组控制变量等。

9. 变址寄存器（V/Z）

变址寄存器（V0～V7，Z0～Z7）的作用类似于一般微处理器中的变址寄存器，通常用于修改元件的编号（地址）。

FX$_{2N}$ PLC 元件编号见表 5-1。

表 5-1　FX$_{2N}$ PLC 元件编号一览表

输入继电器 X	X0～X7 8 点 （FX$_{2N}$-16M）	X0～X17 16 点 （FX$_{2N}$-24M）	X0～X27 24 点 （FX$_{2N}$-38M）	X0～X37 32 点 （FX$_{2N}$-48M）	X0～X47 40 点 （FX$_{2N}$-64M）	X0～X77 64 点 （FX$_{2N}$-80M）	X0～X267 184 点 带扩展	输入、输出合计256点
输出继电器 Y	Y0～Y7 8 点 （FX$_{2N}$-16M）	Y0～Y17 16 点 （FX$_{2N}$-24M）	Y0～Y27 24 点 （FX$_{2N}$-32M）	Y0～Y37 32 点 （FX$_{2N}$-48M）	Y0～Y47 40 点 （FX$_{2N}$-64M）	Y0～Y77 64 点 （FX$_{2N}$-80M）	Y0～Y267 184 点 带扩展	
辅助继电器 M	M0～M499 500 点 通用		M500～M1023（B/U） 通信用　524 点保持用 主站→从站　|　从站→主站 M800～M899　|　M900～M999				M1024～M3071 2048 点 保持用	M8000～M8255 256 点 特殊用
状态 S	S0～S499 500 点通用 初始　|　返回原点 S0～S9　|　S10～S19		S500～S899（B/U） 400 点 保持用				S900～S999（B/U） 100 点 故障诊断用	
定时器 T	T0～T199 200 点 100ms 子程序用 T192～T199		T200～T245 46 点 10ms		T246～T249（B/U） 4 点 1ms 积算		T250～T255 （B/U） 6 点 100ms 积算	
计数器 C	16 位加计数器		32 位可逆计数器		32 位高速可逆计数器　最大 6 点			
计数器 C	C0～C99 100 点 通用	C100～C199 100 点 （B/U） 保持用	C200～C219 20 点 通用	C220～C234 15 点 （B/U） 保持用	（B/U） C235～C245 1 相 1 输入	（B/U） C246～C250 1 相 2 输入	（B/U） C251～C255 2 相输入	
数据寄存器 D、V、Z	D0～D199 200 点 通用		通信用 D200～D511 312 点保持用（B/U） 主站→从站　|　从站→主站 D490～D499　|　D500～D509		D512～D7999 7488 点 （B/U） 文件寄存器	D8000～D8255 256 点 特殊用	V0～V7 Z0～Z7 16 点 变址用	
嵌套指针	N0～N7 8 点 主控用		P0～P127 128 点 跳转，子程序用 分支指针		I00～I50 6 点 输入中断指针	I6～I8 3 点 定时器中断指针	I010～I060 3 点 计数器中断指针	
常数　K	16 位：-32768～32767				32 位：-2147483648～2147483647			
常数　H	16 位：0～FFFFH				32 位：0～FFFFFFFFH			

注：1.标有（B/U）标志的元件是由锂电池保持的。

　　2.T、C 在不作为定时器、计数器使用时可用作数据寄存器，这时 C200～C255 间的各点对应于 32 位寄存器。

二、指令表和编程方法

在讨论 FX$_{2N}$ PLC 指令表的基本指令时，同时给出梯形图。其包括基本指令、步进指令和功能指令。本节着重讨论基本指令，对后两种指令作一般介绍。

（一）基本指令

1. 逻辑取及线圈驱动（LD/LDI/OUT）

LD、LDI、OUT 指令的功能、电路表示及编程元件和程序步数如表 5-2 所示。

表 5-2　LD、LDI、OUT 指令的功能、电路表示及编程元件和程序步数

符号（名称）	功能	电路表示及编程元件	程序步数
LD（取）	常开触点逻辑运算起始	⊢ ⊢ ─◯─ X、Y、M、S、T、C	1
LDI（取反）	常闭触点逻辑运算起始	⊢ ⊬ ─◯─ X、Y、M、S、T、C	1
OUT（输出）	驱动线圈	⊢ ⊢ ─◯─ Y、M、S、T、C	Y, M: 1 特 M: 2 T: 3 C: 3～5

LD、LDI 指令用于将触点接到母线上。另外，与后述的 ANB 指令组合，在分支起点处也可使用。

OUT 是驱动线圈的输出指令，用于驱动输出继电器、辅助继电器、状态继电器、定时器、计数器，但不能用于输入继电器。输出指令可以多次使用，相当于线圈的并联，如图 5-12 中 OUT T0 和 OUT M100。

OUT 指令用于定时器、计数器时，必须紧跟设定常数 K，K 分别表示定时器的设定时间或计数器的设定次数，它也作为一个步序。

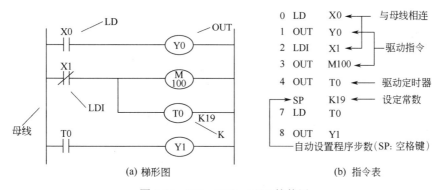

(a) 梯形图　　　　　　　　(b) 指令表

图 5-12　LD、LDI、OUT 的使用

2. 触点串联（AND/ANI）

AND、ANI 指令的功能、电路表示及编程元件和程序步数如表 5-3 所示。

表 5-3 AND、ANI 指令的功能、电路表示及编程元件和程序步数

符号（名称）	功 能	电路表示及编程元件	程序步数
AND（与）	常开触点串联连接	⊢⊣⊢ ─◯─ X、Y、M、S、T、C	1
ANI（与非）（And Inverse）	常闭触点串联连接	⊢⊣⊬ ─◯─ X、Y、M、S、T、C	1

AND、ANI 指令用于触点的串联连接。串联触点的个数没有限制，即可多次重复使用，如图 5-13 所示。

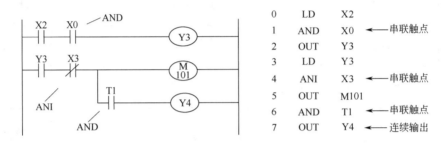

0	LD	X2	
1	AND	X0	← 串联触点
2	OUT	Y3	
3	LD	Y3	
4	ANI	X3	← 串联触点
5	OUT	M101	
6	AND	T1	← 串联触点
7	OUT	Y4	← 连续输出

图 5-13 AND、ANI 的使用

在 OUT 指令后，通过触点对其他线圈使用 OUT 指令称为连续输出（或纵接输出），如图 5-13 中的 OUT Y4。这种连续输出，只要顺序正确，可以多次重复。

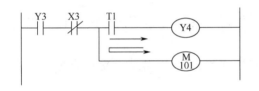

图 5-14 另一种形式的电路

应当注意，在图 5-13 中驱动 M101 之后通过触点 T1 驱动 Y4。但如将驱动顺序换成图 5-14 的形式，则必须使用后述的 MPS 指令。

3. 触点并联（OR/ORI）

OR、ORI 指令的功能、电路表示及编程元件和程序步数如表 5-4 所示。

OR、ORI 指令用于触点的并联连接。若要将两个以上触点串联的电路块并联连接，要用后述的 ORB 指令。

表 5-4 OR、ORI 指令的功能、电路表示及编程元件和程序步数

符号（名称）	功 能	电路表示及编程元件	程序步数
OR（或）	常开触点并联连接	⊢⊣─◯─ X、Y、M、S、T、C	1
ORI（或非）（Or Inverse）	常闭触点并联连接	⊢⊬─◯─ X、Y、M、S、T、C	1

OR、ORI 是从该指令的当前步开始，对前面的 LD、LDI 指令并联连接。并联的次数无限制。指令的使用如图 5-15 所示。

4. 逻辑取、与、或的脉冲类指令（LDP/LDF/ANDP/ANDF/ORP/ORF）

这类指令的功能、电路表示及编程元件和程序步数如表 5-5 所示。

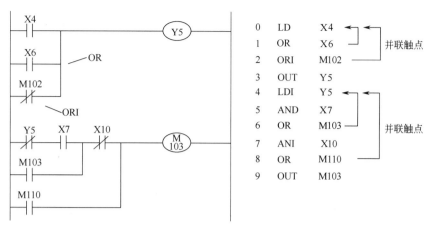

图 5-15　OR、ORI 的使用

表 5-5　逻辑取、与、或的脉冲类指令的功能、电路表示及编程元件和程序步数

符号（名称）	功　能	电路表示及编程元件	程序步数
LDP（取脉冲上升沿）	上升沿检出运算起始	X，Y，M，S，T，C	2
LDF（取脉冲下降沿）	下降沿检出运算起始	X，Y，M，S，T，C	2
ANDP（与脉冲上升沿）	上升沿检出串联连接	X，Y，M，S，T，C	2
ANDF（与脉冲下降沿）	下降沿检出串联连接	X，Y，M，S，T，C	2
ORP（或脉冲上升沿）	上升沿检出并联连接	X，Y，M，S，T，C	2
ORF（或脉冲下降沿）	下降沿检出并联连接	X，Y，M，S，T，C	2

　　LDP、ANDP、ORP 是在脉冲上升沿检出的触点指令，仅在指定元件的上升沿时（OFF→ON 变化时）接通一个扫描周期。

　　LDF、ANDF、ORF 是在脉冲下降沿检出的触点指令，仅在指定元件的下降沿时（ON→OFF 变化时）接通一个扫描周期。

5. 串联电路块的并联（ORB）

　　ORB 指令的功能、电路表示及编程元件和程序步数等如表 5-6 所示。

表 5-6　ORB 指令的功能、电路表示及编程元件和程序步数

符号（名称）	功　能	电路表示及编程元件	程序步数
ORB（电路块或）（Or Block）	串联电路块的并联连接	操作元件：无	1

　　两个或两个以上的触点串联连接的电路称为串联电路块。串联电路块并联连接时，在支

路起点要用 LD 或 LDI 指令，而在该支路终点要用 ORB 指令，如图 5-16 所示。ORB 指令与后述的 ANB 指令均为无操作元件指令。

　　ORB 的使用方法有两种：一种是在要并联的每个串联电路块后加 ORB 指令（见图 5-16 第一种程序）；另一种是集中使用 ORB 指令（见图 5-16 第二种程序）。后一种情况，电路块并联的个数不能超过 8 个。前者不受限制，一般不采用后一种方法。

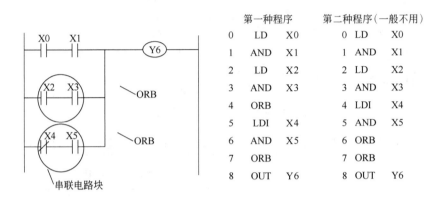

图 5-16　ORB 的使用

6. 并联电路块的串联（ANB）

ANB 指令的功能、电路表示及编程元件和程序步数如表 5-7 所示。

表 5-7　ANB 指令的功能、电路表示及编程元件和程序步数

符号（名称）	功　能	电路表示及编程元件	程序步数
ANB（电路块与）（And Block）	并联电路块之间的串联连接	操作元件：无	1

　　两个或两个以上触点并联连接的电路称为并联电路块。将并联电路块与前面电路串联连接时用 ANB 指令。并联电路块起点用 LD 或 LDI 指令，并联电路块结束后，使用 ANB 指令与前面电路串联，如图 5-17 所示。

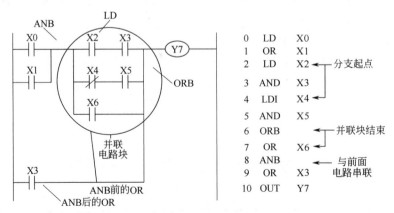

图 5-17　ANB 的使用

如有多个并联电路块顺次以 ANB 指令与前面电路连接，ANB 的使用次数不受限制，但如果将 ANB 集中起来使用，如 ORB 指令一样，电路块串联的个数不能超过 8 个。

7. 多重输出电路（MPS/MRD/MPP）

MPS、MRD、MPP 指令的功能、电路表示及编程元件和程序步数如表 5-8 所示。

表 5-8 MPS、MRD、MPP 指令的功能、电路表示及编程元件和程序步数

符号（名称）	功　能	电路表示及编程元件	程序步数
MPS（Push）	进　栈		1
MRD（Read）	读　栈		1
MPP（Pop）	出　栈		1

这组进栈、读栈、出栈指令用于多重输出电路。可将连接点先存储，再用于连接后面的电路。

FX_{2N} PLC 中有 11 个存储中间运算结果的存储区域，被称为栈存储器。使用 MPS 指令时，当时的运算结果压入栈的第一层，栈中原来的数据依次向下一层推移。使用 MPP 指令时，各层的数据依次向上移动一层。MRD 是最上层所存数据的读出专用指令。读出时，栈内数据不发生移动。

MPS 和 MPP 必须成对使用，而且连续使用次数应少于 11 次。图 5-18 给出栈存储示意图与使用一层栈多重输出的例子。复杂电路可以使用多层栈。

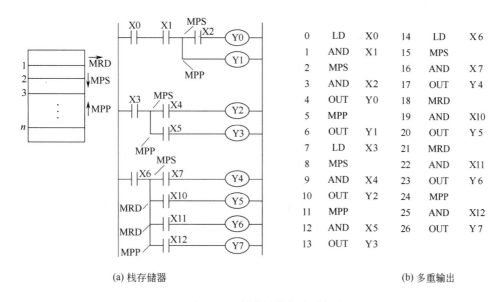

(a) 栈存储器　　　　　　　　　　　　(b) 多重输出

图 5-18　栈存储器与多重输出

8. 主控触点（MC/MCR）

MC、MCR 指令的功能、电路表示及编程元件和程序步数如表 5-9 所示。

表 5-9 MC、MCR 指令的功能、电路表示及编程元件和程序步数

符号（名称）	功　能	电路表示及编程元件	程序步数
MC（主控）（Master Control）	主控电路块起点	MC N Y,M Y、M 不允许使用特M	3
MCR（主控复位）	主控电路块终点	MCR N	2

　　MC 为主控指令，用于公共串联触点的连接，MCR 为主控复位指令。编程时，经常遇到多个线圈同时受一个或一组触点控制的情况。如果在每个线圈的控制电路中都串入同样的触点，则会多占用存储单元，使用主控指令可以解决这一问题。主控指令的触点（常开）在梯形图中与一般的触点垂直，它们是控制一组电路的总开关。主控指令的使用如图 5-19 所示，输入 X0 接通时，执行 MC 与 MCR 之间的指令；输入 X0 断开时，不执行 MC 与 MCR 之间的指令。非积算定时器，利用 OUT 指令驱动的元件复位，积算定时器、计数器，利用 SET/RST 指令驱动的元件保持当前的状态。与主控触点相连的触点必须用 LD 或 LDI 指令。使用 MC 指令后，母线移到主控触点的后面。MCR 使母线回到原来的位置。在 MC 指令内再使用 MC 指令时，嵌套级 N 的编号（0～7）顺次增大，返回时用 MCR 指令，从大的嵌套级开始解除。应注意，特殊辅助继电器不能用作 MC 的操作元件。

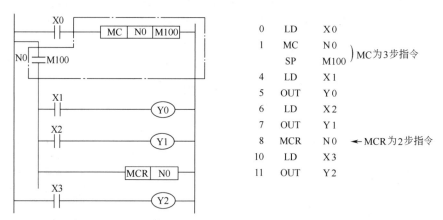

图 5-19 MC、MCR 的使用

9. 自保持与解除（SET/RST）

SET/RST 指令的功能、电路表示及编程元件和程序步数如表 5-10 所示。

表 5-10 SET/RST 指令的功能、电路表示及编程元件和程序步数

符号（名称）	功　能	电路表示及编程元件	程序步数
SET（置位）	令元件自保持 ON	SET Y、M、S	Y，M：1 S，特 M：2
RST（复位）（Reset）	令元件自保持 OFF，数据寄存器、定时器、计数器清零	RST Y、M、S、D、V、Z、T、C	Y，M：1 S，T，C，特 M：2 D，V，Z，特 D：3

　　SET 为置位指令，使操作自保持。RST 为复位指令，使操作自保持复位。两指令的使用

如图 5-20 所示。X0 一接通，即使再变成断开，Y0 也保持接通。X1 接通后，即使再变成断开，Y0 也保持断开。对于 M、S 也是如此。

对定时器、计数器、数据寄存器、变址寄存器 V/Z 的内容清零也可用 RST 指令。

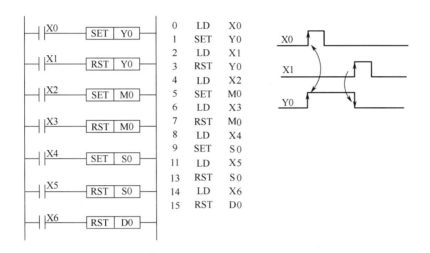

图 5-20　SET、RST 的使用

10. 脉冲输出（PLS/PLF）

PLS、PLF 指令的功能、电路表示及编程元件和程序步数如表 5-11 所示。

表 5-11　PLS、PLF 指令的功能、电路表示及编程元件和程序步数

符号（名称）	功　能	电路表示及编程元件	程序步数
PLS（上升沿脉冲）	上升沿微分输出	├─┤├─────[PLS │ Y、M]───	2
PLF（下降沿脉冲）	下降沿微分输出	├─┤├─────[PLF │ Y、M]───	2

PLS、PLF 指令用于输出脉冲。PLS 在输入信号上升沿产生脉冲，而 PLF 在输入信号下降沿产生脉冲。两指令的使用如图 5-21 所示。

使用 PLS 指令时，元件 Y、M 仅在驱动输入接通后的一个扫描周期内动作；使用 PLF 指令时，元件 Y、M 仅在驱动输入断开后的一个扫描周期内动作（图 5-21）。应注意，特殊辅助继电器不能用作 PLS 或 PLF 的操作元件。

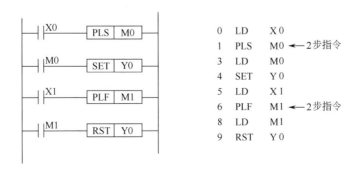

图 5-21

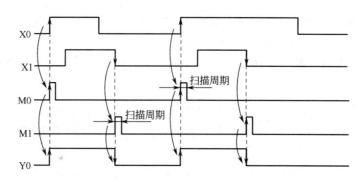

图 5-21　PLS、PLF 的使用

11. 反转（INV）

INV 指令的功能、电路表示及编程元件和程序步数如表 5-12 所示。

表 5-12　INV 指令的功能、电路表示及编程元件和程序步数

符号（名称）	功　　能	电路表示及编程元件	程序步数
INV（取反）	运算结果的反转	编程元件：无	1

```
0  LD   X0
1  INV
2  OUT  Y0
```

图 5-22　INV 的使用

INV 指令用于将指令执行之前的运算结果取反。指令的使用见图 5-22。

12. 空操作（NOP）

NOP 指令的功能、电路表示及编程元件和程序步数如表 5-13 所示。

空操作指令使该步序做空操作。在程序中加入 NOP 指令，在改动或追加程序时可减少步序号的改变。用 NOP 指令替代已写入的指令，可以修改电路，如图 5-23 所示。

表 5-13　NOP 指令的功能、电路表示及编程元件和程序步数

符号（名称）	功　　能	电路表示及编程元件	程序步数
NOP（空操作）	无动作	无元件	1

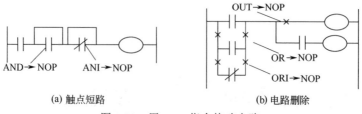

(a) 触点短路　　　　　　　　　　(b) 电路删除

图 5-23　用 NOP 指令修改电路

13. 程序结束（END）

END 指令的功能、电路表示及编程元件和程序步数如表 5-14 所示。

表 5-14 END 指令的功能、电路表示及编程元件和程序步数

符号（名称）	功　能	电路表示及编程元件	程序步数
END（结束）	输入、输出处理程序回第"0"步	├──[END]──┤ 无元件	1

　　END 用于程序结束。PLC 按照输入处理、程序执行、输出处理循环进行工作，从用户程序的第一步执行到最后一步。如果在程序中写入 END 指令，则 END 以后的程序不再执行，直接进行输出处理，如图 5-24 所示，由此可以缩短循环周期。在程序调试时，把程序分为若干段，将 END 指令插入各段程序之后，可以逐段调试程序；在该段程序调试完毕后，删去 END 指令，再进行下段程序的调试，直到程序调完为止。

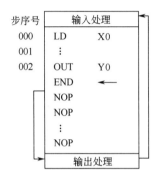

图 5-24 END 的作用

　　14. 编程注意的问题

　　（1）注意编程顺序　合适的编程顺序可减少程序步数。在设计并联电路时，串联触点多的电路应尽量放在上部，如图 5-25 所示。

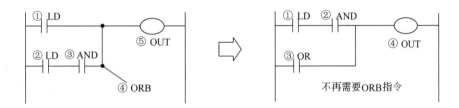

图 5-25 串联触点多的电路

　　在设计串联电路时，并联触点多的电路应尽量放在左边，如图 5-26 所示。

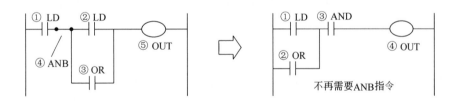

图 5-26 并联触点多的电路

　　（2）重新排列不能编程的电路　有些电路不能直接编程，如桥式电路［图 5-27（a）］，必须重画为图 5-27（b）所示的等效电路，然后进行编程。

　　如果电路结构复杂，用 ANB、ORB 等指令难以解决，可以重复使用一些触点改成等效电路，再进行编程就比较清晰了。图 5-28 所示为复杂电路的重新排列。

　　（3）双线圈输出问题　如果在同一程序中同一元件的线圈使用两次或多次，称为双线圈输出。这时前面的输出无效，最后一次输出才是有效的，如图 5-29 所示。一般不应出现双线圈输出。

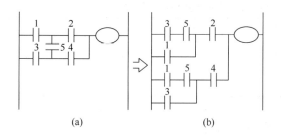

图 5-27   桥式电路的重新排列

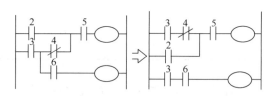

图 5-28   复杂电路的重新排列

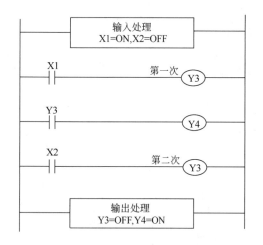

图 5-29   双线圈输出

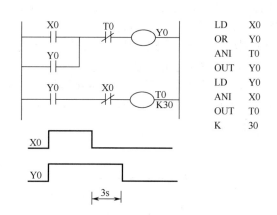

图 5-30   瞬时接通延时断开电路

15. 常用电路编程举例

下面通过几个例子介绍基本指令的使用和编程方法。

（1）瞬时接通延时断开电路   如图 5-30 所示，当输入 X0 接通时，Y0 线圈接通，并由其常开触点自保持，同时 X0 的常闭触点断开，定时器 T0 线圈无法接通。当输入 X0 断开时，X0 的常闭触点闭合，T0 线圈接通，经过 3s，定时器的当前值与设定值相等，T0 的常闭触点断开，Y0 线圈也就断电。

（2）延时接通/断开电路   它需要两个定时器，如图 5-31 所示。当输入 X0 接通，定时器 T0 线圈接通。延时 3s 后，T0 的常开触点闭合，Y1 线圈接通并自保持。当输入 X0 由通变断时，T1 线圈接通。延时 6s 后，T1 的常闭触点断开，Y1 线圈断电。

（3）多谐振荡电路   又称闪烁电路，可用作闪光报警。该电路也需要两个定时器，如图 5-32 所示。当输入 X0 接通，定时器 T0 线圈接通，延时 3s 后，T0 的常开触点闭合，T1 线圈接通，Y2 线圈也接通。再延时 1s 后，T1 的常闭触点断开，T0 线圈断电，其常开触点断开，使 Y2 线圈断电，同时 T1 线圈断电，又使 T0 线圈复通。如此循环执行，电路就输出具有一定宽度的矩形脉冲。Y2 的通断时间分别由定时器 T1、T0 的设定值决定。

（4）脉宽可调单脉冲电路   如图 5-33 所示，当输入 X0 接通时，M1 线圈接通并自保持，M1 的常开触点闭合，Y3 接通，这时即使输入 X0 消失，Y3 仍接通。延时 3s 后，T0 的常闭触点断开，Y3 断电。该电路的脉冲宽度取决于 T0 的设定值，不受 X0 接通时间的影响。

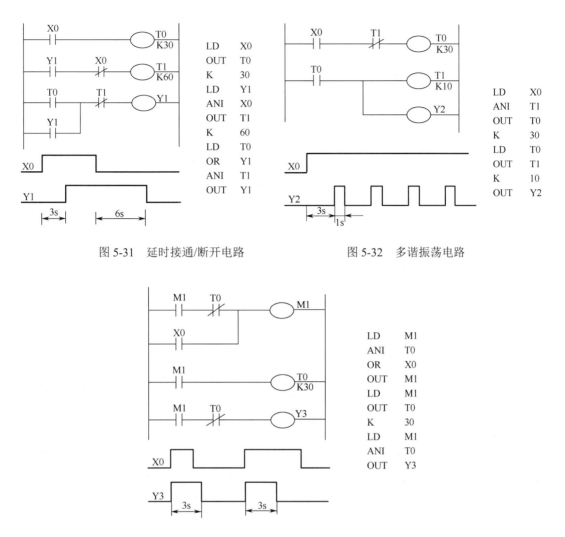

图 5-31 延时接通/断开电路　　　　　　　　图 5-32 多谐振荡电路

图 5-33 脉宽可调单脉冲电路

（5）定时器的扩展　如前所述，PLC 定时器的定时范围是一定的，要增加定时时间，可由定时器和定时器或定时器和计数器的串联组合来实现。图 5-34 所示为定时器和计数器的组合例子。T0 形成一个设定值为 5s 的自复位定时器。当 X0 接通时，T0 线圈接通，延时 5s 后，T0 的常闭触点断开，T0 线圈断开复位，待下一次扫描时，T0 的常闭触点才闭合，T0 线圈又重新接通，即 T0 的触点每 5s 接通一次，每次接通时间为一个扫描周期。计数器 C0 对这个脉冲信号进行计数，计到 1000 次时，C0 的常开触点闭合，使 Y4 线圈接通。从 X0 接通到 Y4 接通，延时时间为定时器和计数器设定值的乘积。$T_总 = TC = 5 \times 1000 = 5000(s)$。初始化脉冲 M8002 在程序运行开始时使 C0 复位清零。

计数器的扩展与定时器的扩展类似，读者可自行编制程序。

（二）步进指令

FX$_{2N}$ PLC 有两条步进指令，利用这两条指令，并辅之以大量状态元件，就可以用类似于 SFC 语言的状态转移图方式编程。

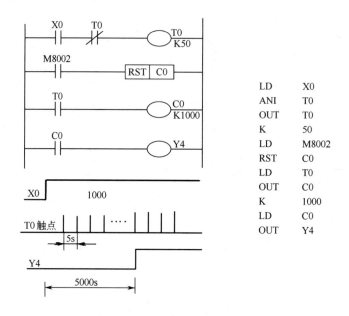

图 5-34　定时器和计数器的组合

1. 状态转移图

系统的工作过程可以分为若干个阶段，这些阶段称为"状态"或"步"。状态与状态之间由"转换"分隔。相邻的状态具有不同的动作。当相邻两状态之间的转换条件得到满足时，转换得以实现，即上一状态的动作结束而下一状态的动作开始。

现以图 5-35（a）为例说明状态转移图。状态用方框表示，方框内是状态元件号或状态名称，状态之间用有向线段连接（从上到下和从左到右的箭头省略）。有向线段上的垂直短线和它旁边标注的文字符号或逻辑表达式表示状态转移条件。状态旁边的圆圈或方框是该状态期间的输出信号。状态 S22 有效时，输出 Y2 接通，程序等待转换条件 X2 动作。当 X2 接通，状态就由 S22 转到 S23，这时 Y2 断开。

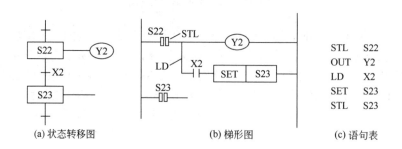

(a) 状态转移图　　　　　　　(b) 梯形图　　　　　　(c) 语句表

图 5-35　状态转移图与 STL 指令

2. 步进指令与编程方法

（1）步进指令　PLC 的两条步进指令为 STL 和 RET。STL 用于步进开始，RET 用于步进结束。现以上述状态转移图[图 5-35（a）]为例说明步进指令的使用。

状态转移图也可以用梯形图表示，如图 5-35（b）所示。状态转移图与梯形图有严格的对应关系。每个状态具有三个功能：驱动有关负载、指定转移目标和指定转移条件。

　　除了用图 5-35 所示的单独触点作为转移条件外，还可用 X、Y、M、S、T、C 等各种元件的逻辑组合作为转移条件。各种负载（Y、M、S、T、C）除可以由 STL 触点直接驱动外，还可以由各种元件触点的逻辑组合来驱动。

　　STL 触点与母线连接。与 STL 触点相连的起始触点要使用 LD/LDI 指令，若要返回原来的母线，使用 RET 指令。STL 指令使新的状态 S 置位，前一状态自动复位。

　　（2）初始状态的编程　在状态转移图起始位置的状态即是初始状态，S0～S9 可用作初始状态。初始状态的编程如图 5-36 所示。

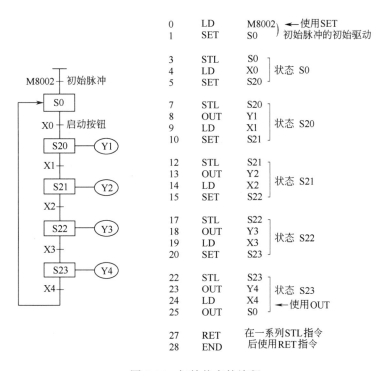

图 5-36　初始状态的编程

　　图 5-36 中，初始状态最初是从 STOP→RUN 切换，瞬时使特殊辅助继电器 M8002 接通，从而使 S0 置 1。初始状态必须置于其他状态之前，除初始状态之外的一般状态元件需在其他状态后加入 STL 指令才能驱动，不能脱离状态用其他方式驱动。

　　编程时可由状态转移图直接写出语句表程序，也可将状态转移图转换为梯形图再写出语句表程序。

　　（3）多分支状态转移图的处理　多分支状态转移图包括可选择的分支/汇合状态转移图和并行的分支/汇合状态转移图。

　　可选择的分支/汇合状态转移图、梯形图和语句表如图 5-37 所示。分支选择条件 X1 和 X4 不能同时接通。在状态 S21 时，根据 X1 和 X4 的状态决定执行哪一条分支。当状态元件 S22 或 S24 接通时，S21 自动复位。状态元件 S26 由 S23 或 S25 置位，同时前一状态 S23 或 S25 自动复位。

　　并行的分支/汇合状态转移图、梯形图和语句表如图 5-38 所示。当转换条件 X1 接通时，由状态 S21 分别同时进入状态 S22 和 S24，之后系统的两个分支并行工作。为了强调并行工作，有向连线的水平部分用双线表示。这与一般状态编程一样，首先进行驱动处理，然后进行转换处理，从左到右依次进行。

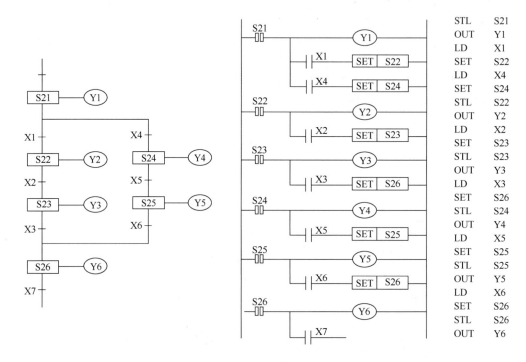

图 5-37 可选择的分支/汇合状态转移图、梯形图和语句表

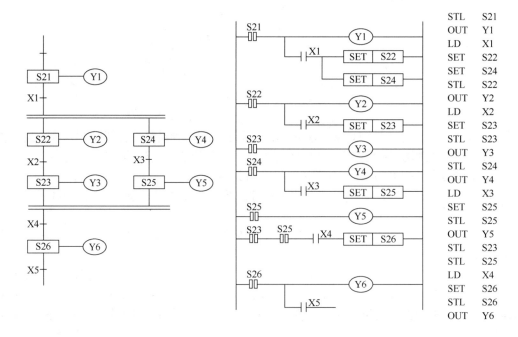

图 5-38 并行的分支/汇合状态转移图、梯形图和语句表

当两个分支都处理完毕后，S23、S25 同时接通，转换条件 X4 也接通时，S26 接通，同时 S23、S25 自动复位。多条支路汇合在一起，实际上是 STL 指令连续使用（在梯形图上是 STL

触点串联）。STL 指令最多可连续使用 8 次，即最多允许 8 条并行支路汇合在一起。

（三）功能指令

FX$_{2N}$ PLC 具有丰富的功能指令，包括程序流控制、传送和比较、运算、移位、数据处理、高速处理、外部 I/O 处理、外部设备处理等。本节以部分常用指令为例，着重介绍功能指令的使用方法。关于功能指令的详细内容，读者可参阅 FX 系列 PLC 使用手册。

1. 功能指令的一般规则

（1）功能指令的表示形式　功能指令的表示形式如表 5-15 所示。

表 5-15　功能指令的表示形式

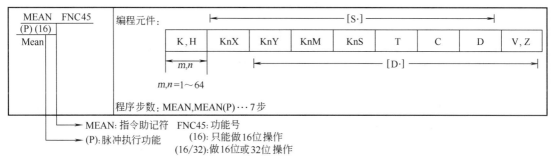

功能指令按功能号（FNC00～FNC99）编排。每条指令都有一个助记符，例如 FNC45 的助记符为"MEAN"。

某些指令只需指定功能号即可，但许多指令在指定功能号的同时还需指定操作数。

现将操作数的一般表示形式说明如下。

[S]：源操作数（Source）。若可使用变址功能，表示为 [S·]。有时远不止一个，可用 [S1·]、[S2·]、…表示。

[D]：目标操作数（Destination）。若可使用变址功能，表示为 [D·]。目标不止一个时，用 [D1·]、[D2·]、…表示。

m、n：其他操作数。常用来表示常数（十进制 K 或十六进制 H）。项目多时，可用 m1、m2、…表示。

功能指令的功能号和助记符占一个程序步。操作数占 2 个或 4 个程序步，取决于指令是 16 位还是 32 位。

（2）数据长度及指令的执行形式　功能指令可处理 16 位数据和 32 位数据，例如

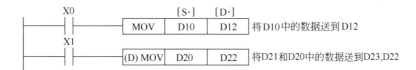

功能指令中附有符号（D）表示处理 32 位数据，如（D）MOV、FNC（D）12。

处理 32 位数据时，用元件号相邻的两元件组成元件对。元件对的首元件号用奇数、偶数均可，但为避免错误，元件对的首元件建议统一用偶数编号。

指令可连续执行，也可脉冲执行，如图 5-39 所示。

助记符后附的（P）符号表示脉冲执行，（P）和（D）可同时使用，如（D）MOV（P）。图 5-39（a）所示功能指令仅在 X0 由 OFF 变为 ON 时执行。在不需要每个扫描周期都执行时，

用脉冲执行方式可缩短程序处理时间。图 5-39(b)所示是连续执行方式,当 X1 为 ON 状态时,此指令在每个扫描周期都重复执行。

图 5-39 指令执行方式

(3)位元件和字元件 只处理 ON/OFF 状态的元件,例如 X、Y、M 和 S,称为位元件。其他处理数字数据的元件,例如 T、C 和 D,称为字元件。

位元件组合起来也可以处理数字数据,由 Kn 加首元件号来表示。位元件 4 位为一组,组合成单元。KnM0 中的 n 是组数。16 位数操作时为 K1~K4。32 位数操作时为 K1~K8。例如,K2M8 即表示由 M0~M7 组成 2 个 4 位组。

当一个 16 位的数据传送到 K1M0、K2M0 或 K3M0 时,只传送相应的低位数据,高位的数据不传送。32 位数据传送时也一样。

在进行 16 位(或 32 位)数操作,而参与操作的位元件由 K1、K2、K3 来指定时,高位(不足部分)均为 0,这就意味着只能处理正数(符号位为 0)。

(4)变址寄存器 变址寄存器在传送、比较指令中用来修改操作对象的元件号。其操作方式与普通数据寄存器一样。

图 5-40 表示从 KnY 到 V、Z 都可作为功能指令的目标元件。[D·]中的点(·)表示可以使用变址寄存器。对 32 位指令,V 为高 16 位,Z 为低 16 位。32 位指令中用到变址寄存器时只需指定 Z,这时 Z 就代表了 V 和 Z。

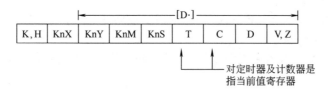

图 5-40 功能指令的目标元件

在图 5-41 中,因 K10 送到 V,K20 送到 Z,所以 V、Z 的内容分别为 10、20。

(D5V)+(D15Z)→(D40Z)

即(D15)+(D35)→(D60)

V 和 Z 可简化编程。

2. 程序流控制

程序流控制指令实现程序转移、调用、中断、循环等功能,现介绍条件跳转(CJ)和子程序调用与返回(CALL、SRET)指令。

(1)条件跳转 此指令的助记符、编程元件及程序步数如表 5-16 所示。

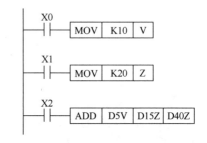

图 5-41 简化编程

表 5-16　CJ 指令的助记符、编程元件及程序步数

CJ　FNC00 （P）（16） 条件跳转 （Conditional Jump）	编程元件：指针 P0～P127（允许变址修改） 　　　　　P63 即 END，不能作为程序标号 程序步数：CJ 和 CJ（P）…3 步 　　　　　标号 P××…1 步

CJ 和 CJ（P）指令用于在某种条件下跳过某一部分程序的情况。在图 5-42 中，当 X30 为 ON 时，程序跳到标号 P20 处。如果 X30 为 OFF，跳转不执行，程序按原顺序执行。

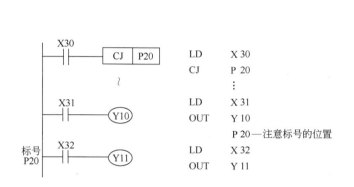

图 5-42　CJ 的使用

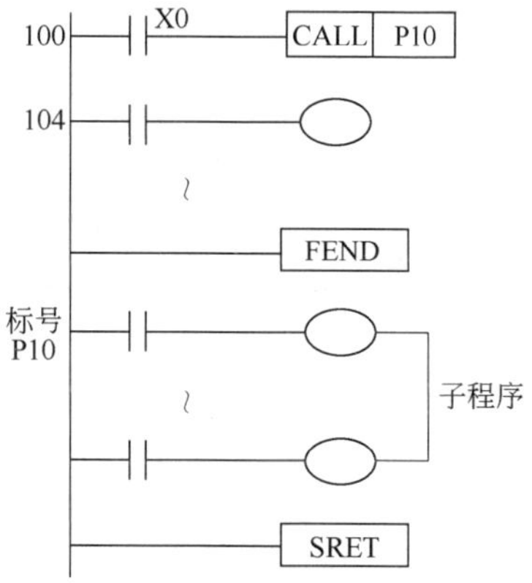

图 5-43　CALL 的使用

（2）子程序调用与返回　此指令的助记符、编程元件及程序步数如表 5-17 所示。

表 5-17　CALL、SRET 指令的助记符、编程元件及程序步数

CALL FNC01 （P）（16） 子程序调用 （Subroutine Call）	编程元件：指针 P0～P127（允许变址修改） 程序步数：CALL 和 CALL（P）…3 步 　　　　　标号 P××…1 步 嵌　　套：5 级
SRET　FNC02 子程序返回 （Subroutine Return）	编程元件：无 程序步数：1 步

图 5-43 所示是 CALL 指令的使用。当 X0 为 ON 时，CALL 指令使程序跳到标号 P10 处，子程序被执行。在 SRET 指令执行后，程序回到 104 步处。FEND 指令表示主程序结束。

标号应写在 FEND 之后，同一标号只能出现 1 次。CJ 指令用过的标号不能重复使用，但不同的 CALL 指令可调用同一标号的子程序。

图 5-44 所示是 CALL（P）的使用。CALL（P）P11 仅在 X1 由 OFF 到 ON 变化时执行一次。在执行 P11 子程序时，如果 CALL P12 指令被执行，则程序跳到子程序 P12。在 SRET（2）指令执行后，程序返回到子程序 P11 中 CALL P12 指令的下一步。在 SRET（1）指令执行后再返回主程序。

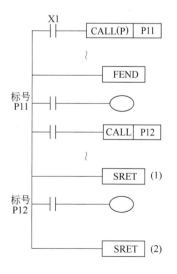

图 5-44　CALL（P）的使用

3. 传送和比较

这类指令包括比较（CMP）、传送（MOV）、交换、变换等指令，下面介绍比较和传送两条指令。

（1）比较 此指令的助记符、编程元件及程序步数如表 5-18 所示。

表 5-18 CMP 指令的助记符、编程元件及程序步数

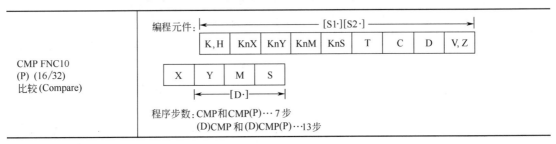

CMP 指令是将［S1·］和［S2·］的数据进行比较，结果送到［D·］中。该指令的使用如图 5-45 所示。这里源数据作代数比较（如 −8<2），且所有源数据均作二进制数处理。程序中 M0、M1、M2 根据比较的结果动作。K100>C20 的当前值时，M0 接通；K100 = C20 的当前值时，M1 接通；K100<C20 的当前值时，M2 接通。当执行条件 X0 为 OFF 时，CMP 指令不执行，M0、M1、M2 的状态保持不变。

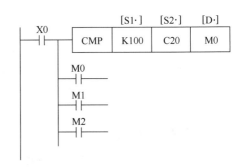

图 5-45 CMP 的使用

（2）传送 此指令的助记符、编程元件及程序步数如表 5-19 所示。

表 5-19 MOV 指令的助记符、编程元件及程序步数

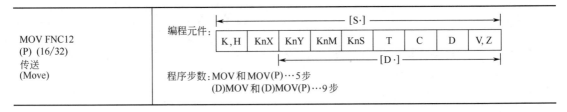

MOV 指令是将源数据传送到指定的目标，如图 5-46 所示。若 X0 = OFF，指令不执行，数据保持不变。当执行此指令时，常数 K100 自动转换成二进制数。

4. 运算

运算指令实现四则运算和逻辑运算的功能，下面介绍加法（ADD）、减法（SUB）指令。

（1）加法 此指令的助记符、编程元件及程序步数如表 5-20 所示。

图 5-46 MOV 的使用

表 5-20 ADD 指令的助记符、编程元件及程序步数

ADD 指令是将指定的源元件中的二进制数相加（代数加），结果送到指定的目标元件中，如图 5-47 所示。

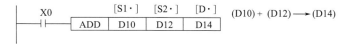

图 5-47 ADD 的使用

每个数据的最高位作为符号位（0 为正，1 为负）。如果运算结果为 0，则零标志 M8020 置 1。如果运算结果超过 32767（16 位运算）或 2147483647（32 位运算），则进位标志 M8022 置 1。如果运算结果小于−32767（16 位运算）或−2147483647（32 位运算），则借位标志 M8021 置 1。

在 32 位运算中，用字元件时，指定的字元件是低 16 位元件，而下一个元件即为高 16 位元件。源和目标可以用相同的元件号。

如图 5-48 所示，每当 X1 从 OFF 至 ON 变化时，D0 数据加 1。这与 INC（P）指令的执行结果相似。其不同之处在于，用 ADD 指令时，零、借位、进位标志按上述方法置位。

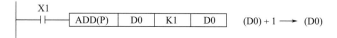

图 5-48 ADD 的特殊使用

（2）减法 此指令的助记符、编程元件及程序步数如表 5-21 所示。

表 5-21 SUB 指令的助记符、编程元件及程序步数

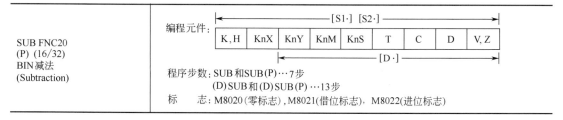

SUB 指令将［S1·］指定的元件中的数减去［S2·］指定的元件中的数（代数减），结果送到［D·］指定的目标中，如图 5-49 所示。

图 5-49 SUB 的使用

每个标志的功能、32 位运算元件指定方法等均与加法指令相同。

图 5-50 所示的运算与执行（D）DEC（P）指令的运算相似。其区别仅在于，用 SUB 指令时可得到标志的状态。

图 5-50　SUB 的特殊使用

5. 移位

下面介绍两条循环移位的指令。

（1）循环移位（左/右，ROL/ROR）　此指令的助记符、编程元件及程序步数如表 5-22所示。

表 5-22　ROR、ROL 指令的助记符、编程元件及程序步数

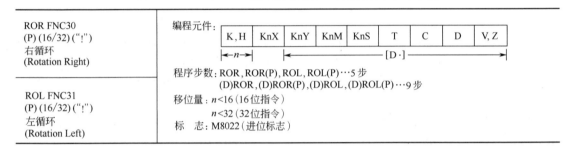

ROR、ROL 指令使 16/32 位数据向右或向左循环移位，其操作如图 5-51 所示。连续执行指令时，循环移位操作每个周期执行一次。

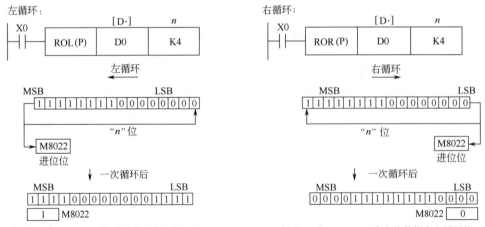

图 5-51　ROL、ROR 的使用

（2）带进位的循环移位（左/右，RCL/RCR）　此指令的助记符、编程元件及程序步数如表5-23 所示。

表 5-23　RCR、RCL 指令的助记符、编程元件及程序步数

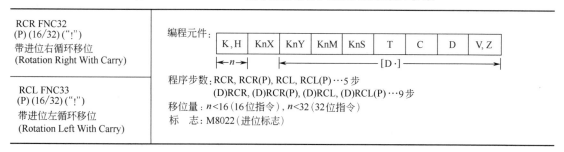

| RCR FNC32
(P) (16/32) ("!")
带进位右循环移位
(Rotation Right With Carry) | 编程元件：K,H KnX KnY KnM KnS T C D V,Z
◄—n—►　◄———————[D·]———————►

程序步数：RCR, RCR(P), RCL, RCL(P)…5步
　　　　　(D)RCR, (D)RCR(P), (D)RCL, (D)RCL(P)…9步
移位量：n<16（16位指令），n<32（32位指令）
标　志：M8022（进位标志） |
| RCL FNC33
(P) (16/32) ("!")
带进位左循环移位
(Rotation Left With Carry) | |

　　RCR、RCL 指令使 16/32 位数据连同进位一起向右或向左循环移位，其操作如图 5-52 所示。

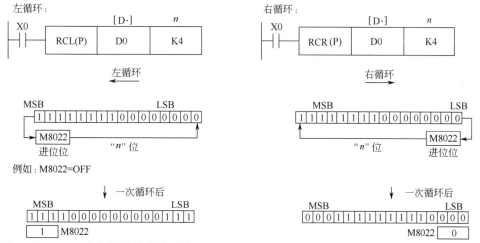

图 5-52　RCL、RCR 的使用

6. 数据处理

下面列举两条数据处理的指令。

（1）区间复位（ZRST）　此指令的助记符、编程元件及程序步数如表 5-24 所示。

表 5-24　ZRST 指令的助记符、编程元件及程序步数

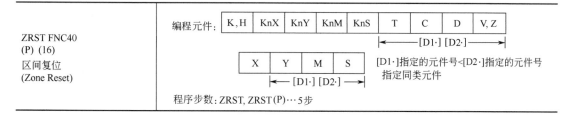

| ZRST FNC40
(P) (16)
区间复位
(Zone Reset) | 编程元件：K,H KnX KnY KnM KnS T C D V,Z
　　　　　　　　　　　　　　　　　◄——[D1·] [D2·]——►

　　　　X Y M S　[D1·]指定的元件号<[D2·]指定的元件号
　　　　◄—[D1·] [D2·]—►　　指定同类元件

程序步数：ZRST, ZRST(P)…5步 |

　　ZRST 指令将指定元件号范围的同类元件成批复位，其使用如图 5-53 所示。

　　[D1·] 和 [D2·] 指定的应为同类元件。[D1·] 指定的元件号应小于等于 [D2·] 指定的元件号。如 [D1·] 指定的元件号大于 [D2·] 指定的元件号，则只有 [D1·] 指定的元件被复位。虽然 ZRST 指令做 16 位处理，但 [D1·]、[D2·] 可同时指定 32 位计数器。

图 5-53 ZRST 的使用

（2）平均值（MEAN） 此指令的助记符、编程元件及程序步数如表 5-25 所示。

表 5-25 MEAN 指令的助记符、编程元件及程序步数

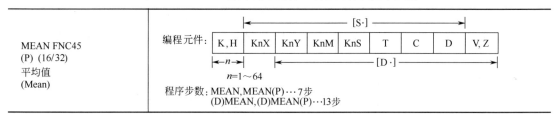

MEAN 指令将 n 个源数据的平均值送到指定目标。如元件号超出指定的范围，"n"值会自动缩小，算出元件号在允许范围内数据的平均值。如指定的"n"值超出 1～64 的范围，则出错。MEAN 指令的格式如图 5-54 所示。

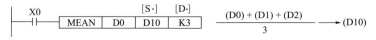

图 5-54 MEAN 指令的格式

7. 高速处理

下面列举脉宽调制（PWM）指令。此指令的助记符、编程元件及程序步数如表 5-26 所示。PWM 指令可控制输出脉冲的周期和宽度。指令的使用如图 5-55 所示。

[S1·] 指定脉冲宽度，范围为 1～32767ms；

[S2·] 指定周期 T_0，范围为 1～32767ms；

[D·] 指定脉冲输出 Y 的元件号。输出的 ON/OFF 状态用中断方式控制。

表 5-26 PWM 指令的助记符、编程元件及程序步数

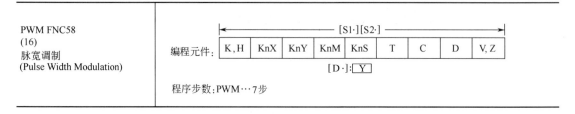

图 5-55 PWM 的使用

8. 外部 I/O 处理

外部 I/O 处理介绍两条指令。

（1）10 键输入（TKY） 此指令的助记符、编程元件及程序步数如表 5-27 所示。

表 5-27 TKY 指令的助记符、编程元件及程序步数

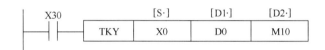

TKY FNC70 (16/32) 10 键 (Ten Key)	编程元件：[D1·]							
	K,H	KnX	KnY	KnM	KnS	T	C	D	V,Z
	程序步数：TKY…9步 (D)TKY…13步				[S·] X Y M S [D·]			

TKY 是 10 键输入十进制数指令，其格式如图 5-56 所示。

```
  X30              [S·]     [D1·]    [D2·]
───┤├───┤ TKY │   X0   │   D0   │   M10  │
```

图 5-56 TKY 指令的格式

[S·] 指定输入元件。[D1·] 指定存储元件。[D2·] 指定读出元件。

输入键与 PLC 的连接如图 5-57 所示。键输入及其对应的辅助继电器的动作时序如图 5-58 所示。如以（a）、（b）、（c）、（d）顺序按数字键，则 D0 中存入数据 2130。如送入数据大于 9999，则高位溢出并丢失（数据以二进制码存于 D0）。

用（D）TKY 指令时，D1 和 D0 成对使用，大于 99999999 时溢出。

当 X2 按下后，M12 置 1 并保持至另一键被按下，其他键也一样。M10～M19 的动作对应于 X0～X11。任一键按下，键信号 M20 置 1 直到该键放开。当两个或更多的键被按下，首先按下的键有效。

X30 变为 OFF 时，D0 中的数据保持不变，但 M10～M20 全部变为 OFF。

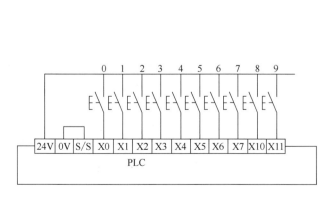

图 5-57 输入键与 PLC 的连接

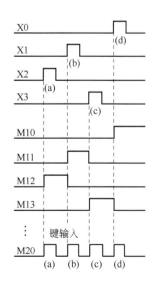

图 5-58 动作时序

此指令只能用一次。

（2）读特殊功能模块（FROM） 此指令的助记符、编程元件及程序步数如表 5-28 所示。

表 5-28 FROM 指令的助记符、编程元件及程序步数

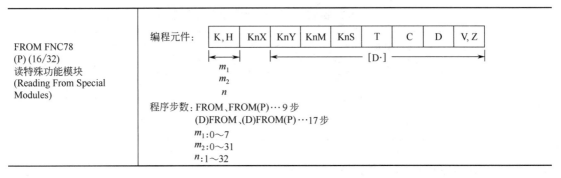

FROM 指令用来从特殊功能模块（例如模拟量输入单元、模拟量输出单元、高速计数器等）中读数据。其格式如图 5-59 所示。

图 5-59 FROM 指令的格式

该指令是将编号为 m_1 的特殊功能模块内从缓冲寄存器（BFM）编号为 m_2 开始的 n 个数据读入基本单元，并存于从 [D·] 开始的 n 个数据寄存器中。

9. 外部设备处理

下面介绍两条外设处理指令。

（1）串行通信（RS） 此指令的助记符、编程元件及程序步数如表 5-29 所示。

表 5-29 RS 指令的助记符、编程元件及程序步数

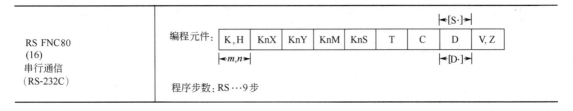

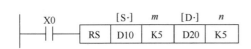

图 5-60 RS 指令的格式

该指令在使用 RS-232C 及 RS-485 功能扩展板、通信适配器时，用于发送和接收串行数据。其格式如图 5-60 所示。

[S·] 指定发送数据的地址，m 为发送点数。[D·] 指定接收数据的地址，n 为接收点数。

（2）PID 控制 此指令的助记符、编程元件及程序步数如表 5-30 所示。

表 5-30　PID 控制指令的助记符、编程元件及程序步数

PID FNC88 (P)(16) PID控制 (PID)	编程元件：　　　　　　　　　　　　　　[S1·],[S2·],[S3·] ←——→ K,H ｜ KnX ｜ KnY ｜ KnM ｜ KnS ｜ T ｜ C ｜ D ｜ V,Z 　　　　　　　　　　　　　　　｜←[D·]→｜ 程序步数：PID,PID(P)…9 步

该指令的功能是对 [S2·] 指定元件中的测量值与 [S1·] 指定元件中的设定值进行比较，通过 PID 运算，其输出值存入 [D·] 指定的元件（数据寄存器）中。PID 的控制参数存于由 [S3·] 指定起始地址的连续 25 个数据寄存器中。其格式如图 5-61 所示。

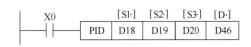

图 5-61　PID 控制指令的格式

三、应用举例

在对 PLC 的基本工作原理和编程技术有了一定的了解后，就可结合实际加以应用。下面介绍 PLC 应用设计的步骤和应用实例。

（一）设计步骤

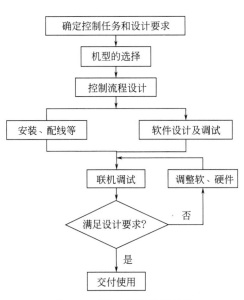

图 5-62　PLC 应用设计步骤

图 5-62 以框图形式说明了应用 PLC 时的设计过程。

首先要全面了解被控对象、控制过程与设计要求，熟悉工艺流程，列出该控制系统的全部功能和要求，这是设计 PLC 应用系统的依据，必须仔细地分析和掌握。在此基础上再制订控制方案。

机型选择也是应用设计的重要内容。应根据系统所需功能、I/O 点数或通道数、I/O 信号类型与特性要求、程序存储器容量以及输出负载能力选择适当规模的 PLC。

在确定控制系统的任务和设计要求以及 PLC 选型后，接着进行控制系统流程设计，画出控制系统流程图，说明各信息流之间的关系，然后具体安排输入、输出的配置，并对输入、输出端点和编程元件进行编号分配。此后进入软、硬件设计阶段。

软件设计也就是程序设计。由于 PLC 所有的控制功能都是以程序的形式来体现的，大量的工作时间用在程序设计上。设计出梯形图或语句表程序后，再进行调试和模拟运行，发现了错误及时修正。

在进行程序设计的同时，可以平行地进行硬件设计、配备工作，例如 PLC 外部电路与电气控制框的设计、制作、安装和接线等工作。

完成以上各项工作后，就可进行联机调试，PLC 接入实际输入信号和实际负载，进行现场运行总调，及时解决调试中发现的问题，直到完全满足设计要求，即可交付使用。

（二）实例

1. 燃油锅炉控制系统

图 5-63 所示为某燃油锅炉示意图。燃油经燃油预热器预热，由喷油泵经喷油口打入锅炉进行燃烧。燃烧时，鼓风机送风；点火变压器接通（子火燃烧），天然气阀打开（母火燃烧），喷油口喷油，将燃油点燃。点火完毕，关闭子火与母火，继续送风、喷油，使燃烧持续。锅炉的进水和排水分别由进水阀和排水阀来执行。上、下水位分别由上限、下限开关来检测。蒸汽压力由蒸汽压力开关来检测。

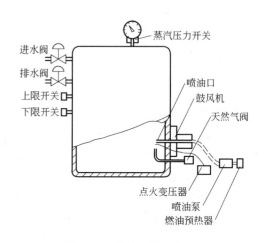

图 5-63 燃油锅炉示意图

（1）控制要求

① 启动：该锅炉的燃烧按一定时间间隔顺序起燃。其起燃顺序如下。

② 停止：停止燃烧时，要求如下。

③ 异常状况自动关火：锅炉燃烧过程中，当出现异常状况时（即蒸汽压力超过允许值，或水位超过上限，或水位低于下限)，能自动关火进行清炉；异常状况消失后，又能自动按启燃程序重新点火燃烧。过程如下。

④ 锅炉水位控制：锅炉工作启动后，当水位低于下限时，进水阀打开，排水阀关闭。当水位高于上限时，排水阀打开，进水阀关闭。

（2）I/O 设备及 I/O 点编号的分配　如表 5-31 所列。

表 5-31 I/O 设备及 I/O 点编号的分配

输 入 设 备	输入点编号	输 出 设 备	输出点编号
启动按钮	X0	燃油预热器接触器	Y0
停止按钮	X1	鼓风机接触器	Y1
蒸汽压力开关	X2	点火变压器接触器	Y2
水位上限开关	X3	天然气阀	Y3
水位下限开关	X4	喷油泵接触器	Y4
		进水阀	Y5
		排水阀	Y6

（3）程序设计　根据控制要求编制的梯形图程序如图 5-64 所示。

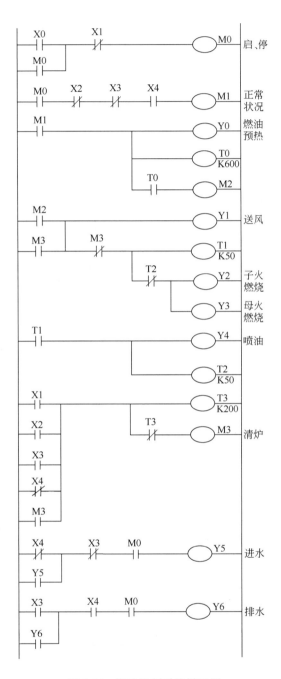

图 5-64　燃油控制系统梯形图

　　启动时，按下启动按钮，M0 接通并自保持。在正常状况下，即蒸汽压力不超限（X2 常闭触点闭合），水位低于上限（X3 常闭触点闭合），水位高于下限（X4 常开触点闭合），M1 接通，Y0 接通，燃油预热，T0 开始计时。T0 计时时间到，T0 常开触点闭合，M2 接通，Y1、Y2、Y3 也接通，鼓风机送风，子、母火燃烧，T1 开始计时。T1 计时时间到，其常开触点闭合，Y4 接通，喷油燃烧，T2 开始计时。T2 计时时间到，其常闭触点断开，子、母火关闭，继续燃烧。

停止时，按下停止按钮，X1 常闭触点断开，M0、M1 断开，Y0 断开，燃油预热停止；X1 常开触点闭合，M3 接通并自保持，T3 开始计时。M3 常闭触点断开，T1 断开，Y4 断开，喷油停止；M3 常开触点闭合，Y1 继续接通，进行送风清炉。T3 计时时间到，其常闭触点断开，M3 断开，Y1 断开，送风停止，清炉完毕。

出现异常状况时，即蒸汽压力超限（X2 常开触点闭合），或水位超过上限（X3 常开触点闭合），或水位低于下限（X4 常闭触点闭合），M1 断开，M3 接通，T3 开始计时，Y0、T1、Y2、Y3、Y4 断开，子、母火燃烧及喷油停止，继续送风进行清炉。当 T3 计时时间到，M3 断开，清炉停止。异常状况消失后，M1 接通，系统又从燃油预热开始按起燃程序进行工作。

锅炉工作启动后，当水位低于下限时，X4 常开、常闭触点分别断开和闭合，Y6 断开，Y5 接通，排水阀关闭，进水阀打开。当水位高于上限时，X3 常开、常闭触点分别闭合和断开，Y6 接通，Y5 断开，排水阀打开，进水阀关闭。

2. 污水净化控制系统

污水净化装置示意图如图 5-65 所示。污水由水泵打入净化设备中，经过滤器净化处理，所得清水从设备上部流出。过滤一定时间后，需进行反冲，即将过滤器外膜上的污物冲去，从设备底部排放。污水处理量由进水阀和循环阀控制（水泵始终运转）；水位由上、下限开关检测；涡轮流量计用于测定清水流量。

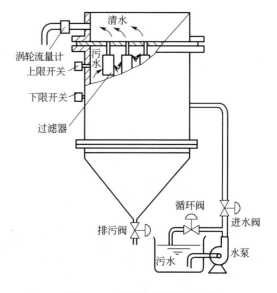

图 5-65 污水净化装置示意图

（1）控制要求

① 启动：按如下顺序进行污水净化处理。

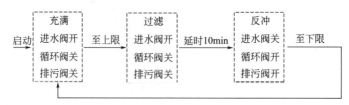

② 停止：净化过程暂停，此时进水阀关闭，循环阀和排污阀打开。

当清水流量（即污水处理量）小于设定值（例如 K500）时，自动停止净化过程，以便对设备进行清洗。

（2）I/O 设备及 I/O 点编号的分配　如表 5-32 所示。

表 5-32 I/O 设备及 I/O 点编号的分配

输 入 设 备	输入点编号	输 出 设 备	输出点编号
启动按钮	X1	进水阀	Y1
上限开关	X2	循环阀	Y2
下限开关	X3	排污阀	Y3
停止按钮	X4		

（3）程序设计 梯形图程序如图 5-66 所示。

按下启动按钮，M0 接通并自保持，系统进入污水净化处理程序。由于 M0 常开触点闭合，T0 常闭触点断开，故 Y1 接通，进水阀打开，排污阀关闭（Y1 常闭触点断开，Y2 也断开），此时为充满阶段。待水位升至上限时，X2 常开触点闭合，M1 接通，其常开触点闭合，T0 开始计时，此时为过滤阶段，过滤时进水阀、排污阀状态不变。当 T0 计时时间到，其常闭触点断开，Y1 断开，Y2 和 Y3 接通，进水阀关闭，排污阀和循环阀打开，系统进入反冲阶段。待水位降至下限时，X3 常开触点闭合，M1 复位，T0 复位，其常闭触点闭合，系统进入下一循环。

按下停止按钮，X4 常闭触点断开，M0 断开，系统即处于暂停状态。

系统正常运行时，由高速计数器（C235）和定时器 T1 完成清水瞬时流量的计算。涡流流量计输出的脉冲送至 PLC 的计数输入端，固定时间（0.1s）内计数器的计数值，即为清水瞬时流量（也可用 SPD 指令计算流量，详见前述功能指令）。用功能指令将流量值送至数据寄存器 D0 暂存。当流量值低于设定值（例如 500）时，M10 接通，其常闭触点断开，系统停止运行，表示应清洗过滤器。

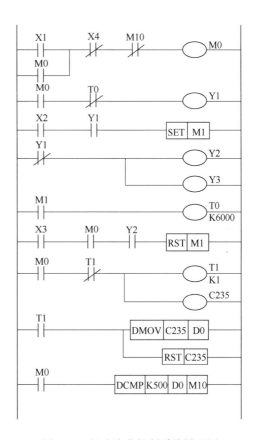

图 5-66 污水净化控制系统梯形图

第三节 S7 系列可编程控制器

SIMATIC S7 系列 PLC 包括 S7-200、S7-300、S7-400、S7-1200、S7-1500 型等产品，本节对 S7-300 PLC 做概要介绍。

S7-300 PLC 采用模块化结构，具有功能强、速度快、结构紧凑、扩展灵活等特点。它的主要性能指标是：数字量输入、输出通道数为 256～65536；模拟量输入、输出通道数为 64～4096；工作存储器容量为 16～512KB；共有 350 多条指令，位操作指令执行时间为 0.05～0.2μs。

一、组成

S7-300 PLC 由各种模块组成，主要有 CPU 模块、接口模块（IM）、信号模块（SM）、功能模块（FM）、通信处理器（CP）及电源模块（PS）等，系统构成如图 5-67 所示。

模块安装在专用的机架即导轨（Rack）上。模块上集成了背板总线，通过背板总线和电源线将各模块连接起来。

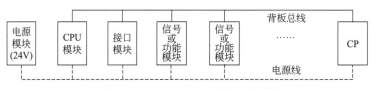

图 5-67　S7-300 PLC 系统构成框图

（一）CPU 模块

S7-300 PLC 有多种型号的 CPU，包括标准型、紧凑型、故障安全型和技术型，分别适用于不同规模、等级的控制要求。CPU 模块除完成执行用户程序的主要任务外，还为 S7-300 PLC 背板总线提供 5V 直流电源，并通过模块上的 MPI（多点接口）与编程装置、操作员面板、操作站、PLC 站点等建立通信联系。有的 CPU 模块还集成了 Profibus DP 和 Profinet 接口，可构建范围更宽的基于现场总线的分布式控制网络。

（二）接口模块

除了 CPU 模块所在的中央机架外，S7-300 PLC 可增设多个扩展机架。接口模块用来实现中央机架与扩展机架之间的通信，有的接口模块还可以为扩展机架供电。

（三）信号模块

信号模块又称为输入/输出（I/O）模块，它使不同的过程信号和 S7-300 PLC 的内部信号相匹配，主要有数字量输入（DI）模块、数字量输出（DO）模块、模拟量输入（AI）模块和模拟量输出（AO）模块。模块上配有前连接器，用来连接外部信号。AI 模块可以直接输入热电偶、热电阻、4～20mA 电流、0～10V 电压等多种不同的信号。信号模块除了传输信号外，还有电平转换和隔离的作用。

（四）功能模块

功能模块主要用于完成实时性强和存储容量大的信号处理和控制任务，主要有定位模块、计数器模块、电子凸轮控制器、高速布尔处理器、伺服电机位控模块、闭环控制模块等。

（五）通信处理器

通信处理器用于 PLC 之间、PLC 与远程 I/O 及计算机等设备之间的通信，以构成 MPI 网、Profibus DP 网或工业以太网。有不同类型的通信处理器，它们分别具有 RS-232C、Profibus DP、AS-i 或工业以太网的通信接口。

（六）电源模块

该模块将外部电源电压转换成内部工作电压，供其他模块使用。其电源电压为交流

120/230V，输出直流 24V 电压，输入和输出之间有着可靠的隔离。按功率大小可选择不同输出电流（2A、5A、10A）的电源模块。此模块与其他模块之间通过电缆连接。

二、编程语言和程序结构

目前广泛使用的西门子（中国）有限公司自动化与驱动集团发布的全集成自动化软件 TIA Portal（TIA 博途）采用统一的工程组态和软件项目环境，几乎适用于所有自动化任务。借助全新的工程技术软件平台，可用于西门子 S7-1500、S7-1200、S7-400、S7-300 PLC 编程，帮助用户快速、直观地开发和调试自动化系统。本书仅介绍 S7-300 PLC 利用 STEP 7 编程语言进行编程设计。

STEP 7 编程语言可用指令表（STL）、梯形图（LAD）、功能块图（FBD）、结构化控制语言（SCL）、顺序控制（GRAPH）、状态图（HiGraph）、连续功能图（CFC）等方式表示。前三种是标准 STEP 7 软件包配备的基本编程语言，其他几种语言可供用户选用。本节只涉及 STL、LAD 和 FBD 三种语言。

（一）编程语言

STEP 7 指令系统包括位逻辑、定时器、计数器、字逻辑、装入与传送、算术运算、移位、比较、转换、数据块、跳转、程序控制等多种类型的指令。下面分别介绍位逻辑、定时器和计数器的常用指令，以及相应的梯形图和功能块图的表示法。

1. 位逻辑

位逻辑指令用于二进制的逻辑运算，有"与""与非""或""或非""异或""同或"以及赋值、置位与复位、边沿检测等指令。它对"0"或"1"布尔操作数扫描，经逻辑运算后将操作结果送入状态字的 RLO（Result of Logic Operation，逻辑操作结果）位。

状态字用于表示 CPU 执行指令时所具有的状态，一些指令是否执行或以何种方式执行可能取决于状态字中的某些位；指令执行时，也可能改变状态字中的某些位，且能在位逻辑指令或字逻辑指令中对其访问并检测。状态字的位 1 为 RLO 位。

（1）"与"和"与非"（A，AN） 逻辑"与"操作在梯形图中用串联的触点回路表示，如图 5-68 所示。操作数标识符 I、Q 和 M 分别表示输入位、输出位和存储位。如果触点符号表示的是常开触点，则与其相关的操作数对"1"扫描，该例中是 I0.0 和 I0.1；如果表示的是常闭触点，则与其相关的操作数对"0"扫描，该例中是 M1.0。这样，仅当 I0.0 和 I0.1 的信号状态都是"1"，且 M1.0 为"0"时，输出 Q3.0 才为"1"，否则 Q3.0 为"0"。本例的梯形图、功能块图和指令表见图 5-68。

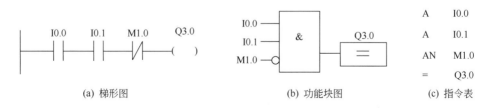

图 5-68 "与"逻辑

指令表程序中，"A"表示对"1"扫描（常开触点）并作"与"操作，"AN"表示对"0"

扫描（常闭触点）并作取反的"与"操作，"="表示赋值操作。功能块图中的"&"表示"与"逻辑运算。

（2）"或"和"或非"（O，ON）　逻辑"或"操作在梯形图中用并联的触点回路表示，如图 5-69 所示。其常开触点操作数对"1"扫描，而常闭触点操作数对"0"扫描。显然，只要有一个触点闭合，输出 Q3.0 就为"1"。仅当 I0.0 和 Q1.0 两者都为"0"，且 I0.1 为"1"时，Q3.0 才为"0"。本例的几种语言表示法见图 5-69。

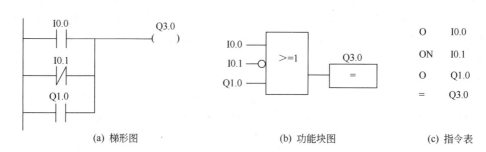

图 5-69　"或"逻辑

指令表程序中，"O"表示对"1"扫描并作"或"操作；"ON"表示对"0"扫描并作取反的"或"操作。功能块图中的">=1"表示"或"逻辑运算。

（3）"异或"和"同或"（X，XN）　表示"异或"逻辑操作的梯形图和指令表程序列于图 5-70（a）。在梯形图中，仅当两个触点（I1.0 和 I1.1）的扫描结果不同（即一个为"1"，另一个为"0"）时，Q4.0 方为"1"；若两个触点的扫描结果相同（均为"1"或"0"），则 Q4.0 为"0"。

图 5-70（b）表示了"同或"逻辑操作的梯形图和指令表程序。与"异或"逻辑相反，"同或"逻辑是指仅在两个触点的扫描结果相同时，Q4.0 才为"1"。

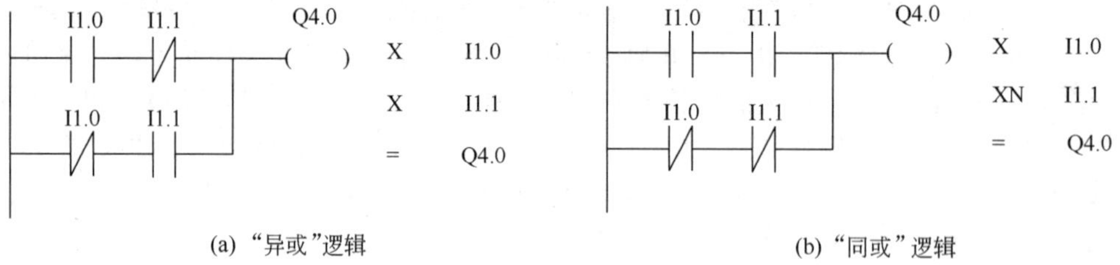

(a)"异或"逻辑　　　　　　　(b)"同或"逻辑

图 5-70　"异或"和"同或"逻辑

（4）电路块的串联和并联　当逻辑串是串并联的复杂组合时，CPU 的扫描顺序与逻辑代数的规则相同，是先"与"后"或"。图 5-71（a）给出的是触点先并后串的例子，图 5-71（b）则是先串后并的例子。在指令表程序中，前一例应将需串联的两个并联电路块对应的指令用括号括起来，并在左括号之前用 A 指令；后一例则要在两个串联电路块对应的指令之间使用没有地址的 O 指令。

（5）多重输出和中间输出　一个 RLO 可驱动多个输出元件，图 5-72 所示是多重输出的梯形图和与之对应的功能块图、指令表程序。

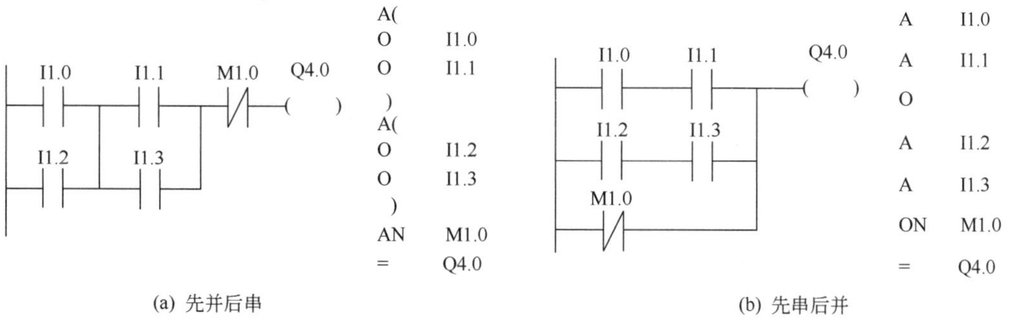

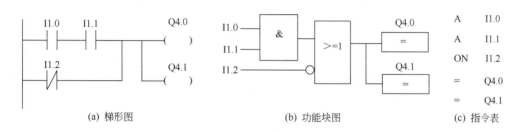

（a）先并后串　　　　　　　　（b）先串后并

图 5-71　串并联逻辑

（a）梯形图　　　　（b）功能块图　　　　（c）指令表

图 5-72　多重输出

中间输出指令在存储逻辑中，用于存储 RLO 的中间值，该值是中间输出指令前的位逻辑操作结果，在与其他触点串联的情况下，中间输出与一般触点的功能一样。中间输出指令不能用于结束一个逻辑串，因此，其不能放在逻辑串的结尾或分支的结尾。图 5-73 所示为中间输出的梯形图和指令表程序。

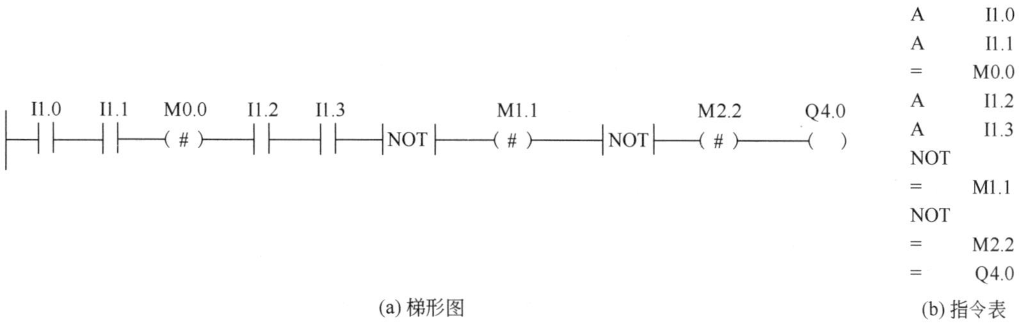

（a）梯形图　　　　　　（b）指令表

图 5-73　中间输出

本例中 M0.0、M1.1、M2.2 为逻辑串的中间输出。中间输出指令能够在位操作逻辑串中驱动等效继电器，并影响继电器的触点状态。这使梯形图可以多级输出，从而提高编程效率。

（6）置位与复位（S，R）　　置位与复位的梯形图、信号状态图及指令表程序示于图 5-74。S 指令将指定的地址位置位（置 1 并保持）；R 指令将指定的地址位复位（置 0 并保持）。

如果图 5-74（a）中 I1.0 的常开触点闭合，那么 Q4.0 变为"1"并保持此状态，即使该触点断开，Q4.0 仍保持"1"状态。I1.1 的常开触点闭合时，Q4.0 变为"0"并保持此状态，即使该触点断开，Q4.0 仍保持"0"状态。

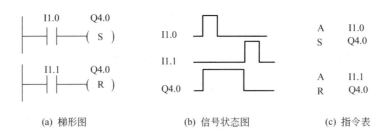

(a) 梯形图　　　　(b) 信号状态图　　　　(c) 指令表

图 5-74　置位与复位

（7）RS 触发器　RS 触发器的几种程序表示法如图 5-75 所示。若置位输入（S）为"1"，则 RS 触发器置位，M1.0 和 Q4.0 均为"1"状态；若复位输入（R）为"1"，则 RS 触发器复位，M1.0 和 Q4.0 均为"0"状态。由于程序是由前向后扫描，RS 触发器按置位顺序或复位顺序排列可分为置位优先型和复位优先型两种。

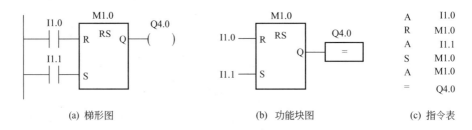

(a) 梯形图　　　　(b) 功能块图　　　　(c) 指令表

图 5-75　RS 触发器

置位优先型 RS 触发器的 R 端在 S 端之上，当两个输入端都为 1 时，下面的置位输入最终有效，即置位输入优先，RS 触发器或被置位，或保持置位不变。

复位优先型 RS 触发器的 S 端在 R 端之上，当两个输入端都为 1 时，下面的复位输入最终有效，即复位输入优先，RS 触发器或被复位，或保持复位不变。

图 5-75 所示为使用置位优先型 RS 触发器的例子。

（8）边沿检测　边沿检测指令有 FP（上升沿检测）和 FN（下降沿检测）两种，与此对应的功能块是 POS 和 NEG。图 5-76 给出了检测信号上升沿的三种编程语言表示法。

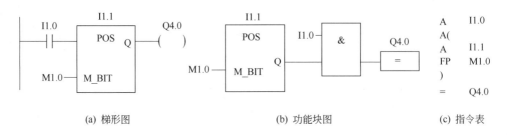

(a) 梯形图　　　　(b) 功能块图　　　　(c) 指令表

图 5-76　上升沿检测

在梯形图中，若 I1.0 的常开触点闭合，且 I1.1 信号状态与存放在 M1.0 的上次信号状态相比较，由"0"变为"1"（即检测到上升沿），则 Q4.0 在一个周期内通电。M1.0 为边沿存储位，用来存储上一周期 I1.1 的状态。

（9）对 RLO 的直接操作　其指令如表 5-33 所示。

表 5-33　对 RLO 的直接操作指令

LAD 指令	STL 指令	功　能	说　　　明
—|NOT|—	NOT	取反 RLO	在逻辑串中，对当前的 RLO 取反；取反指令或置位 STA 位
—	SET	置位 RLO	把 RLO 无条件置 1 并结束逻辑串；使 STA 位置 1，OR 位、$\overline{FC}$ 位清 0
—	CLR	复位 RLO	把 RLO 无条件清 0 并结束逻辑串；使 STA 位、OR 位、$\overline{FC}$ 位清 0
—（SAVE）	SAVE	保存 RLO	把 RLO 存入状态字的 BR 位，该指令不影响其他状态位

这些指令直接对逻辑操作结果（RLO）进行操作，改变状态字中 RLO 位的状态。表中，STA 位是状态字中的状态位，状态位不能用指令检测，它只在程序测试中被 CPU 解释并使用。OR 位是状态字的或位，在先逻辑"与"后逻辑"或"的逻辑串中，OR 位暂存逻辑"与"的操作结果，以便随后进行逻辑"或"运算，其他指令均将 OR 位清 0。$\overline{FC}$ 位是状态字中的首次检测位，$\overline{FC}$ 位在逻辑串开始时总是为 0，在逻辑串执行过程中为 1，在逻辑串结束时清 0。BR 位是状态字中的二进制结果位，它将字处理程序与位处理程序联系起来，在一段既有位操作又有字操作的程序中，用于表示字操作的结果是否正常。

2. 定时器

定时器主要用于等待计时、时间监控和脉冲形成等。S7-300 PLC 提供了多种形式的定时器：脉冲定时器、扩展脉冲定时器、接通延时定时器、带保持的接通延时定时器和断电延时定时器。这里主要介绍前三种定时器。

定时器的定时时间由时基（时间基准）和定时值两部分组成，定时时间等于时基与定时值的乘积。定时器字（图 5-77）的第 0～11 位存放 BCD 码格式的定时值，第 12、13 位存放二进制格式的时基。时基和定时值可以任意组合，以得到不同的定时分辨率和定时时间。表5-34 给出了定时器的四种时基和相应的分辨率和定时范围。

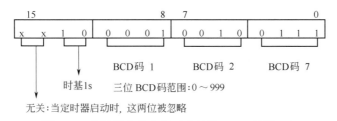

图 5-77　定时器字的内容（定时值 127，时基 1s）

表 5-34　时基与定时范围

时　　基	时基的二进制代码	分　辨　率	定　时　范　围
10ms	0 0	0.01s	10ms 至 9s990ms
100ms	0 1	0.1s	100ms 至 1min39s900ms
1s	1 0	1s	1s 至 16min39s
10s	1 1	10s	10s 至 2h46min30s

可以按下列形式预装定时时间。

第一种：L W#16#wxyz。L 是装入指令，W#16# 表示十六进制的字，w 是时基，xyz 是 BCD 码的时间值。

　　第二种：L S5T#aH_bM_cS_dMS。S5T（即 S5TIME）表示 SIMATIC 时间，H 表示小时，M 为分钟，S 为秒，MS 为毫秒，a、b、c、d 为用户设置的值。可设置的最大时间值为 9990s，即 2H_46M_30S。例如，S5T#1H_12M_18S 为 1 小时 12 分 18 秒。时基是 CPU 自动选择的，在满足定时范围要求的条件下选择最小的时基。

　　（1）脉冲定时器（SP）　当 I1.1 触点（图 5-78）由断开变为闭合（即 RLO 的上升沿）时，脉冲定时器启动，开始定时（定时值由图中 S5T#2M_2S 确定）。定时期间其常开触点闭合，直到定时结束。若在定时期间 I1.1 触点断开或有复位输入（即 I1.2 由"0"变为"1"），则定时器回复到启动前的状态，其常开触点断开。

　　图 5-78 给出了脉冲定时器的几种编程语言表示法。梯形图中使用了脉冲定时器指令 SP。功能块图中，S、R 分别为启动和复位输入端，TV 端设置定时值（S5TIME 格式），BI、BCD 端分别输出二进制码和 BCD 码的剩余时间，Q 端输出定时器状态。

图 5-78　脉冲定时器

　　图 5-79 所示是脉冲定时器的时序，图中 t 为定时器的预置值。

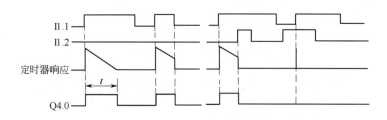

图 5-79　脉冲定时器时序

　　（2）扩展脉冲定时器（SE）　当 I1.1 触点（图 5-80）由断开变为闭合（即 RLO 的上升沿）时，扩展脉冲定时器启动，开始定时。定时期间其常开触点闭合，直到定时结束。在定时期间，即使 I1.1 触点断开，仍继续定时，若此时 I1.1 触点又变为闭合，则定时器被重新启动。如 I1.2 由"0"变为"1"时，定时器被复位，其常开触点断开。

图 5-80　扩展脉冲定时器

图 5-80 所示为扩展脉冲定时器的编程例子，梯形图中使用了扩展脉冲定时器指令 SE，其时序如图 5-81 所示。

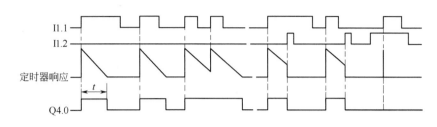

图 5-81　扩展脉冲定时器时序

（3）接通延时定时器（SD）　当 I1.1 触点（图 5-82）由断开变为闭合（RLO 的上升沿）时，启动接通延时定时器 T1，开始定时。定时时间到时，T1 的常开触点闭合。在定时期间，如果 I1.1 触点断开，T1 的当前时间保持不变。I1.1 触点重新闭合时，又从预置值开始定时。复位输入 I1.2 变为"1"时，T1 的常开触点断开，时间值被清 0。

图 5-82 给出了接通延时定时器的编程例子。其时序如图 5-83 所示。

图 5-82　接通延时定时器

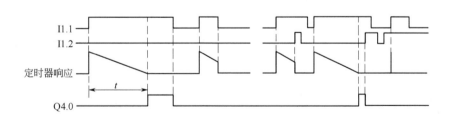

图 5-83　接通延时定时器时序

3. 计数器

S7-300 PLC 中的计数器用于对 RLO 上升沿计数，共有加计数器、减计数器和可逆计数器三种。

计数器字中的第 0～11 位表示计数值（图 5-84），计数范围为 0～999。当计数值达到上限 999 时，累加停止；计数值达到下限 0 时，将不再减小。对计数器进行置数（装入初始值）的操作与定时器类似。

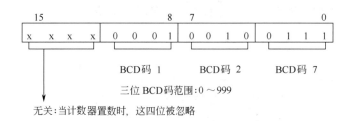

图 5-84　计数器字的内容（计数值 127）

使用复位指令 R 可复位计数器。计数器被复位后，其计数值被清 0，计数器输出状态也为 0（常开触点断开）。计数器的各项操作，应按下列顺序（编程顺序）进行：加计数、减计数、计数器置数、计数器复位、使用计数器输出状态信号和读取当前计数值。

图 5-85 给出了加计数器的编程例子。本例用于对输入 I1.0 的上升沿计数，每多一个上升沿，对计数器 C5 的计数值加 1。

图 5-85　加计数器

输入 I1.1 的信号状态从 0 变为 1，则计数器 C5 被置初始值 100，C#表示以 BCD 码格式输入一个数值。若没有上升沿，计数器 C5 的计数值保持不变。若输入 I1.2 为 1，计数器被复位。若计数器 C5 的计数值不等于 0，则 C5 输出状态为 1，Q4.0 也为 1。

功能块图中，CU 为加计数输入，S、R 分别为预置和复位输入，PV 为预置初始值输入，CV、BCD 分别输出整数格式和 BCD 码的当前计数值，Q 输出计数器的状态。

（二）程序结构

S7-300 PLC 的编程有三种方式：线性化编程、模块化编程和结构化编程，如图 5-86 所示。

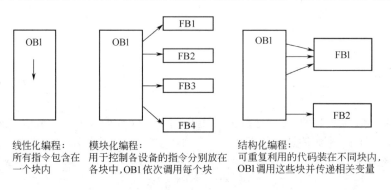

图 5-86　程序的三种典型结构

1. 线性化编程

整个用户程序编写在一个指令连续的块中，CPU 按顺序周期地扫描程序的每一条指令。线性化编程方法适用于比较简单的由单人编写的控制任务。

2. 模块化编程

将用户程序分成相对独立的程序块，每个块包含一些设备和任务的逻辑指令，各块的执行顺序由组织块中的指令决定。这种编程方法利于几个人同时编写，也利于程序的调试。

3. 结构化编程

整个程序含有若干个通用的独立程序块，可根据要求反复调用这些程序块，且通用数据和代码可以共享。结构化编程适用于复杂的控制任务，支持多人协同编写，其程序结构层次清晰，易于程序的修改和调试。

S7-300 PLC 的用户程序有三种类型的程序块：组织块（OB）、功能块（FB、FC、SFB、SFC）和数据块（DB、DI）。其中，组织块与功能块又统称为逻辑块。各种块的简要说明见表 5-35。

表 5-35 用户程序中的块

块	简 要 描 述
组织块（OB）	操作系统与用户程序的接口，决定用户程序的结构
功能块（SFB）	集成在 CPU 模块中，通过 SFB 调用一些重要的系统功能，有存储区
功能块（SFC）	集成在 CPU 模块中，通过 SFC 调用一些重要的系统功能，无存储区
功能块（FB）	用户编写的包含经常使用的功能的子程序，有存储区
功能块（FC）	用户编写的包含经常使用的功能的子程序，无存储区
背景数据块（DI）	调用 FB 和 SFB 时用于传递参数的数据块，在编译过程中自动生成数据
共享数据块（DB）	存储用户数据的数据区域，供所有的块使用

（1）组织块 组织块是操作系统和用户程序的接口，由操作系统调用，用于控制扫描循环和中断程序的执行、PLC 的启动和错误处理等。它包括循环运行的组织块（OB1），中断服务组织块（OB10、OB20、OB35、OB45），启动组织块（OB100），检测、处理实时错误的组织块（OB80～OB87、OB121、OB122）等。

OB1 是用户程序中的主程序。操作系统在每一次循环中都调用一次组织块 OB1。一个循环包括输入、程序执行、输出和其他任务。

中断服务组织块用于处理中断事件，例如时间日期中断、硬件中断和错误处理中断等。当前正在执行的块在语句执行完后停止执行（被中断），操作系统将会调用一个分配给该事件的组织块。该组织块执行完后，被中断的块将从断点处继续执行。OB 按触发事件分成几个级别，有不同的优先级，高优先级的 OB 可以中断低优先级的 OB。

（2）功能块 采用结构化编程时，用户程序会由许多功能块组成。FB 和 FC 可由用户自行开发，且可相互调用。它们主要包括两部分：一部分是每个功能块的变量声明表，用于声明本块的局部数据；另一部分是逻辑指令组成的程序，程序要用到变量声明表中的局部数据。FB 与 FC 的差异在于，前者具有存放静态变量的背景数据块，后者则没有。

当调用功能块时，外部数据将传递给功能块，这种变量传递的方式使得功能块具有通用性，它可被其他的块调用，以完成多个类似的控制任务。图 5-87 给出了块的调用过程，调用块可以是任何逻辑块，被调用块只能是功能块。

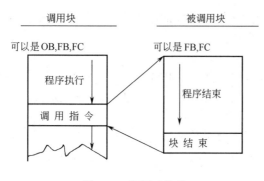

图 5-87　调用功能块

SFB 和 SFC 是为用户提供的已经编好程序的块，可以在用户程序中调用这些块，但是用户不能修改它们。它们作为操作系统的一部分，不占用程序空间。SFB 有存储功能，其变量保存在指定的背景数据块中。

（3）数据块　数据块是实现各逻辑块之间交换、传递和共享数据的重要存储区。数据块在使用前必须先行定义。在编程阶段和运行程序中都能定义数据块。但大多数数据块是在编程阶段定义的，定义的内容包括数据号及块中的变量（变量符号名、数据类型及初始值等）。S7-300 PLC 的数据块有背景数据块（DI）和共享数据块（DB）两类。

背景数据块是 FB 运行时的工作存储区，它存放 FB 的部分运行变量。调用 FB 时，必须指定一个相关的背景数据块。一般情况下，每个 FB 都有一个对应的背景数据块，一个 FB 也可以使用不同的背景数据块。若几个 FB 需要的背景数据完全相同，为节省存储，则可定义成一个背景数据块，供共用。而通过多重背景数据，也可将几个 FB 所需的不同背景数据定义在一个背景数据块中。背景数据块只能由 FB 访问。

FB、FC 或 OB 均可访问共享数据块，即任何 FB、FC 或 OB 均可读写存放在共享数据块中的数据。

三、编程举例

下面给出两个线性化编程的例子。

1. 脉冲发生器

用定时器可以构成脉冲发生器，这里运用两个定时器（T1 和 T2）产生频率占空比可设置的脉冲信号。当输入 I1.0 为 1 时，输出 Q4.0 为 1 或为 0，交替变化。图 5-88 所示是脉冲发生器的时序，脉冲宽度为 1s。

在程序中，用定时器 T1 设置输出 Q4.0 为 1 的时间，即脉冲宽度；Q4.0 为 0 的时间则由定时器 T2 设置。该脉冲发生器的梯形图、指令表和功能块图程序如图 5-89 所示。

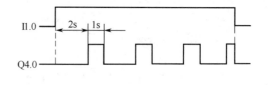

图 5-88　脉冲发生器时序

2. 频率监测器

频率监测器用于监测脉冲信号的频率，若低于下限，则指示灯亮，"确认"按键能使指示灯复位。

这里使用了一个扩展脉冲定时器（SE），每当频率信号有一个上升沿，就启动一次定时器，并使用了一个 RS 触发器。如果超过了定时时间没有启动定时器，则表明两个脉冲之间的时间间隔太长，即频率太低。图 5-90 所示为频率监测器时序。

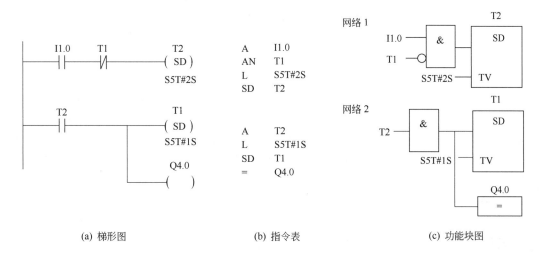

(a) 梯形图　　　　(b) 指令表　　　　(c) 功能块图

图 5-89　脉冲发生器

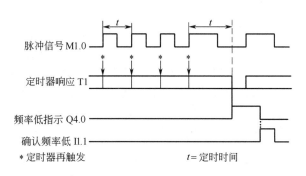

图 5-90　频率监测器时序

在频率监测程序中，输入 I1.0 用于关闭监测器，I1.1 用于确认频率低；输出 Q4.0 用以控制指示灯。定时器 T1 的定时时间为 2s，即设置脉冲信号 M1.0 的频率监测下限为 0.5Hz。其梯形图、指令表和功能块图程序如图 5-91 所示。

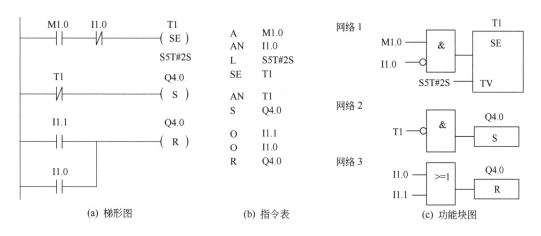

(a) 梯形图　　　　(b) 指令表　　　　(c) 功能块图

图 5-91　频率监测器

第四节　Micro850 控制器

罗克韦尔 Micro800 系列控制器主要包括 Micro810、Micro820、Micro830、Micro850 和 Micro870 等控制器。该系列控制器用于经济型单机控制。本节简要介绍 Micro850 控制器。

Micro850 控制器具有嵌入式输入和输出，通过功能性插件模块和扩展 I/O 模块实现特定的控制功能；具有较强的 I/O（包括高性能模拟量 I/O）处理能力，可以适应大型单机应用；具有嵌入式以太网端口，可实现更高性能的连接；具有 Ethernet/IP 协议支持（仅限服务器模式），用于 Connected Components Workbench（CCW）编程、RTU（远程终端单元）应用和人机界面连接；具有高速输入中断性能。

一、硬件结构

（一）Micro850 控制器系统组成

Micro850 控制器在单机控制器的基础上，根据控制器类型的不同，可进行功能扩展。它最多可容纳 2～5 个功能性插件模块，额外支持 4 个扩展 I/O 模块，其 I/O 点最高达到 132 点。图 5-92 所示为 Micro850 48 点控制器加上电源附件、功能性插件模块和扩展 I/O 模块后的最大配置情况。与其他一体式 PLC 不同，Micro850 控制器不带电源，需要另外根据控制器及扩展模块的功率要求选择外部电源模块（如 2080-PS120-240VAC）。电源等级为 24V DC 类型的数字量输入和输出模块也需要外接电源。

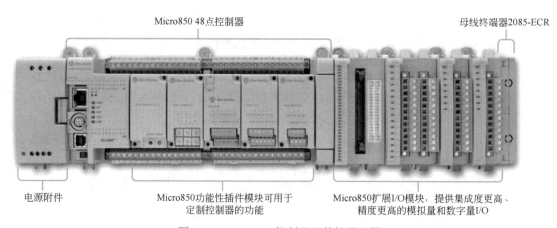

图 5-92　Micro850 控制器及其扩展配置

通信方面，Micro850 控制器具有一个 USB 接口、一个嵌入式串行端口。其具有嵌入式以太网接口，可通过自带的 10/100 Base-T 端口使用任何标准 RJ-45 以太网电缆连接到以太网，实现网络编程和通信。

（二）Micro850 控制器功能性插件模块

Micro850 控制器功能性插件模块包括离散型、模拟型、通信型和各种专用型的模块，其技术规范如表 5-36 所示。除了 2080-MEMBAK-RTC 功能性插件模块外，所有其他的功能性插件模块都可以插入到 Micro850 控制器的任意插件插槽中。

表 5-36 Micro850 控制器功能性插件模块的技术规范

模块	类型	说明
2080-IQ4	离散	4 点，12/24V DC 灌入型/拉出型输入
2080-IQ4OB4	离散	8 点，组合型，12/24V DC 灌入型/拉出型输入，12/24V DC 拉出型输出
2080-IQ4OV4	离散	8 点，组合型，12/24V DC 灌入型/拉出型输入，12/24V DC 灌入型输出
2080-OB4	离散	4 点，12/24V DC 拉出型输出
2080-OV4	离散	4 点，12/24V DC 灌入型输出
2080-OW4I	离散	4 点，交流/直流继电器输出
2080-IF2	模拟	2 通道，非隔离式单极电压/电流模拟量输入
2080-IF4	模拟	4 通道，非隔离式单极电压/电流模拟量输入
2080-OF2	模拟	2 通道，非隔离式单极电压/电流模拟量输出
2080-TC2	专用	2 通道，非隔离式热电偶功能性插件模块
2080-RTD2	专用	2 通道，非隔离式热电阻功能性插件模块
2080-MEMBAK-RTC	专用	存储器备份和高精度实时时钟
2080-TRIMPOT6	专用	6 通道微调电位计模拟量输入
2080-SERIALISOL	通信	RS-232/RS-485 隔离式串行端口

1. 离散型功能性插件模块

这些模块将来自用户设备的交流或直流通/断信号转换为相应的逻辑电平，在处理器中使用。只要指定的输入点发生通到断和断到通的转换，模块就会用新数据更新控制器。

2. 模拟型功能性插件模块

其能够提供额外的嵌入式模拟量 I/O。2080-IF2 最多可增加 10 个模拟量输入，而 2080-IF4 最多可增加 20 个模拟量输入，12 位分辨率。2080-OF2 最多可增加 10 个模拟量输出，12 位分辨率。这些功能性插件模块不支持带电插拔（RIUP）。模拟型功能性插件模块的最大电缆长度只有 10m，主要适用于单机控制应用。

3. 专用型功能性插件模块

（1）非隔离式热电偶（TC）和热电阻（RTD）功能性插件模块 2080-TC2 和 2080-RTD2 这些功能性插件模块能够在使用 PID 时，帮助实现温度控制，不支持带电插拔。

2080-TC2 双通道功能性插件模块支持热电偶测量。该模块可对 8 种热电偶传感器（分度号为 B、E、J、K、N、R、S 和 T）温度数据进行数字转换和传输，模块随附的外部 NTC（负温度系数）热敏电阻能提供冷端温度补偿。通过 CCW 编程组态软件，可单独为各个输入通道组态特定的传感器、滤波频率。该模块支持超范围和欠范围条件报警。

2080-RTD2 模块最多可支持两个通道的热电阻测量应用。该模块支持 2 线和 3 线热电阻传感器接线，对模拟量数据进行数字转换。该模块支持多达 11 种热电阻传感器的任意组合相连接。通过 CCW 编程组态软件，可对各通道单独组态。组态为热电阻输入时，模块可将热电阻读数转换成温度数据。该模块也支持超范围和欠范围条件报警。

（2）存储器备份和高精度实时时钟功能性插件模块 2080-MEMBAK-RTC 该模块可生成控制器中项目的备份副本，并增加精确的实时时钟功能而无须定期校准或更新。它还可用于复制/更新 Micro850 控制器应用程序代码。但是，它不可用作附加的运行程序或数据存储。该模块本身带电，因此只可将其安装在 Micro850 控制器最左端的插槽（插槽 1）中。该模块支持带电热插拔。

（3）6 通道微调电位计模拟量输入功能性插件模块 2080-TRIMPOT6　该模块可增加六个模拟量预设，以实现速度、位置和温度控制，不支持带电插拔（RIUP）。

4. 通信型功能性插件模块

RS-232/RS-485 隔离式串行端口功能性插件模块 2080-SERIALISOL 支持 CIP Serial（仅RS-232）、Modbus RTU（仅 RS-232）以及 ASCII（仅 RS-232）协议。不同于嵌入式 Micro850 控制器串行端口，该端口是电气隔离的，因此非常适合连接噪声设备（如变频器和伺服驱动器），以及长距离电缆通信。使用 RS-485 时最长距离为 100m。

（三）Micro850 控制器扩展 I/O 模块

Micro850 控制器扩展 I/O 模块牢固地卡在 Micro850 控制器右侧，带有便于安装、维护和

图 5-93　Micro850 控制器扩展 I/O 模块

接线的可拆卸端子块；高集成度数字量和模拟量 I/O 减少了所需空间；隔离型的高分辨率模拟量、RTD 和 TC（分辨率高于功能性插件模块），精度更高。只要这些嵌入式、插入式和扩展离散 I/O 点的总数小于或等于 132，就可以将最多四个扩展 I/O 模块以任何组合方式连接至 Micro850 控制器。Micro850 控制器扩展 I/O 模块如图 5-93 所示。

Micro850 控制器扩展 I/O 模块的技术规范如表 5-37 所示，主要介绍离散量、模拟量扩展 I/O 模块。

表 5-37　Micro850 控制器扩展 I/O 模块的技术规范

类别	模块	描述
离散量	2085-IQ16	16 点数字量输入，12/24V DC，灌入型/拉出型
	2085-IQ32T	32 点数字量输入，12/24V DC，灌入型/拉出型
	2085-OV16	16 点数字量输出，12/24V DC，灌入型
	2085-OB16	16 点数字量输出，12/24V DC，拉出型
	2085-OW8	8 点继电器输出，2A
	2085-OW16	16 点继电器输出，2A
	2085-IA8	8 点，120V AC 输入
	2085-IM8	8 点，240V AC 输入
	2085-OA8	8 点，120/240V AC 输出
模拟量	2085-IF4	4 通道模拟量输入，0～20mA，–10～+10V，隔离型，14 位
	2085-IF8	8 通道模拟量输入，0～20mA，–10～+10V，隔离型，14 位
	2085-OF4	4 通道模拟量输出，0～20mA，–10～+10V，隔离型，12 位
专用	2085-IRT4	4 通道 RTD 以及 TC，隔离型，±0.5℃
母线终端器	2085-ECR	终端盖板

1. 离散量扩展 I/O 模块

Micro850 控制器离散量扩展 I/O 模块是用于提供开关检测和执行功能的输入/输出模块。离散量扩展 I/O 模块主要包括 2085-IA8、2085-IM8、2085-IQ16 和 2085-IQ32T。

2. 模拟量扩展 I/O 模块

（1）模拟值与数字值转换　2085-IF4 和 2085-IF8 模块分别支持 4 路和 8 路输入通道，而 2085-OF4 支持 4 路输出通道。各通道可组态为电流或电压输入/输出，默认情况下组态为电流

模式。

（2）输入滤波器 对于输入模块 2085-IF4 和 2085-IF8，可以通过输入滤波器参数指定各通道的频率滤波类型。输入模块使用数字滤波器来提供输入信号的噪声抑制功能。移动平均值滤波器可减少高频和随机白噪声，同时可保持最佳的阶跃响应。根据可接受的噪声和响应时间选择频率滤波类型：50/60Hz 抑制（默认值）；无滤波器；2 点移动平均值；4 点移动平均值；8 点移动平均值。

（3）过程级别报警 当模块超出所组态的各通道上限或下限时，过程级别报警将发出警告（对于输入模块，还提供附加的上上限报警和下下限报警）。当通道输入或输出降至低于下限报警或升至高于上限报警时，状态字中的某个位将置位。所有报警状态位都可单独读取或通过通道状态字节读取。

对于输出模块 2085-OF4，当启用锁存组态时，可以锁存报警状态位。该模块可以单独组态各通道报警。

（4）钳位限制和报警 对于输出模块 2085-OF4，钳位会将来自模拟量模块的输出限制在控制器所组态的范围内。

二、Micro850 控制器编程软件 CCW

Micro850 控制器的设计、编程和组态软件是 CCW。CCW 设计、编程和组态软件提供控制器编程和设备组态功能，并可与人机界面终端（HMI）编辑器集成。CCW 软件符合控制系统编程软件国际标准 IEC 61131-3。

该软件的优势主要体现在：

（1）易于组态 单一软件包可减少控制系统的初期搭建时间。其通用、简易的组态方式，有助于缩短调试时间；连接方便，可通过 USB 通信选择设备；通过拖放操作实现更轻松的组态；Micro850 控制器密码增强了安全性和知识产权保护。

（2）易于编程 用户自定义功能块可加快机器开发工作。支持符号寻址的结构化文本、梯形图和功能块编辑器；广泛采用 Microsoft、IEC 61131、PLCopen 标准中的运动控制指令；可通过罗克韦尔自动化及合作伙伴的示例代码以及用户自定义的功能块实现增值。

（3）易于可视化 标签组态和屏幕设计可简化人机界面终端组态工作。在 CCW 软件中完成 Panel View Component（罗克韦尔人机界面终端，PVC）组态与编程，可获得更佳的用户体验；HMI 标签可直接引用 Micro850 控制器变量名，降低了复杂度并节省了时间；包括 Unicode 语言切换、发送报警消息和保存报警历史记录以及基本配方功能。

（一）CCW 软件编程环境

CCW 编程软件开发界面如图 5-94 所示，其主要的图形元素如表 5-38 所示。

（1）"文件" 该菜单完成工程的"新建""打开""关闭""保存"和"另存为"等功能。此外，还有一个"导入设备"菜单，可以导入设备文件及 PVC 应用。

（2）"编辑" 该菜单主要完成与工程开发有关的编辑功能，包括"剪切""复制""粘贴""删除"等。

（3）"视图" 该菜单主要包括"工程组织""设备工具箱""工具箱""错误表单""输出窗口""快速提示""交叉索引浏览""文档概貌""工具条""全屏显示"和"属性窗口"。其中，"交叉索引浏览"主要用于检索程序中的变量、功能和功能块等。

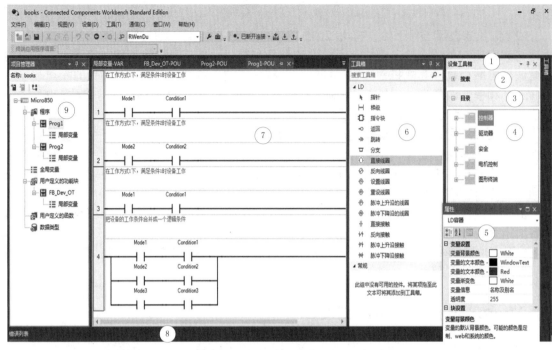

图 5-94　CCW 编程软件开发界面

表 5-38　CCW 编程软件开发界面主要图形元素

序号	名称	说明
1	设备工具箱	包含"搜索""类型"和"工具箱"选项卡
2	搜索	显示由本软件发现的、已连接至计算机的所有设备
3	类型	包含项目的所有控制器和其他设备
4	设备文件夹	每个文件夹都包含该类型的所有可用设备
5	工具箱	包含可以添加到 LD、FBD 和 ST 程序的元素。程序类别根据用户当前使用的程序类型进行更改
6	属性页	设置程序中变量、对象等属性
7	工作区	可用来查看和配置设备以及构建程序。内容由选择的选项卡而定，并在用户向项目中添加设备和程序时添加
8	Output	显示程序构建的结果，包含成功或失败状态
9	项目管理器	包含项目中的所有控制器、设备和程序要素

（4）"设备"　该菜单主要用于对程序编译调试、控制器连接与程序下载或上传、控制器固件更新、安全设置及文档生成程序。其中，文档生成程序可以生成整个程序或部分程序（通过鼠标选择）的 Word 文档，用于程序打印等。

（5）"工具"　该菜单主要包括"生成打印的文档""多语言编辑""外部工具""导入和导出设置"以及"选项"。其中"选项"中有"编程环境""工程""CCW 应用""网格""IEC 语言"等相关项的参数设置。

（6）"通信"　该菜单主要用于编程计算机与 PLC 的通信设置。通信功能主要依靠罗克韦尔的 RSLinx 软件。

（二）梯形图编程语言和编程示例

在污水处理厂及污水、雨水泵站有一种设备即格栅，其作用是滤除漂浮在水面上的漂浮物。粗格栅去除大的漂浮物，细格栅去除小的漂浮物。格栅的控制方式有两种：

① 根据时间来控制，通常是开启一段时间、停止一段时间的脉冲工作方式。

② 根据格栅前后的液位差进行控制。液位差超过某数值时启动，低于某数值时停机。其原理是格栅停机后，污物堆积影响到污水通过，会导致格栅前后液位差增大。

现要求用 CCW 软件编写梯形图程序来控制格栅设备。其中两种控制方式可在中控室操作站上选择：第一种方式工作时启、停的时间可设；第二种方式工作时液位差可以设置。

格栅控制梯形图程序如图 5-95 所示。

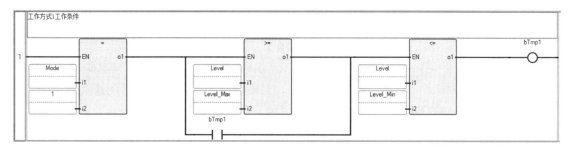

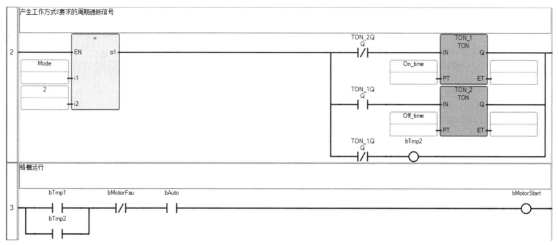

图 5-95　格栅控制梯形图程序

程序中，梯级 1 是工作方式 1 的工作条件逻辑，梯级 2 是工作方式 2 的逻辑，梯级 3 是设备总的工作程序。程序中要与上位机通信的变量是全局变量，而其他变量可以定义为本程序中的局部变量。程序中用全局变量"Mode"表示工作方式。需要注意的是，程序中用了两个 TON 类型的定时器，根据要求其时间是可变的，因此，这里用了时间类型的变量，而非时间常数。实际应用中由于上位机不支持 TIME 类型，因此在 PLC 中要采用 ANY_TO_TIME 功能块把上位机传来的表示时间的整型数转换为时间类型（TIME）参数后传给这两个时间类型变量。梯级 3 中 bMotorFau 表示设备故障信号，将热继电器辅助触点的常开触点送入 PLC 的 DI 通道。bAuto 表示设备控制的自动选择信号，转换开关打到自动挡后触点闭合。手动操作时，转换开关不在自动位置，因此该触点断开。

（三）结构化文本编程语言和编程示例

使用结构化文本语言编写的程序比梯形图程序更加简捷。以下说明采用结构化文本语言编写的求 1～100 的和及阶乘的程序。首先定义变量，在定义变量时给变量赋予初值，见图 5-96（a）。变量定义好后编辑代码。程序如图 5-96（b）、（c）所示。然后进行程序的编译、下载和运行。

名称	别名	数据类型	维度	项目值	初始值	注释
J		INT			0	临时变量
SUM		INT			0	累加和
FACTORIAL		INT			1	阶乘值

(a)定义变量

```
1   (* 求1到100的累加和以及100阶乘的例子 *)
2   IF J<100 THEN
3       J:=J+1;
4       SUM:=SUM + J;  (* 计算和 *)
5       (* 计算阶乘 *)
6       FACTORIAL:= FACTORIAL*J;
7   END_IF;
```

(b)用IF语句实现的代码

```
1   //用WHILE语句
2   WHILE J<100 DO
3       J:=J+1;
4       SUM:=SUM+J;
5       FACTORIAL:=FACTORIAL*J;
6   END_WHILE;
7   //用FOR 循环语句
8   FOR J:=1 TO 100 BY 1 DO
9       SUM:=SUM+J;
10      FACTORIAL:=FACTORIAL*J;
11  END_FOR;
```

(c)用WHILE及FOR循环实现的代码

图 5-96　结构化文本编程语言程序示意

（四）功能块图编程语言和编程示例

假设某水箱液位采用 ON-OFF 方式进行控制。当实际液位测量值小于等于所设定的最低液位时，输出一个 ON 信号；当测量值大于等于最高液位时，输出一个 OFF 信号。

这样的 ON-OFF 控制在许多场合会用到，因此，可以首先编写一个 ON-OFF 控制的自定义功能块，然后在程序中调用该功能块。图 5-97（a）所示是该功能块的局部变量定义，图 5-97（b）所示是功能块的代码部分，图 5-97（c）所示是在程序中调用该功能块的一个实例，该实例描述了一个水箱液位控制实现的过程。调用该功能块时，用实参代替形参，程序中 Actual_Level、Min_Level 和 Max_Level 都是全局变量。Actual_Level 是液位传感器信号转换后的液位参数，而 Min_Level 和 Max_Level 都是在上位机或终端上可以设置的水箱运行控制参数。Start_Motor 是一个与水泵运行控制有关的局部变量，非水泵的启动信号，因为水泵的运行还受到工作方式、是否有故障等逻辑条件限制。

Name	Alias	Data Type	Direction	Dimension	Initial Value	Attribute
Actual_L		REAL	VarInput			Read
Max_L		REAL	VarInput			Read
Min_L		REAL	VarInput			Read
Out		BOOL	VarOutput			Write
RS_1		RS	Var		...	Read/Write

(a) 功能块局部变量定义

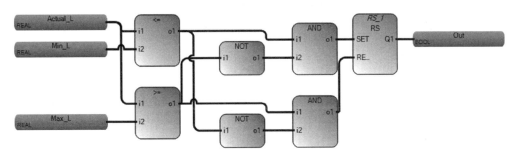

(b) 功能块代码部分

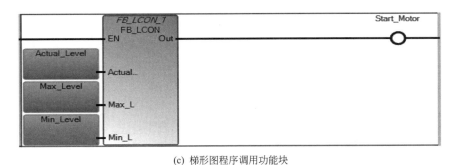

(c) 梯形图程序调用功能块

图 5-97　功能块图编程例子

思考题与习题

5-1　简述可编程控制器的特点、工作过程和编程语言。

5-2　说明 FX_{2N} PLC 输入端和输出端的接线方法。

5-3　FX_{2N} PLC 有哪些编程元件？其作用如何？

5-4　画出与下列指令表程序对应的梯形图。

0	LD	X0	4	OUT	Y0	8	ANI	X4
1	OR	X1	5	LDI	Y0	9	OR	M2
2	ORI	M0	6	AND	X3	10	OUT	Y1
3	AND	X2	7	OR	M1			

5-5　画出与下列指令表程序对应的梯形图。

0	LD	X0	4	LDI	X4	8	ANI	X7	12	OUT	Y1
1	ORI	X1	5	AND	X5	9	ORB		13	LDI	X1
2	LD	X2	6	ORB		10	ANB		14	OUT	T1
3	ANI	X3	7	LD	X6	11	ANI		T1	SP	K20

5-6　试用定时器和计数器组合的方法编写一定时时间为 100min 的程序，画出梯形图。

5-7 如何使用状态转移图和步进指令编制顺控程序？

5-8 简述 FX$_{2N}$ PLC 功能指令的使用方法。

5-9 如何设计 PLC 应用系统？试举例说明。

5-10 简述 S7 系列 PLC 基本组成和程序结构。

5-11 举例说明 STEP 7 语言的编程方法，分别给出指令表、梯形图和功能块图程序。

5-12 Micro850 控制器功能性插件模块与扩展模块相比有何异同？

5-13 Micro850 控制器支持的通信方式有哪些？

5-14 CCW 编程软件支持哪些编程语言？

第六章
集散控制系统

集散控制系统（Total Distributed Control System，DCS）又称分散型控制系统。它是一种以微处理器为基础、对生产过程进行集中管理和分散控制的分布式计算机控制系统。DCS 集计算机、自动控制及网络与通信等先进技术于一体，已成为过程工业自动化的主流装置，广泛应用于石油、化工、电力、冶金等行业。

本章以典型的集散控制系统 TPS 和 PCS 7 为例阐述 DCS 的功能特点、网络结构、系统组成、软件组态及在生产过程中的应用。

第一节 概述

一、集散控制系统的发展历程

20 世纪五六十年代，过程工业主要使用模拟式控制仪表。由于常规模拟式控制仪表控制功能单一，在实际应用中，为了能适应不同的控制方案，在一些复杂的工艺过程中常常采用大量的模拟式电动控制仪表来实现过程控制功能，因而中央控制室中的仪表越来越多，仪表盘面越做越大，使用者面对高密集的仪表屏，操作和调整十分困难。显然这种控制系统的人机联系差，不利于对过程进行监控与操作，控制精度也不高。此后，为了使自动化系统能适应更复杂的控制功能，逐步引入了计算机控制，在中央控制室采用单一的计算机实现直接数字控制（Direct Digital Control，DDC）或监督计算机控制（Supervisory Computer Control，SCC），构成了集中型计算机控制系统。然而，由于这种控制系统采用的是集中控制，因此危险性高度集中，特别是当承担着整个工厂或装置控制任务的中央控制计算机出现故障时，会导致生产停车，甚至发生恶性事故。因此，如何把计算机故障造成的危害减小，使危险分散，成为应用集中型计算机控制系统首要解决的问题。

正是在这种背景下，Honeywell 公司于 1975 年推出了世界上第一套集散控制系统——TDC-2000。此后相继有众多厂商推出了各自的 DCS，这些系统采用多台微处理机完成一台大型计算机的控制功能，由 CRT（阴极射线管）操作站和上位机进行监视和操作，并运用通信手段将各装置连接起来，构成控制网络。这样，既实现了分散控制，又能进行集中操作与管理。在接下来的 10 年中，集散控制系统发展迅速。由于对系统原有硬件、软件的更新与扩容，彩色显示、局域网等新技术被采用，集散控制系统的功能得到增强。20 世纪 80 年代中期，综合信息管理系统的开发成功标志着集散控制系统的发展进入新的阶段，新系统在原有的过程控制层和过程管理层上增加了第三层——综合信息管理层，更多地关心高层信息的传输、处理和共享。另外，网络通信功能的增强，也使得不同制造厂商的产品之间能进行数据通信，从而扩大 DCS 的应用范围。

20 世纪 90 年代以来，集常规控制、先进控制、过程优化、生产调度、设备维护、企业管理、经营决策等功能于一体的综合自动化成为过程控制发展的主流，以管控一体化为主要特征的 DCS 也随之应运而生。管控一体化的软件解决方案能够在更高效、更经济地实施项目的同时，确保数据管理的一致性。例如，借助西门子 COMOS 一体化软件解决方案对工厂项目进行集约化管理，无论是进行工厂工程设计、工厂运营还是升级改造，所有工厂信息都存储在一个中央数据平台上，方便用户随时检索与访问，确保全工厂生命周期内数据的透明性、一致性和正确性，并且在任何地点都可以访问，实现全面的工厂管理。随着 PLC 技术的进一步发展和 FCS（现场总线控制系统）的推广应用，DCS 与 PLC、FCS 相互渗透融合的混合型分布式控制系统也出现在自动化系统中。DCS 正在向集成化、信息化、综合化、开放性方向发展。

目前具有代表性的 DCS 有 Honeywell 公司的 Experion PKS，Emerson 公司的 Plantweb，Siemens 公司的 PCS 7，Yokogawa 公司的 Centum CS-3000 等系统。

20 世纪末，我国的一些高新技术公司也进入了 DCS 领域。经过 20 年的发展历程，国产 DCS 的生产和应用都取得了较大的进步。国产 DCS 在国内市场上具备了价格低廉、备品备件齐全、服务周到及时、组态方便等优势，在与国外产品的竞争中已占有一席之地。典型的国产 DCS 有浙江中控的 WebField 系统、和利时公司的 Hollias 系统等。

二、集散控制系统的特点

集散控制系统的性能比常规模拟式仪表控制系统和集中型计算机控制系统更为优越，它的主要特点如下。

1. 功能齐全

集散控制系统能实现简单的单回路和复杂回路控制以及多变量先进控制；可以执行从常规 PID 运算到 Smith 预估、三阶矩阵乘法等各种运算；既可以进行连续的反馈控制，也可以进行间断的批量（顺序）控制；可以实现监视、显示、打印、信息检索、报警、历史数据存储等各项功能。

2. 人机联系完善

系统具有彩色高分辨率显示屏、触摸式屏幕和完善的菜单功能。丰富的画面和复合窗口技术，使操作人员可以监视全部生产装置，乃至整个工厂的生产情况。过程工程师可按预定的控制策略组成不同的控制回路，并调整回路的任一参数，而且还可以对机电设备进行各种控制，从而实现真正的集中操作和管理。

3. 可靠性高

由于系统采用了多微处理机分散控制结构，危险性分散，加上系统结构采用容错设计，关键设备备有双重或多重冗余，以及系统具备完善的自诊断功能，在有单元失效的情况下，系统仍能保持完整并正常运转。

4. 系统拓展灵活

系统的软硬件均采用开放式、标准化和模块化设计，用户可根据需求方便地扩大或缩小系统的规模。当工艺或生产流程改变时，只需采用组态软件改变某些配置和控制方案就能实现适合新对象的控制功能。

5. 安装调试简单

集散控制系统各模块均安装在标准机柜内，模件间采用多芯电缆、标准化接插件相连，与过程的连接采用规格化端子板，到中央控制室操作站只需敷设同轴电缆进行数据传送，因而布线量和安装量大大减少。系统调试采用专用的调试软件，因而调试时间也大为缩短。

6. 性能价格比高

在性能方面，集散控制系统技术先进、功能齐全、可靠性高；在价格方面，国外近百个控制回路的生产过程采用集散控制系统的投资与采用常规模拟式控制仪表相当，并且规模越大，单位回路投资越低。

三、集散控制系统的结构

虽然集散控制系统的品种很多，但是基本结构是相似的。一般来说，集散控制系统主要分为分散过程控制装置、操作管理装置和通信系统三大部分，其典型结构如图 6-1 所示。

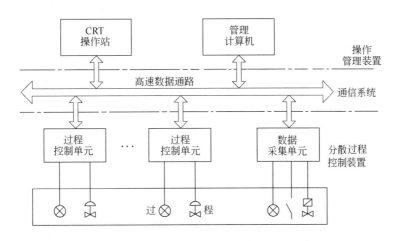

图 6-1　集散控制系统的基本结构

1. 分散过程控制装置

分散过程控制装置是集散控制系统与生产过程间的界面，生产过程的各种过程变量通过分散过程控制装置转化为操作监视的数据，而操作的各种信息也通过分散过程控制装置送到执行机构。在分散过程控制装置内，进行模拟量与数字量的相互转换，完成各种输入、输出数据的处理和控制算法的运算。

2. 操作管理装置

操作管理装置是操作管理人员与集散控制系统间的界面，生产过程的各种参数集中在操作管理装置上显示，操作管理人员通过操作管理装置了解生产过程的运行状况，还可操纵生产过程、组态回路、调整回路参数、检测故障和存储过程数据。

3. 通信系统

通信系统是分散过程控制装置与操作管理装置之间的桥梁。集散控制系统各单元之间的数据传输由通信系统构成的网络来完成，该网络需遵循一定的通信协议。

第二节　集散控制系统通信网络

集散控制系统的通信网络是采用计算机网络中的局域网来实现的，它是控制系统的重要支柱，执行分散控制的各单元以及各级人机接口要靠通信网络连成一体。

一、通信网络的特点

与一般的局域网不同,集散控制系统中采用的通信网络用于生产过程的控制和管理,它具有下列特点。

1. 实时性好,动态响应快

集散控制系统的应用对象是实际的工业生产过程,它传送的主要信息是实时的过程信息和操作管理信息。因此,在集散控制系统中采用的通信网络要有良好的实时性和快速性。

2. 可靠性高

对于连续生产的工业过程,集散控制系统采用的通信网络也必须连续运行,任何暂时的中断都会造成巨大的损失。为此,要求集散控制系统的通信网络具有极高的可靠性。这点通常采用冗余技术来实现。

3. 适应恶劣的工业现场环境

工业现场干扰频繁,如雷击、电磁、电源干扰等,因此集散控制系统的通信环境较一般的通信系统环境要严酷得多,要求集散控制系统的通信网络具有强抗干扰性并采用差错控制,以降低数据传输的误码率。

二、网络结构与通信介质

(一)网络结构

网络结构就是网络站点的不同连接方式,又称网络拓扑,通常有星型、总线型和环型以及三种结构的混合型,以下介绍前三种形式。

1. 星型网络结构

星型网络结构如图 6-2 所示,网络中央的设备为主站,其他为从站,网络上各从站间交换信息都要通过主站。这种结构覆盖区域宽,扩展方便,很容易增加新的工作站,主、从站由专用电缆连接,传输效率高,通信简单。然而,由于主站负责全部信息的协调与传输,一旦故障发生,将导致整个系统瘫痪。浙大中控的 JX-300 采用的就是星型网络。

2. 总线型网络结构

总线型网络结构中所有的工作站都挂在总线上,如图 6-3 所示。任一工作站可作为主站或从站,按实际需要确定。总线型网络结构简单,所需的连接电缆是所有网络结构中最少的,系统可大可小,拓展方便,网络中任一个工作站的故障不会影响整个系统。但是,一旦总线发生故障,将导致网络瘫痪。另外,由于所有的信息都在总线上传输,安全性能会随之下降。总线型网络结构的性能主要取决于总线的"带宽"、挂接设备的数量和总线访问规程。总线型网络结构已成为目前广泛采用的一种网络结构,如 Honeywell 公司的 TPS、Yokogawa 公司的 Centum CS-3000。

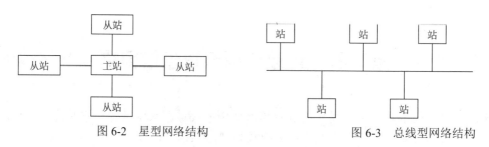

图 6-2　星型网络结构　　　　　　　　　图 6-3　总线型网络结构

3. 环型网络结构

环型网络结构由连接在一起构成一个逻辑环路的若干个工作站（节点）组成，节点通过接口单元与环连接，如图 6-4 所示。网络中的信息可以单向或双向传输，但在双向数据通信中，需考虑路径的控制问题。环型网络结构简单，控制逻辑简单，挂接和摘除节点也比较容易，系统的初始开发成本以及修改费用较低。但系统的可靠性差，当接口单元或数据通道出现故障时，整个系统将会受到威胁。虽可通过增设"旁路通道"或采用双向环型数据通路等措施予以克服，但会增加系统的复杂性和成本。Siemens 的 PCS 7 就采用了冗余光纤环网。

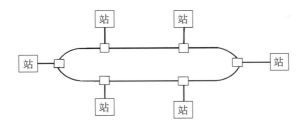

图 6-4　环型网络结构

由于各种网络结构都有自己的优缺点，因此在一些大型系统中，常常将几种网络结构合理地运用在同一个系统中，以实现优势互补。

（二）通信介质

通信介质又称传输介质或信道，它是连接网上各站的物理信号通路，主要有双绞线、同轴电缆和光缆三种。

1. 双绞线

双绞线是最便宜且常用的通信介质，它由两根相互绝缘的铜导线按一定的规格互相缠绕在一起而成。这种结构能较好地抑制电磁感应干扰，但由于双绞线有较大的分布电容，故不宜传输高频信号。

2. 同轴电缆

同轴电缆由内导体铜芯、绝缘层、网状编织的外导体屏蔽层和塑料保护外套组成。由于外导体屏蔽层的作用，同轴电缆具有很好的抗干扰特性，现被广泛用于较高速率的数据传输。

3. 光缆

光缆是由光导纤维构成的电缆。电信号由光电转换器转换成光信号在光缆中传输，因而在传输过程中不会受到电磁波或无线信号的干扰，也没有信号的传输损耗，保密性强。目前光缆已在集散控制系统的网络通信中得到了越来越广泛的应用。

另外，在一些很难用缆线连接起来的场合，"无线网络"是一种合适的解决方案。微机上可以安装小型的微波传输电路板，这些部件将信号传输到也有微波设备的其他网络工作站。但使用"无线网络"的费用较传统布线系统要高。

三、网络通信协议

为了使不同厂商的计算机网络之间能够互联，国际标准化组织（ISO）制定了开放系统互联（OSI）参考模型。OSI 参考模型采用分层结构，共分为七层，每一层为它上面一层服务，在每一层中进行的修改不影响其他层。七层结构从下至上分别是物理层、数据链路层、网络层、传输层、会话层、表示层和应用层。

局域网通信协议大多以 OSI 为基础，且多数协议标准是基于物理层和数据链路层来制定的。数据链路层又分为介质访问控制层（MAC）和逻辑链路控制层（LLC）两层。由于局域网仅是一个小范围内的单一网络，用户的应用接口可直接放在 LLC 上。MAC 负责在物理层的基础上进行无差错的通信，即将 LLC 送下来的数据进行封装发送、检测差错及寻址等；LLC 则负责建立和释放逻辑连接，提供与应用程序的接口，进行差错控制。

目前使用最广泛、影响最大的局域网通信协议是 IEEE（电气与电子工程师协会）的 802 系列标准。该标准所提供的是局域网所应完成的基本通信功能，部分内容如下：

IEEE 802.1，局域网概述、体系结构、网络管理和网络互联；

IEEE 802.2，逻辑链路控制；

IEEE 802.3，总线型网络的 MAC 与物理层标准；

IEEE 802.4，令牌总线型网络的 MAC 与物理层标准；

IEEE 802.5，令牌环型网络的 MAC 与物理层标准；

IEEE 802.6，城域网的 MAC 与物理层标准；

IEEE 802.7，宽带网技术标准；

IEEE 802.8，光纤网技术标准；

IEEE 802.9，综合语音/数据网标准；

IEEE 802.10，局域网安全标准；

IEEE 802.11，无线局域网标准；

IEEE 802.12，快速局域网标准；

IEEE 802.13，未使用；

IEEE 802.14，交互式电视网技术标准；

IEEE 802.15，短距离无线网络技术标准；

IEEE 802.16，宽带无线接入系统标准；

IEEE 802.17，弹性分组环技术标准。

在集散控制系统的通信网络中，大多采用 IEEE 802.3 和 IEEE 802.4 这两种通信协议，IEEE 802.5 也有所应用。这三种协议主要是解决网络通信中介质访问控制层（MAC）的问题。

1. IEEE 802.3

CSMA/CD（载波监听多路访问/冲突检测）协议是总线型网络最常用的介质访问控制协议，属于争用型协议。它为各站提供均等的发送机会，每个站点都能独立地决定帧（数据帧）的发送。在发送帧之前，首先要进行载波监听，只有介质空闲时，才允许发送帧。这时，如果两个以上的站同时监听到介质空闲并发送帧，则会产生冲突现象，这时发送的帧都成为无效帧，发送随即宣告失败。因此每个站必须有能力随时检测冲突是否发生，一旦发生冲突，则应停止发送，然后随机延时一段时间后，再重新争用介质，重新发送帧。

CSMA/CD 协议原理比较简单，技术上易实现，网络中各工作站处于平等地位，不需集中控制，不提供优先级控制。但是，争用方式本身带来了 CSMA/CD 协议中网络通信的不确定性。在网络负载增大时，发送时间延长，发送效率急剧下降；而且协议对信号幅度也有较高要求，需规定最小帧长度。

2. IEEE 802.5

令牌环在物理上是一个由一系列接口单元和这些接口间的点-点链路构成的闭合环路，各站通过接口单元连到环上。在环型网络上，有一个叫作"令牌"（Token）的信号（其格式为 8 位"1"）沿环运动。当令牌到达一个站时，若该站没有数据要发送，就把令牌转到它的下游站；若有数据要发送，则先把令牌的最后一个"1"改为"0"，并把要发送的数据帧加在它的后面一起发送出去，数据帧的长度不受限制。数据帧发完后再重新产生一个令牌接到数据帧后面，相当于把令牌传到下游站。数据帧到达一个站时，接口单元从地址字段识别出以该站为目的地的数据帧，把其中的数据字段复制下来，校验无误后传输给主机。最后，数据帧绕环一周返回发送站，并由其从环路上撤除所发的数据帧。

IEEE 802.5 协议规定只有获得令牌的站才有权发送数据帧，完成数据发送后立即释放令牌，以供其他站使用。由于环路中只有一个令牌，因此任何时刻至多只有一个站发送数据，不会产生冲突，但需要复杂的管理和优先级支持功能。该协议在轻负荷时，会有许多无用的令牌传递时间，效率较低；在重负荷时，效率较高。环型网络结构复杂，存在检错和可靠性差等问题。

3. IEEE 802.4

令牌总线是在综合了总线争用和令牌环优点的基础上形成的一种介质访问控制协议。它和令牌环类似，也是利用令牌作为控制机制。但不同的是，采用令牌总线方法的局域网中，在物理上它是总线型结构，在逻辑上又成了环型结构。总线上站的实际顺序与逻辑顺序并无对应关系。

IEEE 802.4 协议连接简单，采用无冲突介质访问方式，信道吞吐量高，负荷变化的影响较小，且能支持优先级通信，但是协议比较复杂，有较大的延迟，在轻负荷条件下同样效率较低。

第三节 TPS 集散控制系统

一、概述

TPS（Total Plant Solution）是美国 Honeywell 公司推出的一种集散控制系统，称为全厂一体化系统，它的前身是 TDC-3000^X。该公司自 1975 年推出第一套集散控制系统以来，不断地进行新技术的开发。1983 年 10 月推出的 TDC-3000 也经多次改进，先后增加了局域控制网（LCN）、万能操作站（US）、过程管理器（PM）等新产品，使系统在控制器功能、开放式通信网络、综合信息管理方面得到进一步加强。1988 年推出的 TDC-3000^X 在此基础上又增加了万能控制网（UCN）、高性能过程管理器（HPM）、新型应用模件（A^{X}M）及新型万能操作站（U^{X}S），进一步提高了系统的控制和管理能力。以管控一体化形式出现的新一代系统 TPS 增加了工厂信息网（PIN）、全方位万能操作站（GUS）、过程历史数据库（PHD）、应用处理平台（APP）等新产品。该系统与 Honeywell 公司早期的产品完全兼容，就其总体构成而言，主要由基本系统、万能控制网、局域控制网和工厂信息网组成，如图 6-5 所示。

1. 基本系统（BASIC）

基本系统在 TDC-2000 的基础上发展而来，是系统的过程控制层，实现数据采集、回路控制和过程管理等功能。它由数据高速通路（DH）及其挂接在上面的模件组成，主要包括基本控制器（BC）、多功能控制器（MC）、先进多功能控制器（AMC）、扩展控制器（EC）、过程接口单元（PIU）、基本操作站（BOS）、增强型操作站（EOS）、高速通路指挥器（HTD）、数据高速通路口（DHP）、通用计算机接口（GPCI）等。

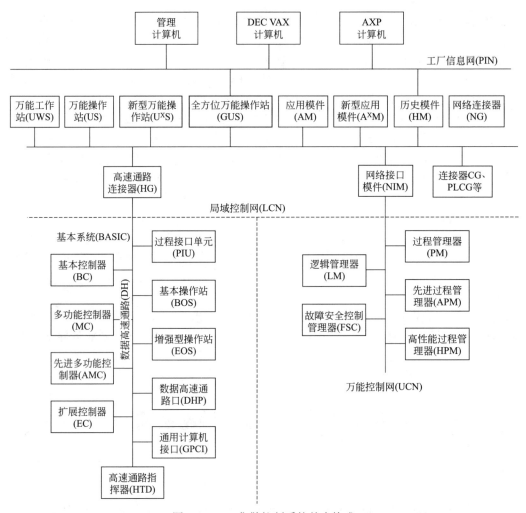

图 6-5　TPS 集散控制系统基本构成

2. 万能控制网（UCN）

与基本系统一样，UCN 也属于系统的过程控制层，实现过程数据采集和回路控制功能。两者的系统实现与操作方法基本类似，但在速度、容量和功能等方面，UCN 系统有很大的改进。UCN 通过 NIM（网络接口模件）与 LCN（局域控制网）相连，连接的过程模件主要有过程管理器（PM）、先进过程管理器（APM）、高性能过程管理器（HPM）、逻辑管理器（LM）和故障安全控制管理器（FSC）等。

3. 局域控制网（LCN）

LCN 属于系统的集中操作和管理层，它不与生产过程直接连接，主要为系统提供人机接口、先进控制策略和综合信息处理等功能。网络模件包括万能操作站（US 和 U^{x}S）、万能工作站（UWS）、全方位万能操作站（GUS）、应用模件（AM 和 A^{x}M）、历史模件（HM）、存档模件（ARM）以及高速通路连接器（HG）、网络接口模件（NIM）、网络连接器（NG）、工厂网络模件（PLNM）、可编程连接器（PLCG）、计算机连接器（CG）等。其中，存档模件和工厂网络模件在图 6-5 中未显示。

4. 工厂信息网（PIN）

PIN 属于工厂操作管理层，连接企业内各类管理计算机以及第三方的管理软件平台，实现工厂级的信息传输和全厂综合管理。PIN 通过 GUS、APP、PHD 等 TPS 节点直接与 LCN 相连，实现信息管理与过程控制的集成。通过 PIN 可以与 DEC VAX 计算机及 AXP 计算机通信，并利用 CM-50S 软件包实现优化控制。对于基于 UNIX 的信息管理系统，可通过 A^XM 或 U^XS 与 LCN 通信。

DCS 的厂商通常不提供工厂信息网的产品，但提供各种开放的接口和平台，使工厂信息网能够和过程控制网络相连。

二、分散过程控制装置

TPS 的分散过程控制装置有多种类型，包括连接在 DH 上的基本控制器（BC）、扩展控制器（EC）、多功能控制器（MC）、先进多功能控制器（AMC）和连接在 UCN 上的过程管理器（PM）、先进过程管理器（APM）、高性能过程管理器（HPM）、逻辑管理器（LM）和故障安全控制管理器（FSC）。这些产品随着推出时间的先后，功能不断增强，性能也日趋完善。由于早期的产品在实际中已很少采用，这里主要介绍 PM 系列的控制装置（过程管理器、先进过程管理器和高性能过程管理器）、逻辑管理器(LM)和故障安全控制管理器(FSC)。

（一）过程管理器（PM）

1. 基本构成

PM 的结构如图 6-6 所示，它由过程管理模件（PMM）和 I/O 子系统两大部分组成。

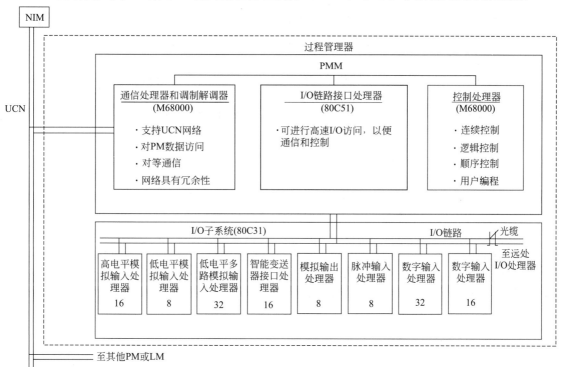

图 6-6 PM 结构

PMM 由通信处理器和调制解调器、I/O 链路接口处理器及控制处理器三部分组成。通信处理器和调制解调器提供网络通信、数据访问和点对点通信；I/O 链路接口处理器提供 PMM 和 I/O 子系统的接口；控制处理器用于执行连续控制、逻辑控制、顺序控制和用户编程。

I/O 子系统由双重冗余的 I/O 链路和最多 40 个 I/O 处理器组成。所有的数据采集和处理工作（如数据获取、工程单位转换、报警等）都由 I/O 处理器完成。

2. 功能

PM 的功能丰富多样，归纳起来为输入/输出处理功能、控制功能和报警功能三个方面。

（1）输入/输出处理功能　过程管理器的 I/O 功能是依靠选择不同类型的 I/O 处理器即 I/O 卡实现的。这些 I/O 处理器包括八种类型：高电平模拟输入（HLAI）处理器、低电平模拟输入（LLAI）处理器、低电平多路模拟输入（LLMAI）处理器、智能变送器接口（STI）处理器、模拟输出（AO）处理器、脉冲输入（PI）处理器、数字输入（DI）处理器和数字输出（DO）处理器。I/O 处理器与现场端子板相连，对所有现场 I/O 进行处理。由于 I/O 处理和控制处理的分离，I/O 扫描速率与 I/O 数量、控制器的负载处理及报警状态没有关系，这就有利于更高级控制处理器的应用和 I/O 的进一步扩展。

高电平与低电平模拟输入处理器把来自现场变送器或检测元件的信号转换成工程单位信号，进行监视或供其他 PM 数据点做进一步运算、控制。HLAI 处理器接收现场变送器的 4～20mA 标准信号，LLAI 处理器接收热电阻或热电偶信号，LLMAI 处理器则用于多路热电偶、热电阻信号输入，但它比 LLAI 的采样周期长，数据处理精度低，一般用在非重要场合。模拟信号的输入处理包括 A/D 转换、PV（过程变量）特性化处理、范围检查、数字滤波、PV 源选择和报警检查。

智能变送器接口处理器是 Honeywell 公司 ST3000 系列智能变送器的数字输入接口，每个 STI 可接收 16 个智能变送器的数字信息，它们之间的双向通信具有现场总线的特性。

模拟输出处理器对输出参数进行 D/A 转换、输出显示的正反作用选择以及五段折线处理。

脉冲输入处理器接收 0～20kHz 的频率信号，进行工程单位的转换、报警检查、滤波和数据有效性检查。

数字输入处理器将来自现场的数字输入信号进行转换，用以指示过程设备的状态或供其他 PM 数据点使用。数字输入的处理包括：输入信号的正反作用选择、输入脉冲值累积、输入源选择和输入报警。此外，其还具有事故触发处理和顺序事件处理的功能。前者是当数据点状态变化时，会启动应用模件（AM）或计算模件（CM）中的数据点完成较复杂的算法，使 PM 方便地与 AM、CM 建立联系，实现高级控制。后者是指当数据点状态变化时，会记录事件发生的前后顺序，因而特别有利于事故分析。

数字输出处理器向现场提供数字式输出，驱动切断阀、机泵等设备。数字输出的处理比较简单，包括输出形式的选择和输出作用方向的选择。

（2）控制功能　PM 具有连续控制、逻辑控制和顺序控制功能，这些控制功能是由 PMM 中各种类型的功能槽（Slot）完成，一个带位号的 Slot 称为一个数据点。PM 数据点是进行数据采集和过程控制的基础，它的类型包括常规 PV 点、常规控制点、数字复合点、逻辑点、过程模件点、数值点、状态标志点和定时器点。常规 PV 点和常规控制点实现连续控制，数字复合点和逻辑点实现逻辑控制，过程模件点实现顺序控制。数值点、状态标志点和定时器点是 PM 的内部数据点。

① 常规 PV 点（Reg PV）为实现过程变量（PV）的计算和补偿功能提供了一种易于使用的可组态方法。它提供了可选择算法的菜单，其中包括：数据采集、流量补偿、三者取中值、高低平均、加法、具有超前滞后补偿的可变纯滞后时间、累加、通用线性化、计算等。

② 常规控制点（Reg CTL）提供了标准的可组态控制算法，例如 PID、带前馈 PID、带外部积分反馈 PID、位置比例、比率控制等，可通过一个简单的菜单选择过程实施复杂的控制算法。另外，常规控制点还提供了初始化、抗积分饱和等功能，设定点的斜坡变化率也可进

行组态。

③ 数字复合点（Dig COMP）　指数字量输入和数字量输出点，它为 2 位或 3 位式的间歇装置（如电机、泵、电磁阀和电动控制阀等）提供多点输入和多点输出的接口，并与逻辑点共同提供处理联锁功能。

④ 逻辑点（Logic）　提供可组态的混合逻辑能力，它可与数字复合点一起提高整体的逻辑功能，也可与 PM 的常规控制功能相结合，有 26 种逻辑算法。

⑤ 过程模件点（Proc MOD）　是由用户建立的，用过程控制语言 CL/PM 编写的程序和系统的接口，用于运行 PM 控制语言程序。利用 US 或 UWS 可方便地修改和装载程序，而不影响其他用户程序、常规控制、逻辑块的执行。所有的过程模件程序可以共享系统的公共数据库，并通过数据库进行通信。

⑥ 数值点　用来存储一些批量或配方的数据及计算所得的中间数据。

⑦ 状态标志点　用来反映过程的状况，在被程序或操作员操作时才改变状态。

⑧ 定时器点　用来计时的数据点，它可以在程序中用来计时，以达到定时操作的目的。

（3）报警功能　　PM 具备完备的报警功能和丰富的报警操作参数，使操作员能得到及时准确又简洁的报警信息，从而保证安全操作。

PM 中的报警参数包括报警类型、报警限值和报警优先级三个。报警类型有绝对值报警（PV 报警）、偏差报警（DEV 报警）和速率报警（RO 报警）。报警限值有上限（HI）、上上限（HH）、下限（LO）、下下限（LL）等。报警优先级（PR Priorities）共有三个：报警优先级参数（PR）、报警链中断参数（CONT CUT）和最高报警选择参数（HIGHAL）。

（二）先进过程管理器（APM）

APM 具有与 PM 相似的结构形式，但在 I/O 接口、控制功能、内存容量和 CL（控制语言）等方面有很大改进。

1. 基本构成

APM 由先进过程管理模件（APMM）和 I/O 子系统组成。APMM 由先进通信处理器和调制解调器、先进 I/O 链路接口处理器及先进控制处理器三部分组成。它们分别承担通信处理、I/O 接口处理和控制处理的功能。I/O 子系统由 11 种 I/O 处理器组成，比 PM 多了数字输入事件顺序（DISOE）、串行设备接口（SDI）和串行接口（SI）三种处理器。

2. 功能

（1）输入/输出处理功能　　APM 的输入/输出处理功能大部分同 PM，这里主要介绍三个新增加的功能。

① 数字输入事件顺序　这个专用的数字输入处理器提供按钮和状态输入、状态输入时间死区报警、输入信号的正反作用、PV 源选择、状态输入的状态报警、事件顺序监视等功能。它和一般的数字输入处理器相比，少了积算功能，但可提供对事件顺序的高分辨率。

② 串行设备接口　该接口为采用串行通信（RS-232、RS-485）的现场设备提供有效的连接方法，使这些设备在与 APM 通信时，输出信号可直接进入 I/O 数据库参与 APM 的计算与控制，这些数据还可被 US 用来进行显示、分析和制作报表，以及进行高级控制应用。

③ 串行接口　SI 提供与 Modbus 子系统的通信接口，串行接口支持 Modbus 的 RTU 协议，既可通过 RS-232 接口，又可通过 RS-422/485 接口进行通信。

（2）控制功能　同 PM 一样，APM 的控制功能也是依靠各种数据点完成的。APMM 共有 12 种数据点，比 PMM 多了设备管理点、数组点、时间变量点和字符串点四种。与 PM 相同的数据点这里不再叙述。

① 设备管理点为离散设备的管理提供最大的灵活性，在同一位号下将数字复合点的显示和逻辑控制功能相结合，使操作者不但能看到设备状态的变化，而且能看到引起联锁的原因，并为泵、马达、位式控制阀等离散设备的管理提供强有力的操作界面。

② 数组点提供了更灵活、更容易访问的用户定义的结构化数据，有利于对过程进行高级控制和批量控制。数组点的数据可作为控制策略、本地的数据获取及历史数据存储的数据源。数组点的一部分可用作串行接口（SI）的通信。

③ 时间变量点允许 CL 程序访问时间和日期信息。CL 程序可用过去和当前的时间和日期，按用户需要进行加减运算。时间变量点也允许用户按日期、时间执行 CL 程序。

④ 字符串点用来提高连续与批量控制中 CL 程序的灵活性。字符串变量可有 8、16、32、64 个字长的不同选择，并可由 APM 的 CL 程序进行修改。

（三）高性能过程管理器（HPM）

HPM 是 APM 的更新产品，它们的结构基本相同，但 HPM 采用两个 68040 处理器作为通信处理器和控制处理器，用 80C32 作为 I/O 链路接口处理器。与 APM 相比，HPM 在输入/输出处理功能和控制功能方面有所提高。HPM 的 I/O 处理器的类型与 APM 相同，也比 PM 多了三种，但是它的输出通道有所增加。PM、APM、HPM 对各种数据点的限制也是不同的，而且 HPM 的常规控制点算法比 APM 增加了三种，分别是乘法器/除法器算法、带位置比例的 PID 算法和常规控制求和器算法。

① 乘法器/除法器算法常用于串级和超驰控制系统，它有三个输入信号，每个输入信号都先进行比例加偏置运算，共有五种乘除的方程可供选用。对计算结果也可选择进行比例加偏置运算后再输出。

② 带位置比例的 PID 算法用于串级控制系统，它是 PID 和位置比例的组合。其中主控制器采用 PID 算法，而副控制器则采用位置比例算法。因此，它的执行机构必须是两位式的。

③ 常规控制求和器算法用于求四个输入信号的和。求和之前，每个信号可进行一次比例加偏置运算，对最后的结果还可进行一次比例加偏置运算。当只有一个输入信号时，只对最后结果进行比例加偏置运算。

（四）逻辑管理器（LM）

LM 主要用于逻辑控制，它具有可编程逻辑控制器的优点。由于 LM 直接挂在 UCN 上，因此它可与网络上挂接的其他模件，例如 PM、APM、HPM，进行数据通信，使 PLC 和 DCS 有机结合，并能对过程数据集中显示、操作和管理。

1. 基本构成

LM 由逻辑管理模件（LMM）、控制处理器、I/O 链路处理器及 I/O 模件等组成，结构如图 6-7 所示。

（1）逻辑管理模件　作为 UCN 的通信接口模块，具有冗余结构。

（2）控制处理器　用于对用户的梯形逻辑程序进行操作，它包括内存模件（MM）、寄存器模件（RM）、系统控制模件（SCM）、处理器模件（PM）和 I/O 控制模件（IOCM）等。MM 是存放梯形逻辑程序的存储器，存储容量为 24KB，可扩展到 32KB，这是 LM 中唯一的存储器。RM 是逻辑管理器的 I/O 数据表，控制处理器和逻辑管理模件之间的数据通信都是通过该数据表，容量是 4KB×4KB。SCM 是处理器模件的扩充功能模块，协调处理各功能模块的工作。PM 执行存储于 MM 中的控制程序，并进行数学运算和数据传递。IOCM 协调逻辑管理模件与系统之间的数据通信，可控制 2048 个 I/O 点。

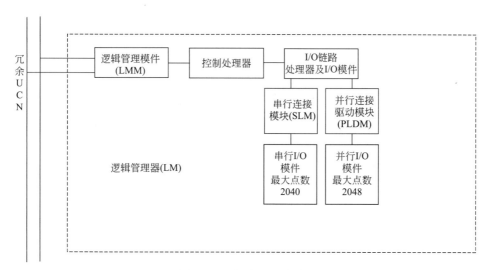

图 6-7　逻辑管理器结构图

（3）I/O 链路处理器及 I/O 模件　用于对串行或并行的数据进行处理。I/O 链路处理器和 I/O 模件之间的接口是 SLM 和 PLDM。每个 LM 至少有一个 SLM，串行通信符合 EIA-422 通信协议，通信波特率是 115.2kb/s，最大传输距离是 300m。PLDM 可通过多位开关，控制处理器模件的状态。不管逻辑管理器选用串行还是并行方式，PLDM 都会在 I/O 系统的管理上起作用，因此，都必须选用 PLDM。

2. 功能

LM 以数据点为基础，实现顺序控制和紧急联锁等功能。LM 共有 9 种数据点，它们分别是数字输入点、数字输出点、模拟输入点、模拟输出点、数字复合点、链接点、状态标志点、数值点、时间点。LM 数据点的功能同 PM 基本相同，不同的是 LM 的数据点要同寄存器模件中数据库的 I/O 点建立对应关系，这是通过 LM 数据点组态表中的 PCADDRESS 参数来实现的。用户只要在 "PCADDRESS" 栏内填写数据点在 RM 中的地址，就可建立起两者的对应关系。

（五）故障安全控制管理器（FSC）

FSC 是一种具有高级自诊断功能的生产过程保护系统，它的以微处理器为基础的容错安全停车系统，用于保障操作人员的安全，保护生产设备和装置。FSC 是根据德国 DIN/VDE 安全标准专门研制的系统，它得到了 TUV 的 AK1～AK6 的应用认证，也得到了美国制定的 UL—1998 安全标准的认证。FSC 是 UCN 的节点，可与 UCN 上的 PM 系列管理器和逻辑管理器通信，也可经网络接口模件（NIM）与 LCN 上的历史模件（HM）和应用模件（AM）进行程序的存取。

1. 基本构成

FSC 包括 FSC 安全管理模件（FSC-SMM）和 FSC 控制器两大部分，其中 FSC 控制器又由控制处理器、I/O 模件、通信模件等部件组成，结构如图 6-8 所示。为便于操作，FSC 控制器还可与 FSC 用户操作站相连。

2. 功能

FSC 主要用于生产过程的联锁控制、停车控制和装置的整体安全控制，具体的应用有火焰和气体检测控制，锅炉安全控制，燃气轮机、透平机、压缩机的机组控制，化学反应器控制和电站控制等。

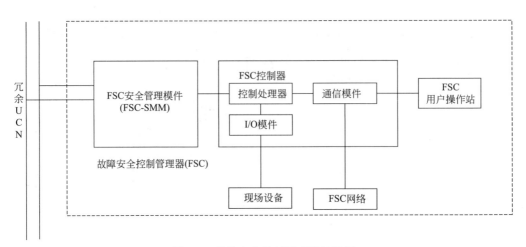

图 6-8　故障安全控制管理器结构图

（1）FSC 安全管理模块　允许 FSC 通过串行通信链路与 UCN 设备进行点对点通信，或经过 NIM 与 LCN 上的模块进行通信，具体功能如下。

① 数据交换　在 FSC-SMM 数据库和 FSC 控制器的数据库之间交换数据。

② 信息采集和处理　作为 UCN 与 FSC 的桥梁，FSC-SMM 一方面采集和处理来自 FSC 的信息，进行工程单位转换、报警处理和报告、诊断状态报告以及点对点通信；另一方面采集和处理来自 UCN 的信息，并转换成适当的形式传输到 FSC。

（2）控制处理器　执行逻辑图组态的控制程序，并将执行结果传到输出接口。控制处理器对 FSC 硬件进行连续测试，一旦发现故障，立即通过 FSC-SMM 在操作站上报告诊断信息，确保过程的安全控制、系统扩展的控制以及过程设备的诊断。

（3）I/O 模块　连接各种规格的数字量和模拟量接口，所有的 I/O 模块与现场信号之间都采用光隔离。故障安全 I/O 模块支持系统的自诊断功能，用于安全检测和控制。

（4）通信模块　FSC 的通信模块包括两部分：一部分是 FSC 网络的通信模块，通过它可与其他的 FSC 系统进行通信；另一部分是 FSC 用户操作站的通信模块，允许用户在操作站上对 FSC 的参数及其属性进行组态，以功能逻辑图进行应用程序的设计，控制程序的下载，系统状态的监视、维护和测试。

三、集中操作管理装置

TPS 的集中操作管理装置包括基本操作站（BOS）、增强型操作站（EOS）、万能操作站（US）、新型万能操作站（U^{X}S）、万能工作站（UWS）、全方位万能操作站（GUS）以及为提升管理能力提供的 LCN 应用模件（AM）、新型应用模件（A^{X}M）和历史模件（HM）等。以下主要介绍万能操作站（US）、全方位万能操作站（GUS）、应用模件（AM）和历史模件（HM）。

（一）万能操作站（US）

US 是 LCN 上的模件，是 TPS 系统中主要的人机界面。它为操作员、工程师及维护人员提供了综合性的单一窗口，使各方能方便地完成各自的工作。

1. 基本构成

US 由硬件和软件两部分组成。

（1）硬件 US 的硬件包括主机、彩色显示器、轨迹球、操作员/工程师键盘、键锁和外围设备等。

主机由 5 块卡件组成，分别是微处理器/存储器卡、LCN 接口卡、内存卡、串行输入/输出接口卡、增强型显示驱动器卡。彩色显示器可选用触摸屏，新的系统提供了轨迹球，用以替代触摸屏。操作员键盘具有用户自定义键，用以实现快速画面调用和报警等功能。工程师键盘主要用于工程师组态、建立数据库、编写 CL 程序等工作。键锁是 US 上用来切换系统操作员属性、管理员属性和工程师属性的开关，键锁的三个位置中工程师属性的优先权最高，管理员次之，操作员最低。US 的外围设备包括趋势记录仪、可移动软盘和卡盘驱动器以及针式打印机。

（2）软件 US 的系统软件有两类：一类是操作员属性的系统软件；另一类是工程师属性的系统软件。操作员属性的系统软件包括正常操作的全部功能，操作员利用操作画面、报警画面、用户显示画面等及时有效地对整个系统进行监视和控制。工程师属性的系统软件包括建立过程控制数据库必需的全部功能，主要有用户画面的建立、自由报表的建立、区域数据库的建立、数据点的组态和控制程序的编写。

US 的系统软件有如下的优点：首先，不同优先级别的用户之间，其操作不会相互影响；其次，有较好的安全措施，保证不会因发生意外操作而改变控制算法；最后，改变软件属性时，不必更改硬件，具有较强的适应性。

2. 功能

根据使用者的要求，US 为操作员、过程工程师、维护工程师提供不同的画面，以完成相应的操作。

（1）操作员属性功能 主要作用是监视和控制生产过程，包括启动和停车；通知并处理报警信息和操作员信息；显示和打印过程历史数据、过程趋势、平均值、值班记录、日志和报告；归档历史数据；监视和改变设备的状态；从历史模块或软磁盘中加载操作程序和数据库等。其中，系统的显示功能分为过程操作显示、系统状态显示和系统功能显示三类。

① 过程操作显示 标准过程操作体系包括操作显示、趋势显示、小时平均值显示、顺序程序显示、报警显示、帮助画面显示和操作信息显示，共 7 种。每一种又都采用区域、单元、组和细目分级的方式，从而便于了解过程的全局、局部直到各细节。

② 系统状态显示 包括 LCN、UCN、DH 上各节点模件的状态显示，并能在显示画面上更改。具体包括 DH 及 BOX 状态显示、UCN 状态及细目显示、LCN 模件状态显示以及操作站相关显示。前三种是针对相关网络上所有节点模件的，第四种专为操作站所设，它包括操作站总貌显示、操作站状态和分配显示、单元分配显示。

③ 系统功能显示 即系统菜单显示，包括概要显示、报表功能显示、历史事件显示、总貌和操作组编辑，另外还具有清屏、软/硬盘格式化、用户名存储等辅助功能。

（2）过程工程师属性功能 过程工程师属性功能除了具有操作员属性的全部功能外，还增加了如下功能：系统组态，建立数据点，建立用户图形，建立自由格式报表，编写、编译和装载控制语言程序。

① 系统组态 完成 LCN 上模件的地址定义和控制单元中卡件的位置定义、操作站定义、区域数据的定义、操作单元的定义，以及与系统过程操作和外部设备相关的一些辅助性定义。

② 建立数据点 建立数据点是应用软件的核心。对系统进行监视和控制的数据均来自数据点。过程工程师从工程师属性主画面中调用不同类型数据点的组态表，用填表的方式完成数据点的组态。当然也可以通过建立例外点和样本点完成数据点组态。另外，Honeywell 公司还提供了专业软件包"WORKBOOK"，可供用户在 PC 上完成数据点和区域数据库组态。

③ 建立用户图形　US 的图形编辑软件为用户提供了编辑动态过程操作画面的途径。其主要功能有画线、画实体、画棒图、显示过程变量（PV）、显示属性、图形缩放等。用户通过它可方便地建立、修改和删除用户画面，还可通过生成动态键实现用户画面的调用。

④ 建立自由格式报表　用户可通过事先组态好的数据表、日志和趋势，将其需要的数据和信息组织起来建立自由格式报表。

⑤ 编写、编译和装载控制语言程序　系统工程师可通过工程师属性主菜单上的"Builder Commands"编写、编译和装载 CL 程序。

（3）维护工程师属性功能　该属性提供了系统维护主菜单，可实现包括维护建议画面显示、相关信息画面显示、故障设备详细错误信息（出错细目）显示和过程连接装置状态显示等功能。维护工程师通过维护建议画面显示了解有关出错信息和有效的维修建议，通过故障设备出错细目显示调用了解 LCN 模件故障点的详细情况。相关信息画面显示用于了解 LCN 模件的存储器内容、维修记录、LCN 模件出错史、硬件或固件的当前修正状态等。通过过程连接装置状态显示，如 APM、PM、LM 及 Hiway 的详细状态显示，可以了解过程设备的详细硬件信息。

3. US 与 UWS、U^{X}S 性能比较

（1）US 与 UWS　与 US 不同的是，UWS 的工程师键盘比 US 的多了 17 个特殊功能键；UWS 的操作员键盘没有带 LED 显示和可组态功能，它的驱动装置一般配置两个软盘和两个硬盘，另外还可带矩阵打印机。

UWS 的主要功能与 US 相同，它具有维护工程师功能和过程工程师功能。其中过程工程师功能主要包括过程变量监视、控制室和过程控制系统状态监视、系统操作和显示打印、装载其他系统模件操作程序和数据库等。

（2）US 与 U^{X}S　U^{X}S 是 US 的改进型产品，它带有工业标准协处理器，采用改进型高分辨率的显示器。除了具有过程人机接口的功能外，它还具有基于 UNIX 操作系统的工厂网外部设备信息通信接口的功能，并可实现 X-Windows 环境下的系统操作功能。X-Windows 技术是工作站的窗口技术，用户界面十分友好，用户可通过它将第三方计算机与系统连接。

（二）全方位万能操作站（GUS）

GUS 是近年推出的新型操作管理站，兼有操作员站和工程师站两种功能，是采用 Windows NT 操作系统的 TPS 节点之一。

1. 基本构成

GUS 的总体构成与 US 类似，也由主机、显示器、键盘、外围设备等组成，但它是双处理器结构，包括两块主机板。一块是 Intel 处理器板，运行 Windows NT 操作系统，与 PC 软、硬件兼容，通过内置的 10/100Base-T 标准以太网接口，GUS 可以直接连在工厂信息网上；另一块为 LCN 处理器板，运行 Native Windows 系统软件，并兼有 LCN 网卡，可以与老系统兼容。GUS 除了配置操作员键盘外，还配置了 PC 标准键盘及鼠标。

GUS 采用 Uniformance 集成软件，这是一个集信息、管理和应用于一体的软件。它通过共用的软件结构和数据模型，实现商业信息和工厂信息的集成。系统中的数据只要输入一次，其他节点就能共享，可消除企业内部信息的无效流动，加强员工之间的相互协作，大大提高工作效率。

Uniformance 集成软件主要由商业应用软件、过程历史数据库和桌面办公软件三部分构成。商业应用软件提供工厂管理、质量管理、操作管理、环境管理和过程计划管理 5 个标准化的软件包。这些软件包既可独立运行，也可实现互操作。过程历史数据库为工厂管理、调度、销售和决策提供一个历史数据库和实时数据库结合的开放式数据平台，主要由过程历史软件、事件历史软件、应用组态软件以及事件和报警监视软件等组成。桌面办公软件用来读取和使用 Uniformance 的数据，包括在显示屏上显示实时数据、历史数据、过程趋势、流程图和过程报表等。

2. 功能

GUS 继承了 US 的显示、操作、过程组态等全部功能，同时提供了先进的视窗式人机接口技术，通过窗口管理软件 Safe View，实现对显示环境的管理，使重要的画面不被其他画面覆盖，可选定每屏的窗口数、窗口位置、窗口移动的限制等。

GUS 通过网卡直接与工厂信息网相连，不仅是过程控制系统的操作站，又是工厂信息网的一个客户站，而后者从根本上改革了传统的操作方式。操作员从一个显示屏上既可以监视生产过程，又能及时得到相关的生产管理数据及调度指导信息。

GUS 是真正的 32 位 Windows 标准设计，具有 Windows NT 操作环境的全部优点：具有与其他应用软件的互操作性；清晰的三维画面，直观的显示和简便的操作；对象链接和嵌入（OLE）功能使显示画面与应用软件直接相连；支持"拖拽"功能，能方便地重复调用现有图形、程序等，生成新的显示图形；具有国际化语言支持能力。

（三）应用模件（AM）

1. 基本构成

AM 是 TPS 系统提供的具有高级控制和计算算法的 LCN 模件，其硬件构成包括微处理器卡、LCN 接口卡、LCN 输入/输出卡以及存储器卡等部分。

为了使用户能方便地使用高级控制和优化控制算法，AM 具有适应各种机型的软件，除了 AM 系统的软件之外，还具有基于 DEC 公司 VAX 计算机的、PC 的和 Macintosh 计算机的软件。

2. 功能

AM 的主要功能包括控制和计算功能以及通信功能。

① 控制和计算功能　对于一些特殊的工艺流程，当过程控制器（如 PM、MC）无法完成工艺要求的控制功能时，使用 AM 的控制功能可以灵活地满足复杂控制要求。

AM 与 PM 一样，其控制功能是由各种类型的数据点来完成的。AM 中的数据点包括常规点、旗标点、数字点、时间点、计算点、开关点和用户数据段。AM 的功能关系如图 6-9 所示。

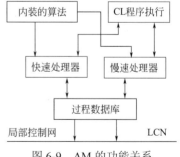

图 6-9　AM 的功能关系

AM 中有一个数据库，它是在组态时由过程工程师建立并由分配给它的数据点组成的。数据点的处理有快速和慢速两类，它们可根据预先编制的算法或用户提供的算法来计算并管理。AM 有完善的控制算法，可用于常规控制，对于一些更高级的控制，可借助功能丰富的 AM 控制语言（CL/AM）来完成。除了标准算法外，Honeywell 公司还提供专用的控制软件包，包括用于优化整定 PID 变量的控制回路整定（Looptune II）软件包、用于不需要动态模型的多输入单输出系统的预测控制（HPC）软件包和用于透平发电机管理的包括七个相应模件的控制程序等。此外，CL/AM 具备强大的运算能力，用户可针对过程编写复杂的运算程序或优化程序。

需要指出的是，AM 进行的高级控制是上位控制，即通过读取和过程直接相连的控制器的过程变量值（PV 值）进行高级控制和运算，再将运算结果写入与过程相连接的控制器中，以完成高级控制，AM 本身并不直接和生产过程相连。另外，AM 除用于常规控制外，还可实现逻辑控制、报警处理、批量历史收集等功能。

② 通信功能　在 TDC-3000 系统中，AM 起着特殊的网络"沟通"作用。由于 LCN 上 AM 所处的特殊位置以及 AM 所具备的功能，AM 与三条网络（LCN、UCN 和 DH）上的所有设备均有联系，AM 可直接对这些设备读取或写入信息。同时，当系统中不同网络间的设备或相同网络中的不同设备之间需要进行通信时，AM 是必需的媒介。比如对于同一 UCN，几个 PM 之间可直接进行对等数据通信，但两条 UCN 之间的设备通信就必须借助 AM 才能实现。另外，UCN 和 HW 上设备间的通信也是通过 AM 来完成的。

新型应用模件 A^XM 性能优于 AM，它采用双重处理器，并可带浮点处理的硬件，RISC 协处理器用于与 UNIX 系统的连接。A^XM 中使用的软件环境是 Open USE，它包括增强的 CL/AM、开放数据定义和存取（Open Data Definition and Access，Open DDA）软件等。Open DDA 为控制应用提供标准的定义和存取过程数据的方法，可使用标准的编程语言，如 FORTRAN、ANSI C、C++等。

（四）历史模件（HM）

HM 是 TPS 系统的大容量存储器，存储系统软件、应用软件和过程历史数据等系统资料。

1. 基本构成

HM 的构成和 AM 类似，其硬件组成包括 LCN 接口、微处理器和存储器。HM 的存储器分为冗余的单驱动和双驱动，不冗余的单驱动和双驱动四种组合类型。单个存储器稳定容量是 1.8GB。根据 LCN 系统软件版本的不同，实际的可用容量会有所不同。存储器的平均读写时间是 11.4ms，平均的等待时间是 5.54ms。

2. 功能

HM 的主要功能是存储以下三种信息。

（1）过程历史数据　包括连续的过程瞬时值数据或平均值数据、过程事件、系统事件、日志等。这些数据的采集和存储是进行历史数据操作的基础，如报表、趋势和日志的显示和打印。

（2）应用软件　包括用户文件、系统组态文件、应用数据库文件、用户图形、控制语言程序等内容。为了方便操作和维护，这些应用软件都应存放于 HM 中用户自定义的用户卷或用户目录中。

（3）系统软件　指的是支持系统进行正常工作的软件。在系统启动后应将所有系统软件复制到 HM 中，以便在需要时进行装载。

存储在 HM 中信息的容量与下列因素有关：需装载软件备份的存储容量，LCN 上模件数量，UCN 和 DH 上的装置数量，需做历史存储的变量数，用于瞬时值和平均值的历史存储器长度，所需的事件日报表容量等。

四、通信网络

TPS 系统的通信网络包括数据高速通路（DH）、局域控制网（LCN）、万能控制网（UCN）和工厂信息网（PIN）。下面扼要地介绍 DH、LCN、UCN 及网间接口模件。

1. 数据高速通路（DH）

DH 是 TPS 基本系统的通信网络，用于早期分散控制装置间的信息传递。它采用总线型网络结构和广播式通信协议，传输速率为 250kb/s，由高速通路指挥器（HTD）来指挥各模块间的信息传递。

一个 HTD 可挂接三条 DH，每条 DH 上可接 28 台 DH 设备，三条的设备总数不超过 63 台。所有的 DH 设备按通信优先权分为优先设备、询问设备和只答设备三级。

2. 局域控制网（LCN）

LCN 是一种高速局域控制网络，通信系统由同轴电缆、连接器、终端连接器以及位于每一模块和通道处的 LCN 接口板组成。完整的 LCN 通信链路还包括 LCN 和 DH 之间的高速通路连接器（HG）、LCN 与 UCN 之间的网络接口模块（NIM）以及计算机连接器（CG）等。为确保运行安全可靠，LCN 采用两条冗余的同轴电缆，各连接模块同时在两根电缆上传输信息，若主电缆接口在令牌站发送帧的等待时间内未收到信息，则网络管理软件自动切入备用电缆。

网络采用 IEEE 802.4 令牌总线协议，传输速率为 5Mb/s。由于采用令牌技术，即使在高峰期也可使 LCN 全部模件充分利用网络系统，并且可以在不影响系统运行的情况下增加或减少模件。

LCN 上每根同轴电缆可长达 300m，LCN 扩展器扩展电缆上连接的模件最多可达 64 个。每条 LCN 最多可连接 20 条 UCN 或 DH 总线。

LCN 担负各模块间的信息传递工作，通过有效的协议和高速通信确保信息的及时交换；通过 1∶1 冗余配置和完善的信息检错功能提供高安全性的通信。

3. 万能控制网（UCN）

UCN 是一个过程控制级网络，由冗余的同轴电缆组成，长度通常为 800m。网络通信采用 IEEE 802.4 协议，令牌总线存取方式，传输速率为 5Mb/s。

UCN 最多可以带 32 对冗余设备，如 PM、APM、HPM、LM、FSC 和 NIM 等。通过这些设备可以组成从小到大、从简单到复杂的多种控制系统，以满足不同生产工艺的需要。这些设备的 UCN 地址取值范围为 1～64，地址分配原则是：互为冗余的设备占用两个连续的地址，而且主设备地址为奇数，备用设备地址为偶数。其中，冗余的 NIM 必须分配最低地址 1 和 2。

UCN 支持网上设备的点对点通信，这样所有设备可以共享网络数据，更易于相互协调和实现先进复杂的控制策略。UCN 通过 NIM 和 LCN 相连并进行实时数据通信，一条 LCN 最多可挂 20 条 UCN。

4. 网间接口模件

（1）网络接口模件（NIM）　NIM 是 LCN 和 UCN 之间的网间连接器。

NIM 提供了将 LCN 的通信技术及协议与 UCN 的通信技术及协议相互转换的功能，为 LCN 上的模件访问 UCN 设备的数据提供了可能。同时，它还支持将程序与数据库装载到先进过程管理器（APM）等设备的功能，并能将 UCN 设备的报警及信息传送到 LCN 上。每个 LCN 最多有 10 个冗余的 NIM，每个冗余的 UCN 可以有多个冗余的 NIM。

（2）高速通路连接器（HG）　HG 是 LCN 与 DH 的网络接口，不仅担负着 LCN 和 DH 之间的通信任务，还要提供 DH 的数据管理功能。此外，HG 还有诊断、报警和时间同步等功能。

五、系统组态

组态就是用系统所提供的软件工具对计算机和软件的各种资源进行配置，完成所需的功能。TPS 系统组态主要包括系统设备组态、控制组态和画面组态。

（一）系统设备组态

DCS 中的所有设备，不管是分散过程控制装置还是集中操作管理装置，都是网络上的一个节点，因此必须为这些节点分配网络地址，这就是系统设备的组态。它是系统操作、管理、查询、诊断和维护的基础，分两个层次进行，先是集中操作管理层设备组态（通常也称为 NCF 组态），再是分散过程控制层设备组态。

1. 集中操作管理层设备组态

集中操作管理层设备组态包括系统取名、节点组态和系统通用信息的确定三个方面的内容。

（1）系统取名　系统取名就是确定系统的单元名、区域名和控制台名。在 TPS 系统中，为了便于管理和安全操作，将被控对象分成最多 10 个区域，每个区域又分成最多 100 个单元，每个单元由若干个点或模块组成。对 US 或 GUS 都规定了各自的操作区域，某区域的操作站虽然可以调出其他区域的画面，但只能监视，不能操作，这样既保证了合理分工，又体现了系统协调。操作站对外部设备的共享，是按控制台进行划分的，同一控制台的操作站可以共享外部设备。TPS 最多有 10 个控制台，每个控制台可以分配 10 个操作站。

在组态时，除了命名还要给出相应的描述符。例如，单元组态行"15U2ER-1K"表示 15 号单元 U2，ER-1K 是它的描述符；区域组态行"AREA01 CP-1K-2K-COM"中区域名是 AREA01，CP-1K-2K-COM 是它的描述符；"9 CP-OP-ENG"表示 9 号控制台，可供操作员和工程师用。

（2）节点组态　操作管理层节点组态也就是 LCN 节点组态。在 TPS 系统中，US、UWS 和 GUS 功能相近，统称为 US，因此 LCN 节点组态大致可分为四类，即 US、NIM、HM 和 AM 等节点组态。组态的内容包括分配节点号、登记节点的外部设备及冗余方式等。

（3）系统通用信息的确定　主要有五个方面：系统标识符、系统时钟源、用户平均值计算周期、轮班计时数据和 US 操作台数据。

2. 分散过程控制层设备组态

分散过程控制层设备组态包括节点登记和节点特性组态。

（1）节点登记　节点登记的内容包括 UCN 号（1～10）、UCN 节点号（1～64）和 UCN 节点类型（NIM、PM、APM、HPM 等）。

（2）节点特性组态　节点特性组态的内容包括两个方面：一是确定各类数据点的数量及扫描周期；二是给 I/O 插槽分配 I/O 模板。

① 确定各类数据点的数量及扫描周期　数据点的数量和扫描周期根据用户的需要来确定，但是也有一定的约束条件，每一类型的数据点数不能超过设备规定的最大点数，所有数据点的处理单元（PU）总和不能超过设备允许的最大处理容量。超出时，需要进行调整，直到符合要求为止。

② 分配 I/O 模板　以 HPM 为例，最多可带 40 块 I/O 模板，它们分别装在 4 个机箱的 15 个插槽中，因此组态时除了要说明某 I/O 模板的类型，还要确定其机箱号、槽位号以及冗余 I/O 模板的机箱号和槽位号。

（二）控制组态

控制组态的内容是为控制站建立各类模块，包括输入/输出模块、运算模块、连续/逻辑/顺序控制模块和程序模块，并将它们组成所需的控制回路。

1. 控制组态方式

控制组态方式可分为填表组态方式、语言组态方式和图形组态方式。

填表组态方式是 Honeywell 公司早期产品的组态方式，DH 上的 MC 或 AMC 就是采用填写组态字的方式。它需要组态工程师对组态字的含义十分熟悉，组态很不方便。

语言组态方式使用类似于高级语言的组态语言，语法简单而针对性强，使用时先根据控制方案编写组态程序，再编译和装载。语言组态方式能完成比较复杂的控制组态，但不够形象直观，开发有一定难度。

图形组态方式是指图形模块与参数窗口相结合的方式。它的基本图素是输入、输出、运算、控制等功能模块，组态时首先从模块库中调出所需的模块至显示屏幕，其次进行模块间的连接，最后调出该模块的参数窗口，用户只要在有输入项含义提示的菜单中直接送入数据和变量，最终就能构成所需的控制系统。这种"所见即所得的"组态方式，将自动形成组态文件，并下装到分散控制设备，执行既定的控制功能。

图形组态方式不仅形象直观，一目了然，而且使用方便，因此，该方式是目前普遍采用的组态方式。

各种功能模块的组态顺序，应是先输入/输出模块，再运算模块和各种控制模块。采用这种组态顺序：一方面是因为输入/输出模块担负着与现场信号连接的任务；另一方面是因为它还需供其他组态模块调用。

2. 输入/输出模块组态

输入/输出模块的组态内容大致包括三方面：定义输入/输出数据点的位号和对点的描述、确定模块在系统中的位置和确定数据点的各项特性。

（1）对点的描述　包括确定点描述符、点关键字和点形式。前两项主要用于对点进行解释和说明，描述符应力求简洁明了。点形式是指数据点的参数在参数表中显示的形式，若为"FULL"（全点），则全显示，包括描述性参数和与报警有关的参数；若为"COMPONENT"（半点），表示该数据点只是作为其他数据点的输入或输出值，描述性参数和与报警有关的参数都消失。一般情况下，在控制回路中只有常规控制点选"FULL"，并作为主要操作界面，其他的输入/输出模块均选"COMPONENT"。

（2）确定模块在系统中的位置　包括约定硬件位置和所属的单元。约定硬件位置必须确定模块所在 UCN 节点的名称、该节点所在的 UCN 号、UCN 节点号、I/O 模板类型、模板号、通道号等。

（3）确定数据点的各项特性　输入数据点的特性包括信号的输入处理特性、输入的正/反方向、工程单位、量程、报警限值和报警优先级、报警允许状态等。输出数据点的特性内容较少，包括输出的正/反方向、输出的折线处理等。

3. 运算模块组态

常用的运算模块有代数运算、信号选择、数据选择、数值限制、报警检查、计算公式和传递函数七类。它的组态步骤是：先在显示屏幕上调出所需的算法模块，然后单击该模块框图，打开参数窗口，逐项填写。主要内容包括位号、算法名称、所在控制网络的位置、输入和输出信号以及相应的运算常数。由于运算模块各不相同，用户必须认真研究，仔细填写。

4. 控制模块组态

控制模块分为连续控制、逻辑控制和顺序控制三类模块，每一类都有相应的组态方式，若前面提到的输入/输出模块是构成控制回路的基础，那么控制模块是构成控制回路的核心。

（1）连续控制模块组态　连续控制模块以常规 PID 控制模块为核心，结合运算模块和输入/输出模块，即可构成单回路、串级、前馈、比值、选择性、分程、纯延迟补偿和解耦等控制。现以单回路 PID 控制为例说明连续控制模块的组态。

单回路 PID 控制的组态如图 6-10 所示。它由输入模块、PID 模块和输出模块组成。

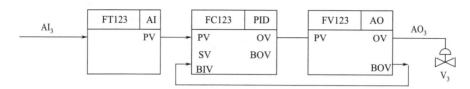

图 6-10   单回路 PID 控制的组态图

这是一个流量控制系统，由模拟量输入模块 FT123、PID 控制模块 FC123 和模拟量输出模块 FV123 组成。FT123 的输入信号取自 HPM 的 8 号模拟量输入模板的 AI₃ 通道，经 A/D 转换、滤波、信号检查、开方处理、流量补偿、报警检查、量程变换等输入处理后得到 PV 信号，将其送入 PID 控制模块 FC123 的 PV 端。由 PID 控制模块进行控制运算，其输出 OV 值送至模拟量输出模块 FV123 的 PV 端，经正/反方向选择和折线处理后输出 OV 值，经 D/A 转换最后从模拟量输出模板的 AO₃ 输出，去控制调节阀 V₃。其中 BOV 和 BIV 分别是反算输出端和反算输入端。把模拟量输出模块的 BOV 端和 PID 控制模块的 BIV 端互连，主要用于手动到自动的无扰动切换。模拟量输出模块 BOV 端输出的是根据当前的 OV 值反算其输入端 PV 应具有的数值，此值送到 PID 控制模块的 BIV 端，当系统从手动切换到自动的瞬间，PID 的输出 OV 值自动等于 BIV 值，也就是等于模拟量输出模块的 PV 值，从而实现了无扰动切换。

连续控制模块的组态内容包括定义连续控制模块（即常规控制点）的位号和对常规控制点的描述、确定模块在系统中的位置、确定模块的各项特性和控制模块的输入/输出参数。前面两部分的内容与输入/输出模块相似，不再详细介绍，需要说明的是组态参数中的模块号是指 HPM 的常规控制点的序号，最多可达 250 个模块。

控制模块的特性参数包括工程单位、PV 量程上/下限、给定值上/下限、给定值、小数点位置、PV 跟踪选择（跟踪或不跟踪）、控制作用方向（正作用、反作用）、比例增益、积分时间、微分时间、正常操作方式（手动、自动、串级）、操作方式属性等。其中正常操作方式属性是指确定允许改变正常操作方式的主体是"操作员"（Oper）还是"程序"（Prog）。

控制模块的输入参数，在本例中就是控制模块 FT123 的 PV 值，输出参数就是控制模块 FV123 的 OV 值。

（2）逻辑控制模块组态   逻辑控制模块常用的组态方式有梯形图组态方式、逻辑图组态方式和指令表组态方式三种。梯形图组态方式，是先调出触点、线圈和元件，再进行触点、线圈和元件之间的连线，并填写触点名。逻辑图组态方式，是先调出逻辑模块，再进行模块之间的连线，并填写输入或输出变量名。指令表组态方式，是将逻辑图或梯形图用相应的指令来描述，形成指令表或程序。指令表组态方式由于缺乏直观性，已较少采用。

在 HPM 中，逻辑控制模块是以逻辑图组态方式进行组态的。它有三类组合式逻辑控制点可供选用。每一类的输入变量数、逻辑块数量和输出变量数不同，有 12-24-4、12-16-8、12-8-12 三种。

以图 6-11 所示的逻辑控制系统为例，图中 L₁、L₂、L₃ 经"或"门，输出 SO1；SO1、L₄、L₅ 经"与"门输出 SO2。SO1 控制 DO 728.SO，SO2 控制 DO 729.SO，组态内容除了工位号、逻辑控制点描述、确定模块在系统中的位置等基本的组态项外，还应给出逻辑控制点的类型是三类组合中的哪一种、输入/输出变量的参数名。对内部的逻辑块，则应按运算次序进行编号，确定其逻辑算法名称和对应输入的参数名称，至于输出，因为直接与下游逻辑块的输入或最终输出点相连，所以不必进行组态。

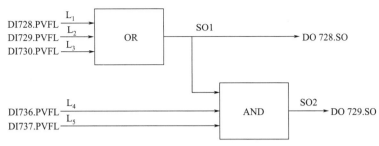

图 6-11 HPM 的逻辑控制系统

（3）顺序控制模块组态 顺序控制是按照时间顺序、逻辑顺序或混合顺序逐步进行各阶段信息处理的控制方法。在顺序控制中兼有连续控制、逻辑控制和输入/输出监控的功能。在 PM 系列分散过程控制装置中，一般的顺序控制可通过各类数据点的组合使用加以实现。例如，可用数字输入信号启动定时器进行计时，然后通过程序改变常规控制器的操作方式，使调节器进入自动调节，待参数达到给定值时，用控制回路的 PV 报警标志作为数字复合点的输入，以打开排料泵进行放料。对于具有逻辑关系的顺序程序，可通过逻辑控制点与数字复合点组合，实现复杂的逻辑控制；对于更复杂的顺序控制，则要借助 CL。

5. CL 编程与程序模块组态

（1）CL CL（Control Language）是 TPS 系统的控制语言，供用户自行编制专用的应用程序，以实现常规控制点无法完成的控制任务。

CL 包括 CL/AM、CL/PM（APM、HPM）、CL/MC（AMC），它是一种面向过程的高级控制语言，其语法和功能类似于高级算法语言；提供了各种基于过程的语句，如 OPEN 或 CLOSE（开或关阀门），ON 或 OFF（通或断设备）；还提供了功能齐全的算式、逻辑关系式和函数。CL 的运算符、函数和语句分别见表 6-1～表 6-3。它还能共享各类模块的过程变量，如输入/输出模块的变量或运算控制模块的变量，因此具有容易理解、编程简单、功能强大的特点，能完成比较复杂的控制策略。

表 6-1 CL 的运算符

数值运算		逻辑运算	
运算符	含义	运算符	含义
**	指数	AND	与
*	乘	OR	或
/	除	XOR	异或
+	加	NOT	非
−	减		

表 6-2 CL 的函数

功能	含义	功能	含义	功能	含义
ABS（x）	绝对值	INT（x）	取整	ROUND（x）	圆整
ATAN（x）	反正切	LN（x）	自然对数	SIN（x）	正弦
AVG（x, y, …）	平均值	LOG10（x）	常用对数	SQRT（x）	平方根
COS（x）	余弦	MAX（x, y, …）	最大值	SUM（x, y, …）	求和（最多16个变量）
EXP（x）	E 指数	MIN（x, y, …）	最小值	TAN（x）	正切

表 6-3　CL 语句

类　型	说　明	CL 语句
设置语句	储存或改变变量值	READ, SET, WRITE, CHANGESTATE
延时语句	在特定时间停止 CL 程序	PAUSE, WAIT
控制语句	控制 CL 程序的流向	IF, ELSE, LOOP, THEN, GOTO, REPEAT
通信语句	允许 CL 程序之间通信	CALL, FAIL, INITIATE, SEND, RESTART
终止语句	指明 CL 程序的结束	RESUME, EXIT, ABORTEND

（2）CL 程序结构　用 CL 既可以编制逻辑和顺序控制程序，也可以编制连续控制程序，还可以编制混合（逻辑+顺序+连续）控制程序。由于该语言最早用于顺序控制，因此至今还把 CL 程序称为顺序程序，而且程序名前必须冠以"SEQUENCE"，程序也分为段、步和语句。

CL 顺序控制程序包括主程序、子程序和异常情况处理程序三部分。主程序是控制程序的核心；子程序是程序执行过程中反复要调用的那部分程序；异常情况处理程序又称为非正常程序，通常在遇到异常情况时，自动转向执行该程序，而且在非正常程序结束时，并不立即返回主程序，需要等待异常情况消失，运行条件满足后才重新启动。

CL 顺序控制程序由顺序名称、变量定义和执行三部分组成。变量定义部分介绍了程序中用到的过程数据点、内部变量及常数。执行部分又分三种形式：正常顺序、子顺序和非正常顺序。三种顺序都由段（PHASE）、步（STEP）和语句组成，程序至 END 结束。一般把过程中的主要事件称为"段"，次要事件称为"步"，设置"段"名和"步"名，以作为程序转移时的目标识别。一个 CL 程序至少有一个 PHASE，每个 PHASE 最多有 255 条语句。程序的基本构成如下：

```
SEQUENCE 程序名（HPM；程序模块名）
    EXTERNAL 外部变量名
    LOCAL 内部变量名
    PHASE 段名
        STEP 步名
                语句
                …
        STEP 步名
                语句
                …
    PHASE 段名
        STEP 步名
                语句
                …
END 程序名
```

（3）CL 编程　以反应器自动加料、升温顺序控制系统为例，说明 CL 顺序控制程序的编制。反应器的进料阀为 V102，进水阀为 V101，反应器出料由 PUMP 控制，反应器温度控制由 TIC1 控制回路输出改变蒸汽进口阀 V103 开度实现。紧急情况下注水阀是 V104。

顺序控制要求：

① 加料阶段，水料比为 2：1，总容积为 75% 液位。先加水，后加料；加料完毕，开搅拌。

② 升温阶段，自动升温由 TIC1 控制，设定 95℃，到达后保温 20min。

③ 降温阶段，降温到 20℃，关闭搅拌。

④ 放料结束阶段，等待 10min，开排料泵排料，待液位小于 5%，关闭排料泵，程序结束。

⑤ 紧急停车，一旦温度超过测量上限，应该紧急停车，即关闭蒸汽进口阀 V103，并打开注水阀 V104，以迅速降温。

⑥ 控温精度为±0.5℃。

CL 程序如下：

SEQUENCE REACT1（HPM；POINT TEM1） 程序名称为 REACT1，程序模块名为 TEM1

  EXTERNAL V101、V102、V103、V104、TIC1、LT 外部变量：V101 进水阀、V102 进料阀、V103 蒸汽进口阀、V104 注水阀、TIC1 温度控制、LT 液位显示

  PHASE LOAD 加料阶段，段名 LOAD

    STEP TST1 步名 TST1

      OPEN V101 打开 V101 加水

      WAIT LT>50% 液位到 50%

      CLOSE V101 停止加水

      OPEN V102 开进料阀

      WAIT LT>75% 液位到 75%

      CLOSE V102 关进料阀

       ON AGTA 开搅拌

  PHASE HEAT 升温阶段，段名 HEAT

    STEP HE01 步名 HE01

      SET TIC-1.MOD ATTR=PROGRAM 设置 TIC1 的控制方式属性为程序控制

      SET TIC-1.MODE=AUTO 控制方式为自动

      ENB EMSD01 连接紧急停车程序 EMSD01

      SET TIC-1.SPE=95 设置给定值为 95℃

    WAIT TIC-1.PVE=94.5 等待升温到 94.5℃

    STEP HE02 步名 HE02

    WAIT 1200 SEC 等待 20min

    SET TIC-1.SPE=20 给定温度 20℃

  PHASE COOL 降温阶段，段名 COOL

    STEP LE 步名 LE

      WAIT TIC-1.PVE=20.5 等待降温到 20.5℃

      OFF AGTA 关闭搅拌

  PHASE SEND 出料阶段，段名 SEND

    STEP HEND 步名 HEND

    WAIT 600 SEC 等待 10min

      ON PUMP 打开排料泵

    WAIT LI<=5% 等待液位低于 5%

    OFF PUMP 关闭排料泵

    END REACT1 结束 REACT1 程序

EMERGENCY HANDLE REMSD（WHEN TIC-1.PVHIFL） 紧急停车程序 EMSD（当温度达到测量上限时，紧急停车）

    STEP EMSD01 步名 EMSD01

　　SET TIC-1.OP=0.0　设置温度调节器输出为 0，关闭蒸汽进口阀

　　OPEN V104　打开注水阀

　　SEND：“TIC-1 ALARM HI”　输出“TIC-1 高报警”信息

END EMSD01　结束紧急停车程序

　　（4）程序模块组态　用户通过操作站上的文本编辑器，编制 CL/PM 源文件，再使用 US 上的命令处理器，编译 CL/PM 程序，使之成为一个目标文件。该文件装载后，仍不能直接运行，必须首先通过组态，建立程序模块，再将 CL/PM 程序的目标文件登录于该模块，用户通过程序模块，才能启动相应的程序。HPM 程序模块的主要组态内容，除了定义程序点的位号、描述符，确定点的位置外，还需确定程序模块的大小、控制锁和重启动选择。

（三）画面组态

　　画面组态是指操作站、管理站、工程师站及简易型操作终端的画面组态，主要包括用户流程绘制、历史数据生成以及自由格式报表编制等内容。

1. 用户流程绘制

　　（1）流程画面形式　在工程师属性下，利用图形编辑器可绘制流程图及其他用户图形。按不同的工业过程和用户操作要求，流程画面可分为三种形式。

　　① 静态画面　通常是指带控制点的工艺流程图，可以分为几幅到十几幅画面，由线、实体或字符组成，画面在屏幕上不移动，不能改变其属性。

　　② 动态画面　提供“活”的信息，如测量数据周期性地刷新、颜色变化等。画面能响应过程条件的变化，可改变属性及动态显示点位置，显示格式、尺寸大小等变量。

　　③ 相关画面　是上述两类画面的合成。用户图形中有可见或不可见触摸区域，通过触摸或使用光标激活该区域，可进行画面调用或其他一些用户规定的动作，如调出过程控制区域或其他图形显示等。

　　（2）流程图编辑　TDC-3000 图形编辑器支持以下基本功能：用线和实体画基本图形，作子图，在图中加字符和数据并赋予条件（如报警时数据颜色改变等），在流程图上加趋势，加棒图监视 SP 值和 PV 值等。

　　① 生成流程图　先进入图形编辑区，整个作图区域是 240 列、84 行，但可编辑的区域只有 84 列、24 行（640 像素×384 像素）。

　　画图命令包括画线、画实体、加数据、加字符、设置字符尺寸和编译。数据类型包括整型、实型、字符串型、逻辑型、时间型、枚举型和未知型。

　　任意一幅用户图形都需通过图形编译将图形文件从源文件变为系统操作使用的目标文件，编译过程中可检查出句法和子图中的错误。另外，在作图时还要用到的命令有屏幕网格设置、字符图形优先级设置和画面颜色选择等。

　　② 图形编译　图形编译命令包括选择对象（SEL）、取消选择（DES）、删除选中对象（DEL）、移动对象（MOV）、复制对象（COP）、图形缩放和旋转（SC）、修改线条（MODLIN）、选中物体属性（SELECT BEHAVIOR）等。

　　③ 子图　子图是在同一画面或不同画面中可重复调用的图形。系统图形编辑器本身带有少量的子图，同时用户可根据需要建立子图库，把一些典型的单元设备如泵、塔、罐等较常用的设备画面做成子图，以便调用，从而提高流程画面的编制效率。通常建立子图是绘制流程图的首要步骤。

　　④ 棒图　棒图流程图中，可用棒图来反映容器液位的高低和其他测量值的大小。棒图可以是水平或垂直的，也可以是实心或空心的，其长短或高低随数值的变化成比例地变化。在

报警时棒图的颜色也会发生变化，给出提示。建立棒图的命令有加棒图、修改棒图，另外还有复制、移动、选择、删除等。

⑤ 趋势图 流程图中可通过趋势图观察过程点的运动趋势。趋势图可分为两类：一类是实时趋势显示，即趋势显示画面的采样数据没有进行处理；另一类是历史归档趋势显示，即采样数据采用的是某一时间段内最大值、最小值或平均值。趋势图又有坐标型和无坐标型之分。每一个趋势图中最多可有 4 条曲线，在同一时间内，屏幕上最多可有 12 条趋势曲线，坐标轴的默认基本时间设定为 20min。

趋势显示画面除了显示变量的变化趋势外，还提供了定位功能，即允许操作人员了解画面上某一时刻的变量数值，通过光标定位在某一时刻显示的变量值。

2. 历史数据生成

历史数据是 DCS 区别于常规控制仪表的重要标志，是趋势显示和编制报表的数据基础，用户还可由此查找事故状态的数据。

历史数据的数量和存储的时间取决于用于存储数据的空间大小。TDC-3000 系统中采用 HM 作为系统的硬盘存储历史数据和其他的过程或系统数据。在 HM 的格式化过程中，划定一定的存储空间用于存储过程历史数据。

历史数据组态方式是以建立历史组的方式实现的，即组态工程师将一个单元中的模拟量按组分好，每个历史组最多 20 个模拟量，将数据点的位号、变量和形式填入组态表中即可。

需要指出的是，通常 TDC-3000 历史数据仅是过程变量（PV）的历史数据，若想保存模拟输出值（OP）和设定值（SP）的历史数据，则需要通过一个简单的赋值程序将某一数据点的输出值赋给一数字数据点。

3. 自由格式报表编制

报表是过程数据和信息输出的格式，是工厂进行数据管理的一种手段。TDC-3000 区域数据库（Area Database）为用户提供了一种标准格式的报表。为满足用户的特殊要求，又提供了自由格式报表。与标准格式报表相比，自由格式报表更灵活，信息量更大。

自由格式报表是一幅 132 像素×66 像素的画面，分成 6 屏。它是子图、文字、变量值等的组合。使用图形编辑中的加值命令可以将内容输入到自由格式报表中。自由格式报表允许采用以下四种采集类型数据：历史采集、历史时间采集、状态采集、系统时间和日期采集。

六、应用

TPS 系统已在化工、炼油、冶金、纺织等行业得到广泛应用。本节以某大型炼油厂的实际工程为例，介绍 TPS 在炼油生产中的应用。该厂炼油装置由常减压蒸馏装置、重油催化裂化装置、催化重整装置、柴油加氢装置、气体脱硫装置、催化氧化脱硫醇装置、气体分馏装置和甲基叔丁基醚装置八大部分组成。

常减压蒸馏基本属物理过程。原油在蒸馏塔中按蒸发能力分成沸点范围不同的油品（称为馏分），这些油中的一部分经调和、加添加剂后以产品形式出厂，相当多的部分是后续加工装置的原料，因此，常减压蒸馏又被称为原油的一次加工。

重油催化裂化是在热裂化工艺上发展起来的，是提高原油加工深度，生产优质汽油、柴油最重要的工艺操作。原料主要是原油蒸馏或其他炼油装置的 350～540℃馏分的重质油。重油催化裂化装置通常由三大部分组成，即反应-再生系统、分馏系统和吸收稳定系统。

催化重整（简称重整）装置分为原料预加氢处理和重整反应两个单元。原料预加氢处理是为重整制备合格的原料，包括预分馏、预加氢反应、蒸发脱水三个工艺过程。重整则是指原料中的烃类，在催化剂存在的条件下进行芳构化和异构化等反应，达到制取高辛烷值汽油的目的，包括重整反应、重整生成油分离和稳定三个工艺过程。

（一）系统配置

系统配置如图 6-12 所示，采用了局域控制网（LCN）、万能控制网（UCN）和工厂信息网（PIN）三层网络通信系统，分散过程控制装置用的是高性能过程管理器（HPM），为了实现安全联锁保护，还配置了故障安全控制管理器（FSC）。系统设 AM 和 HM 各一套，AM 用于高级控制和优化，HM 作为全系统的数据库，用以存储系统软件、应用软件、操作数据、历史数据库等。按工艺装置划分，系统共设 4 个操作控制台。操作控制台配置见表 6-4。I/O 卡配置见表 6-5。

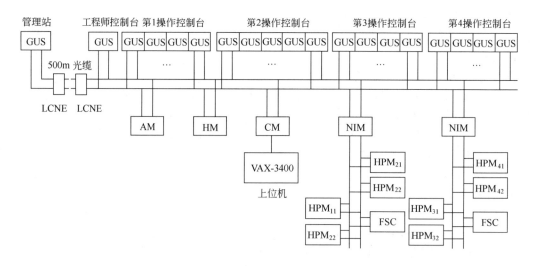

图 6-12　系统配置图

表 6-4　操作控制台配置

配　置	操作控制台			
	1	2	3	4
工艺装置	常减压蒸馏 气体脱硫 催化氧化脱硫醇	重油催化裂化	气体分馏 甲基叔丁基醚	催化重整 柴油加氢
检测点	400	550	300	450
控制回路	120	130	90	120
冗余 HPM	2	2	2	2
冗余 FSC	1		1	
操作站及键盘	4	5	4	4
工程师键盘	1	1	1	1
报告打印机	1	1	1	1
报警打印机	1	1	1	1

表 6-5 I/O 卡配置

I/O 卡名称	卡件数量			I/O 卡名称	卡件数量		
	冗 余	不冗余	总 计		冗 余	不冗余	总 计
高电平模拟量输入（16）	38×2	32	108	数字量输入（32）	10×2	3	23
高电平模拟量输出（8）	—	66×2	132	数字量输出（16）		3	3
低电平模拟量输入多点（32）	5×2	19	29	智能变送器输入（16）	—	2	2
脉冲输入（8）	4×2	—	8				

配置的实际容量：不包括冗余，4 个操作站，共 8 台 HPM，所连接的各类输入总计 2880点，输出 576 点，共计 3456 点；8 台冗余的 HPM，实际的处理容量可达到 4×800PU。

（二）控制方案

下面仅介绍重油催化裂化装置和催化重整装置的控制方案。

1. 反应温度与再生滑阀压降的超驰控制

反应温度是影响催化裂化产品分布和产品性质的关键变量之一，也是反应再生系统热平衡控制和物料平衡控制的重要变量。它主要通过改变再生滑阀的开度进而改变进入提升管内的再生催化剂量来进行控制。若开度增大，则进入提升管内的再生催化剂量增大，反应温度升高；反之，则降低。但是，若再生滑阀的开度过大，容易使其两端的压降趋近于零或负值，引起催化剂倒流，发生事故。因此，为保证生产安全，设置了超驰低选的控制系统。在再生滑阀两端的压降达到极限时，自动选择压差控制。温度与压差超驰控制系统如图 6-13 所示。

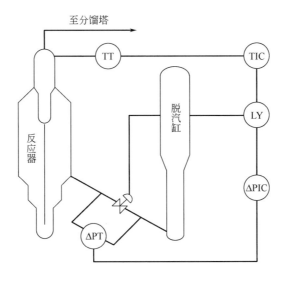

图 6-13 温度与压差超驰控制系统

2. 第一再生器和第二再生器压差控制

反应再生系统中压力平衡是十分重要的，只有建立一个正确的压力平衡系统，才能保证催化剂的正常循环。本系统第一再生器压力和第一与第二两再生器之间的压差，是依靠调节第一再生器出口双动滑阀的开度来控制的，而反应器压力是靠后续部分分馏塔及气压机等来稳定的。第二再生器压力是通过调节第二再生器出口的双动滑阀的开度来控制的。两个都是单回路定值控制系统。

3. 两段混氢的流量平衡

在催化重整系统中，第一重整反应器进料混合氢称一段混氢，由循环氢压缩机出口提供；第二反应器进料混合氢称二段混氢，由循环氢压缩机中间引出。为使两段混氢的流量达到平衡，本系统采用两段混氢流量分程控制的方案。当循环氢压缩机一段和二段出口氢气压差大于一、二段氢气系统实际压降时，二段混氢流量偏低，分程调节器一方面令二段混氢控制阀开大，另一方面使一段混氢控制阀关小，直至两者流量平衡。当循环氢压缩机一、二段出口氢气压差小于氢气系统实际压降时，二段混氢流量偏高，分程调节器使二段混氢控制阀关小，而使一段混氢控制阀开大。正常生产时，一、二段混氢流量基本相等。这里必须注意，两混氢控制阀任何时候均不得全关，否则将使反应器结焦。所以，调节器输出必须限位。分程控制系统混氢控制阀的阀位特性如图 6-14 所示。

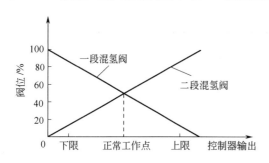

图 6-14 分程控制系统混氢控制阀特性

（三）系统组态

该炼油装置的 TPS 系统组态主要包括系统设备组态、区域数据库组态、控制组态、操作画面组态和功能键组态。下面介绍前三种组态。

1. 系统设备组态

根据图 6-12 进行系统设备组态，它包括 LCN 节点组态和 UCN 节点组态。

LCN 节点组态包括确定单元名、区域名、控制台名以及系统通用信息组态等。

本系统共设 6 个控制台，1～4 号为操作控制台，5 号为工程师控制台。管理站设在厂部办公楼，为 6 号控制台。各操作控制台所带操作站台数见表 6-4，5 号与 6 号控制台各带一个站，总共 19 台 GUS。第 1 操作控制台所属的设备为 AREA#1，其余依次为 AREA#2～AREA#4。区域内按不同的设备划分为若干单元，总数不超过 36 个。LCN 节点共 27 个，除 GUS 19 台外，还有 NIM 4 台，HM、AM 和 CM 各一台。根据系统设备组态要求，确定名称、编号、冗余关系以及各自的描述符。

UCN 节点组态包括节点位置组态和节点特性组态。本系统 UCN 共 2 条，每条上的 UCN 节点有 12 个：HPM 8 个，NIM、FSC 各 2 个。按组态要求确定网络号、节点号、冗余关系和节点描述符。节点特性组态主要是具体确定每个 HPM 的数据点类型及数量，以及所带 I/O 模板（最多 40 块）的类型、板号、槽号、箱号和冗余状况。

2. 区域数据库组态

定义单元：在区域数据库组态菜单下给区域分配单元（1～36）。

定义组：给区域内数据点按关联程度进行组分配，8 点为一组，同一参数允许重复出现在不同的操作组，以方便操作和调看。每区域最多允许 400 个组，其中 1～390 组为固定组，391～400 组为临时组，允许用户临时组合。

定义区域总貌：从 390 个固定组中选取关键的 36 组作为区域总貌画面。

定义区域趋势画面和单元趋势画面，每幅 24 点，共分 12 个坐标，每个坐标 2 条曲线，时基为 2h 或 8h。

定义报警发布器画面，总点数小于 300。

定义 CL 程序组画面，最多 50 个组，每组最多 6 个 CL 程序点。

3. 控制组态

按照前述控制组态的方法，先进行输入/输出模块、运算模块的组态，即先建立各种类型的数据点，然后进行连续控制、逻辑控制、顺序控制和 CL 程序模块的组态。现以温度与差压超驰控制系统和两段混氢流量平衡系统为例，具体说明控制组态的方法。

构成温度与差压超驰控制系统，要用到模拟量输入模块、模拟量输出模块、PID 控制模块和信号选择模块，它的模块组态如图 6-15 所示。TT28 和 ΔPT28 是两个模拟量输入模块，它们接收来自温度变送器和差压变送器的 4～20mA 的标准电流信号，经 A/D 转换和数据处理，从 PV 端输出，与后续 PID 模块的 PV 端相连。TC28 进行温度控制，ΔPC28 进行压差控制，两者的输出分别从 OV 端送到低选模块 MIN 的 X_1 端和 X_2 端，其中的低者送模拟量输出模块 TV28，它的输出控制阀门的开度。TV28 的反算输出端 BOV 应与 PID 的反算输入端 BIN 相连，以实现无扰动切换。

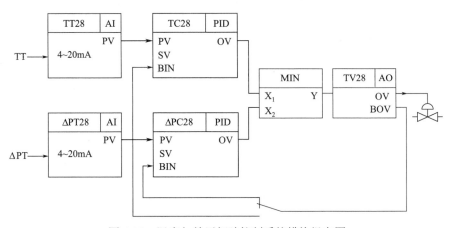

图 6-15　温度与差压超驰控制系统模块组态图

两段混氢流量平衡系统（分程控制系统）可用 PID 控制模块和输出模块来构成，它的控制模块组态如图 6-16 所示。通过模拟量输入模块ΔPT31 和ΔPT32，将混氢压缩机出口压差Δp_1送 PID 模块的 PV 端，作为测量值，而将氢气系统的压降Δp_2送 PID 的 SV 端，作为给定值，PID 控制器输出端（OV 端），通过两个模拟量输出模块，分别控制一段和二段混氢控制阀。如果两个混氢控制阀的开度均为 0～100%，只是方向相反，则可通过设置输出模块的输出方向来改变。在本例中，二段混氢控制阀开度应随 PID 控制器输出的增加而增加，一段混氢控制阀则相反，因此，AOM31 应选反作用，而 AOM32 应选正作用。若两控制阀的开度特性为非线性，则可通过折线处理予以实现。

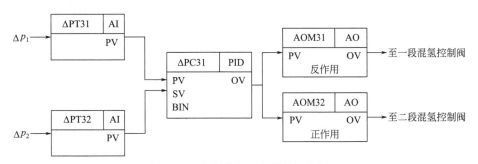

图 6-16　分程控制系统模块组态图

第四节 PCS 7 过程控制系统

一、概述

SIMATIC PCS 7 过程控制系统是 Siemens 公司在 TELEPER M 系列集散系统和 SS，S7 系列可编程控制器的基础上推出的一种新型过程控制系统。它提出了全集成自动化（Totally Integrated Automation，TIA）理念，统一的数据管理、通信和组态功能为用于过程工业和制造业的自动化解决方案提供了一种开放平台。

PCS 7 过程控制系统采用了 TIA 系列的标准硬件和软件，基本部件包括自动化系统、分布式 I/O、操作员站、工程师站和通信网络。其中自动化系统又可以分为标准自动化系统、容错自动化系统和故障安全自动化系统，由 S7-400 系列 PLC 组成，主要实现过程控制功能。常用的分布式 I/O 产品有 ET200M、ET200S、ET200iS 和 ET200X，用于数据采集和信号输出。

PCS 7 过程控制系统由 Profibus DP 总线和工业以太网两级网络组成。Profibus DP 总线适用于自动化系统和设备级分散式 I/O 之间通信，是系统的底层控制网络。工业以太网连接分散过程控制装置和集中操作管理装置，构成系统的上层网络。总体结构如图 6-17 所示。

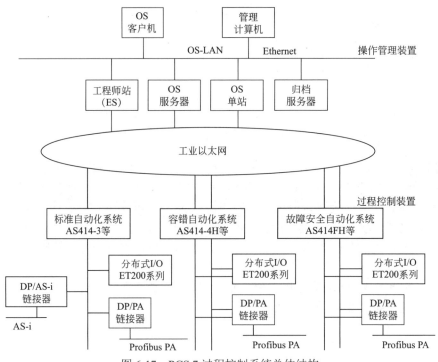

图 6-17 PCS 7 过程控制系统总体结构

二、分散过程控制装置

PCS 7 过程控制系统的分散过程控制装置包括自动化系统和分布式 I/O。

（一）标准自动化系统

标准自动化系统包括 AS414-3、AS416-2、AS416-3 和 AS417-4。其中，AS414-3 适于小

型应用，可满足低成本实现模块化和系统扩展的要求。中等规模或更大的系统可通过 AS416-2、AS416-3 和 AS417-4 实现。

标准自动化系统由机架、电源模块（PS）、中央处理单元（CPU）和通信处理器（CP）构成。

1. 机架

机架用来固定模块和实现局部接地，并通过信号总线将不同模块连接在一起。模块插座焊在机架中的总线连接板上，模块插在模块插座上，有 UR1（18 槽）和 UR2（9 槽）两种机架供用户选择。

2. 电源模块（PS）

电源模块通过背板总线向系统提供直流 5V 和直流 24V 电源，输出电流额定值为 10A 和 20A。它包括 PS 405 和 PS 407 两种，其中 PS 405 的输入为直流电压，PS 407 的输入为直流电压或交流电压。系统有带冗余功能的电源模块。

3. 中央处理单元（CPU）

标准自动化系统可提供不同型号的 CPU，分别适用于不同等级的控制要求。不同 CPU 所带接口功能和主内存容量不同，模块占用插槽数也不同。

CPU 414-3 带 3 个接口（MPI/DP、DP 和用于与另一条 DP 总线连接的 IF 模块插槽），主内存为 1.4MB（程序和数据各占用 0.7MB），占用 2 个插槽。

CPU 416-2 带 2 个接口（MPI/DP 和 DP），主内存为 2.8MB（程序和数据各占用 1.4MB），占用 1 个插槽。

CPU 416-3 带 3 个接口（MPI/DP、DP 和 IF 模块插槽），主内存为 5.6MB（程序和数据各占用 2.8MB），占用 2 个插槽。

CPU 417-4 带 4 个接口（MPI/DP、DP 和两个 IF 模块插槽），主内存为 20MB（程序和数据各占用 10MB），占用 2 个插槽。

4. 通信处理器

通信处理器 CP 443-1 用于将 S7-400 连接到工业以太网，带 AUI/ITP 和 RJ45 接口，模块占用 1 个插槽。CP 443-5 则用于将 S7-400 作为 DP 主站连接到 Profibus，以进行分散过程控制装置之间的通信，它可增加 DP 线数量，占用 1 个插槽。

另外，可以在 PCS 7 系统中使用 S7-400 系列的 I/O 模块。这些模块可代替分布式 I/O，适用于小型应用。

（二）容错自动化系统

在许多生产领域中，要求容错和高度可靠性的应用越来越多，某些领域由于故障引起的停机将会带来重大的经济损失。PCS 7 过程控制系统提供的容错自动化系统可以满足这种高可靠性的要求，它包括 AS414-4-1H、AS417-4-1H、AS414-4-2H 和 AS417-4-2H 四种类型的产品。

容错自动化系统基于"1-out-of-2"（二选一）原理，在发生故障时可切换到后备系统。这些系统均采用冗余设计，所有主要部件（如 CPU、电源和用于连接两个 CPU 的硬件）都是成对出现的，其他部件依特定的任务要求也可以进行冗余配置。

AS414-4-1H 和 AS417-4-1H 有两种配置。一种是带有两个标准机架 UR1 或 UR2 的配置，适用于两个冗余子系统必须完全分离的情况。每个子系统包含一个 CPU、一个潜在冗余电源模块以及一个用于工业以太网的通信处理器。其中潜在冗余电源模块可通过添加同型号的第二块电源模块扩展为冗余配置。另一种是带有分离式背板总线的 UR2-H 紧凑型机架的配置，用于一个机架的容错自动化系统。

与上述两种不同，AS414-4-2H 和 AS417-4-2H 均含有两个 CPU，机架 UR2-H 中安置了两个子系统。

系统的机架还可配置同步模块和同步电缆，用于连接两个 CPU。

冗余配置的容错自动化系统 AS414H 和 AS417H，都连接有一个通信模板到系统总线。系统总线为环型网络结构设计，对于可靠性要求较高的应用，也可以冗余配置。对于冗余配置的环型网络，每个子系统安装两个通信模板，并分别与两个环型网络连接。因此，即使一个环型网络上出现故障，另一个环型网络由于总线电缆与之隔离，也不受影响。

（三）故障安全自动化系统

在有些场合，发生的事故可对人员或装置造成危险或造成环境污染，这时就要用到故障安全自动化系统（F/FH 系统）。故障安全自动化系统不仅可检测过程中的故障，还可检测系统内部故障，并且在检测错误时，自动将装置设置到一个安全状态。基于 AS414H 和 AS417H 的故障安全自动化系统（F/FH 系统）将工厂自动化和安全功能组合到单一系统中。

故障安全自动化系统可以设计成单通道系统（带一个 CPU 的 F 系统）和冗余系统（FH 系统）。FH 系统的冗余特性与故障安全无关，它不用于错误检测，仅仅起到提高故障安全自动化系统可靠性的作用。

（四）分布式 I/O

1. ET200M

ET200M 是主要的分布式 I/O 产品，与 PCS 7 过程控制系统的自动化系统一起用于过程控制。它由电源模块、接口模块和 I/O 模块组成，均可实现冗余配置。其中，电源模块用于供电，有不同的输入电压和输出电流可供选择，接口模块实现 Profibus DP 连接。ET200M 包含 S7-300 系列的各种 I/O 模块，最多 8 个，用于连接传感器和执行器。所有 I/O 模块都与背板总线光学隔离。除标准 I/O 模块外，还有一些专用 I/O 模块，用于断线、短路、过电流/欠电流等与通道有关的诊断，内部模块和传感器抖动的监视以及脉冲扩展等。具有诊断功能的模块在发生故障时会自动将相应信号发送给操作员站。

ET200M 可用于标准环境，也可用于防爆 2 区。如果使用相应的防爆 I/O 模块，执行器/传感器可以安装在防爆 1 区。ET200M 使用有源总线模块，支持在线修改。

2. 其他分布式 I/O

ET200iS 是具有本安性能的 I/O 产品，防护等级为 IP 30，可以直接安装在防爆 1 区或 2 区中，传感器/执行器置于 0 区。由于具有独立接线和自动插槽编码的先进结构，每个模块都可在防爆环境中热插拔。

ET200S 是一种新型产品，防护等级为 IP 20，适用于需要故障安全电机启动器的场合。和 ET200iS 一样也支持模块的热插拔，但它的 I/O 模块比 ET200iS 丰富，除模拟量和数字量 I/O 模块以外，还包括电机启动器（最大功率为 7.5kW）、气动模块等。

ET200X 具有较高的防护等级（IP 65/67），适用于无控制柜场合的多功能解决方案。其 I/O 模块与 ET200S 类似。

三、集中操作管理装置

PCS 7 过程控制系统的集中操作管理装置由操作员站和工程师站组成。

（一）操作员站（OS）

操作员站是 PCS 7 过程控制系统的人机接口，用于生产过程的操作和监视。它可适应不同系统结构和满足客户要求，有单用户系统（OS 单站）和具有客户机/服务器结构的多用户系统（OS 客户机/OS 服务器）之分。

所有操作员站都基于不同性能级别的 PC 技术，运行 Microsoft Windows 2000 Professional/2000 Server 或 Microsoft Windows XP Professional/Server 2003 操作系统，使用 PC 的标准部件和接口，既可用于工业现场，也可用于办公环境中。OS 单站和 OS 客户机可安装 Multi-VGA 图形卡，因而可以使用最多四个监视器对各个工厂区域进行过程监控。

在单用户系统结构中，所有的过程操作和监视都集中在一个站中。OS 单站通过 RJ45 端口，可与 OS-LAN（连接操作站的终端总线）相连；也可通过 CP 1613 通信处理器或者标准 LAN 卡接入工业以太网，与自动化系统、OS 服务器或其他 OS 单站一起在工厂总线（以太网）上运行。

多用户系统由操作终端（OS 客户机）和 OS 服务器组成，这些终端通过 OS-LAN（终端总线）从一个或多个 OS 服务器接收数据（项目数据、过程值、档案、报警和消息）。OS-LAN 与工厂总线共享传输介质，或者使用单独的总线。该系统的 OS 服务器可以冗余配置，从而大大提高系统的可靠性。它还具有客户机功能，能够访问多用户系统中其他 OS 服务器上的数据（档案、消息、变量）。

PCS 7 过程控制系统支持具有最多 12 个 OS 服务器或冗余 OS 服务器的多用户系统。OS 服务器与 OS-LAN（终端总线）及工业以太网（工厂总线）的连接方式与 OS 单站相同。

操作员站具有一个基于 Microsoft SQL Server 的高性能归档系统，其循环档案可短期保存过程值和消息/事件（报警）。这些数据与 OS 报告可一起以时间控制和事件控制方式导出，以便在 Storage-Plus 计算机或一个集中归档服务器中永久归档。Storage-Plus 计算机和集中归档服务器是 OS-LAN（终端总线）上的站，不与工厂总线连接。

PCS 7 过程控制系统的操作员站采用自行设计的 WinCC 组态软件。这种面向对象的开放式组态工具能够完成从画面显示到历史趋势记录的一系列功能，并且能够按照操作权限来设定操作员的操作范围，保证生产过程的安全。概括来说，其能实现用户界面、趋势、报警、集中用户管理、状态检测和脚本语言等功能。

（二）工程师站（ES）

工程师站用于对整个 PCS 7 过程控制系统进行组态。它采用和操作员系统的 OS 单站相同的硬件以及 Windows 2000 操作系统，可通过多屏图形卡将最多四个过程监视器连接在一起来扩展工作区，使得组态更为方便。

ES 软件为 PCS 7 过程控制系统的所有部件提供统一的数据管理和组态工具，包括连续功能图（CFC）、顺序功能图（SFC）、功能块库、硬件组态工具（HW Config）、OS 图形组态软件、过程设备管理器（PDM）等部分。

CFC/SFC 都是图形组态工具，采用 IEC 61131-3 标准，前者以功能块为基础，主要用于连续控制过程的控制组态，后者则用来解决小型的批量操作等顺序控制的自动化任务。

为了满足各种不同工业领域的要求，PCS 7 过程控制系统预先编制了大量实用的功能块，以供用户选择。这些功能块包括：I/O 卡件、PID 回路、驱动、传动、电机和阀门等。功能块包括了在 ES 中的 CFC 和 OS 中显示的面板。

HW Config 和 PDM 是硬件组态工具，负责 PCS 7 过程控制系统中自动化系统、操作员站、工程师站、通信网络以及现场设备的组态。

四、通信网络

PCS 7 过程控制系统的通信系统包括工业以太网和现场总线。工业以太网用于自动化系统和操作员站、工程师站之间的数据通信，现场总线连接自动化系统和分布式 I/O，用于现场控制和检测采集单元的数据交换。

1. 工业以太网

工业以太网连接分散过程控制装置和集中操作管理装置。网络可采用总线型、星型、环型等多种拓扑结构，较大的系统均采用冗余光纤环型网络。通信协议符合 IEEE 802.3 及 IEEE 802.3u 标准。通过电气交换机和光纤交换机连接子网，最多可连接 1000 个站。通信距离可达 1.5km（电缆）/200km（光纤）。三线电缆、工业用双绞线和光缆均适合作为传输介质。

2. 现场总线

Profibus 是一种国际性的开放式总线标准，目前许多生产厂家都为它们生产的设备提供 Profibus 接口，在自动化领域应用非常广泛。Profibus DP 适用于自动控制系统和设备级分散 I/O 之间的通信。Profibus DP 网络包括 DP 主站、从站和 DP/PA、DP/AS-i 等链接器。网络可采用总线型、星型和树型等多种结构。主站和从站之间采用轮循的通信方式，最多可连接 125 个从站。通信介质包括光纤和屏蔽两线电缆。通信距离最远可达 9.6km（电缆）/90km（光纤）。

Profibus PA 是专为过程自动化设计的本质安全的传输技术，一根总线上可以同时实现供电和信息传输，符合 IEC 1158-2 中规定的通信规程，可实现总线供电和本质安全防爆。拓扑结构包括总线型、星型和树型。在防爆区每个 DP/PA 链路最多可连接 15 个现场设备，非防爆区最多可连接 31 个，通信介质为屏蔽两线电缆，通信距离可达 1.9km。有关 Profibus 总线的详细内容可参见第七章。

AS-i 是直接连接现场传感器和执行器的总线系统。作为电缆束的替代品，AS-i 总线利用无屏蔽两线电缆连接现场设备。AS-i 总线网络为单主站系统，拓扑结构包括总线型、星型和树型。一个标准的 AS-i 总线系统可最多连接 31 个从站，每个从站可最多配置 4 路输入和 4 路输出。经扩展，系统可连接 62 个从站。通信距离可达 100m（无中继器）/500m（有中继器）。

五、系统组态

PCS 7 过程控制系统的组态包括硬件组态、控制组态和画面组态。组态软件采用 "SIMATIC MANAGER" 套件。

（一）硬件组态

PCS 7 过程控制系统的硬件组态指硬件模块上跳线、开关、量程卡等的设定，并根据这些设定通过 ES 软件中的 HW Config 对系统硬件进行初始化定义。

它是一种图形化的组态方式。硬件组态中的所有模块都已经作为标准化的软件对象嵌入到控制技术库中，只需连接到过程流程中并进行图形化显示即可。硬件组态完成后，下载到相应的过程控制站。这样，就使得实际硬件安装模块和硬件组态相一致，从而 I/O 模块上的每一点的点号地址就得以确定。

（二）控制组态

在 PCS 7 过程控制系统中，主要有两种功能不同的控制实现方法。第一种为 CFC，它主要是用来实现阀门控制、电机控制和测量点监控等功能。组态以功能块为基础，系统配置了很多预编程的功能块，如逻辑块 AND/OR、模拟量输入驱动块 CH_AI、模拟量输出驱动块 CH_AO 等。每个功能块都有一个参数表，可根据实际工艺要求选择不同的参数，功能块在 CFC 中的连接直接用鼠标器点接。

第二种是 SFC，主要实现顺序控制。组态时，首先画出顺序控制的顺序图。顺序图中，可选择顺序、并行分支、交替分支和回路等局部结构。图中用大小两种方块分别表示步骤（Step）和转移条件（Transition）。顺序控制的顺序图一旦建立，只需把步骤中要执行的任务和转移条件中的条件写入，顺序控制的组态任务即完成。在组态时，由于很多步骤中的任务和转移条件都与 CFC 有关，因此，可把 CFC 中的信号引入 SFC 中。CFC 与 SFC 的交替使用，可以很方便地实现复杂的顺序控制任务。

此外，在 PCS 7 过程控制系统中还可以采用结构化编程语言（SCL）进行功能模块的编写。SCL 是一种符合 IEC 61131-3 标准的类似 PASCAL 的高级语言。用户可以用 SCL 把过程的数学模型和优化控制策略编成功能块，直接下载到控制器中运行，或在 CFC 组态中供多次调用。

下面给出 PID 功能的组态实例。在 PCS 7 过程控制系统中，PID 功能实现是在 CFC 中完成的，如图 6-18 所示。

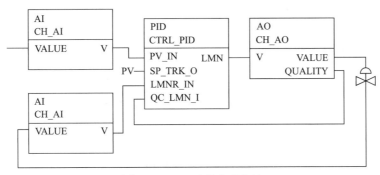

图 6-18　PID 功能实现方法

CTRL_PID 是 PID 控制模块，能够进行 PID 参数设定、给定值设定、手自动切换、报警、记录等功能。过程信号从 CH_AI 模块读入，并且转化成十进制，连接到 PID 模块的 PV_IN 端子，PID 模块的 LMN 输出连接到 CH_AO 模块，连接到现场的阀门设备等执行器。PID 模块内部将 LMN 端子连接到 LMNR_IN，使 PID 输出值反馈，用来诊断输出值情况。QC_LMN_I 连接 CH_AO 的 QUALITY 端子，以确认输出端子的输出质量。SP_TRK_O 设置成 PV，使手动切自动时没有扰动；而在自动切手动时，PID 输出值是不变的，也是无扰动切换。

（三）画面组态

PCS 7 过程控制系统采用 WinCC 软件进行监控界面开发。操作员的操作界面可以分为几个部分：画面区用于显示过程画面，方便操作员观察现场的情况；按钮区用来查看前后的画面、趋势以及打印等；概貌区便于用户进入不同的工段，进行画面切换；导航窗口能够将一个工段内的不同画面进行分类；面板显示每个设备的情况，提供控制与趋势显示。

六、应用

PCS 7 过程控制系统作为新一代的集散控制系统，在化工、冶金等行业得到了广泛的应用。本节以抚顺石化的实际工程为例，介绍 PCS 7 过程控制系统的应用。

铂催化重整是指以石脑油为原料生产高辛烷值汽油组分和芳烃，同时可向加氢装置提供大量廉价的氢气，是炼油厂和石油化工厂的重要工艺之一。整个装置分为预处理、重整反应、芳烃抽提和芳烃精馏四个单元。

（一）系统配置

系统采用 1 对 AS414-4H 过程控制站对重整装置进行控制。冗余控制站下带 9 个 ET200M I/O 系统，I/O 系统和控制站间通过冗余 Profibus DP 总线通信，通信速率为 12Mb/s。上位机系统包括 1 台工程师站，4 台操作员站，1 台激光打印机，1 台宽行点阵打印机。控制站和上位机间通过光纤开关模块（OSM）连接成为 100MHz 冗余光纤环型网络。系统配置如图 6-19 所示。表 6-6 列出了系统的测量点数。

表 6-6　系统测量点数

项　　目	监视信号/点	控制信号/点	温度控制/点	小计/点
模拟输入（AI）	70	25	2	97
模拟输出（AO）	—	25	2	27
数字输入（DI）	23	—	—	23
热电偶输入	140	—	—	140
数字输出（DO）	90	—	—	90
合计	323	50	4	377

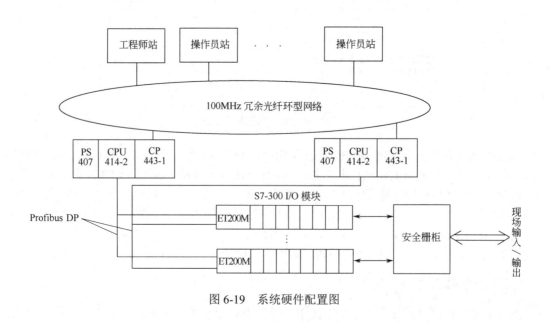

图 6-19　系统硬件配置图

（二）控制方案

根据生产工艺的要求，控制程序主要以监控为主，提供相应的报警、数据统计、历史记录和趋势图。

在铂催化重整工艺中，反应炉温度是一个很重要的参数，普通的 PID 单回路往往达不到所要求的控制精度，现采用串级回路进行控制。其中，4 个为液位流量串级控制，流量控制作为副回路，液位控制作为主回路，实现槽罐水位精确控制；6 个为温度流量串级控制，以加入反应炉的燃料流量为副变量、温度为主变量实现反应炉内温度的精确控制。而且，在设计过程中，对于串级回路，要求在主回路、副回路以及主副回路之间均能够实现无扰动切换。温度流量串级控制如图 6-20 所示。

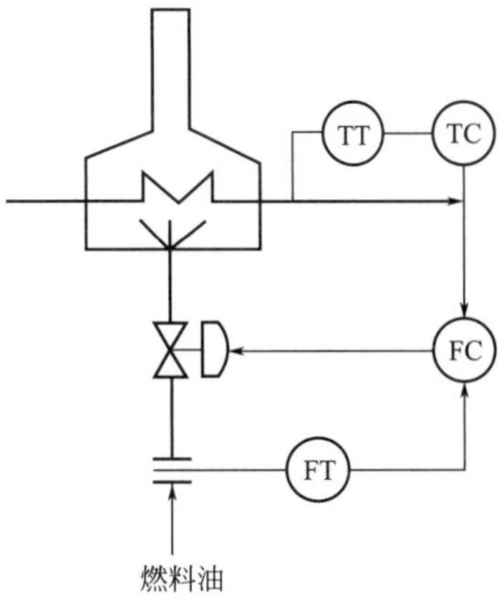

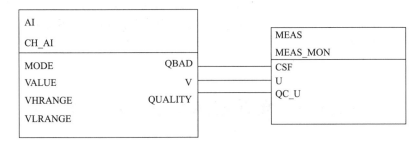

图 6-20 温度流量串级控制

（三）系统组态

1. 硬件组态

本系统中 IM153 接口模块、模拟输入模块需进行硬件设定。IM153 将 ET200M 连接到 Profibus DP 总线上，并设定地址开关，以决定每个 ET200M 的地址。对模拟量输入模块 SM331 8AI，通过旋转量程卡来设定测量信号模式及量程范围，量程卡有 A、B、C、D 四个位置。对过程控制站而言，实际带有若干 ET200M 远程 I/O，组态画面中就在该过程控制站后的 Profibus DP 总线上拖放几个 IM153 模块，形成几个 ET200M 远程 I/O 节点。

2. 控制组态

（1）监控功能的实现 该石化工程的过程监视主要是对温度、流量的监视，温度与流量都是变化的模拟量，而且有着不同的测量范围、报警区域，因此要在控制块中有不同的设定。

模拟量监视功能用 CH_AI 模块和 MEAS_MON 模块来实现，如图 6-21 所示。

图 6-21 模拟量监视功能的实现

现场的模拟量信号连接到 I/O 卡件后，通过 I/O 卡件的地址连接到 CH_AI 的 VALUE 端子上，对于不同的输入信号（模拟量信号有多种，如 4～20mA、1～5V、热电阻等），CH_AI 的 MODE 端子会自动读取模块上的输入信号类型，这样就能够按照不同信号的特点将现场来的 16 位信号转换成一个十进制的模拟量，这个模拟量能够直观地表示温度、流速等。

CH_AI 的 VHRANGE 端和 VLRANGE 端是用来界定输入值的允许范围的，如果输入值超限，就会认定是系统错误，QBAD 端就输出信号 1。

CH_AI 的 QBAD、V、QUALITY 端分别连接到 MEAS_MON 的 CSF、U、QC_U 端。由 MEAS_MON 模块上传到上位机显示和判断。

在 MEAS_MON 模块上可以设定高限报警、低限报警，这些报警能够自动记录。

（2）串级控制模块组态 构成串级控制回路，需用 CH_AI 模块、PID 模块和 CH_AO 模块，组态如图 6-22 所示。主控制器（PRI_PID）的控制量 LMN 连接至副控制器（SEC_PID）的外部设定值 SP_EXT 输入端。同时在确保切断串级时，将主控制器设置成为跟踪模式。在这种情况下，副控制器产生 QCAS_CUT 信号，连接至主控制器的 LMN_SEL 输入端。主控制器的跟踪输入 LMN_TRK 连接（控制器运行于正向）到副控制器的 SP 输出端，由此可避免控制量在串级再次闭合时发生跳变，从而实现无扰动切换。主控制器内部将 LMN 端子连接到 LMNR_IN，用来诊断输出值情况。其余连接与单回路 PID 相同。

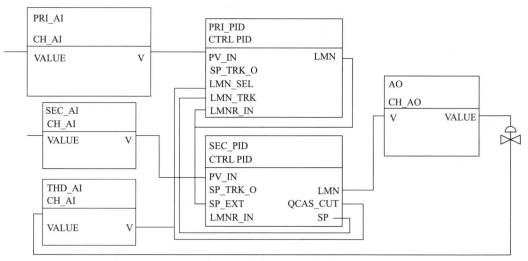

图 6-22　串级控制模块组态图

3. 画面组态

进入 WinCC 软件后，首先按照工艺流程图，绘制在画面区显示的静态画面。然后将从 PCS 7 过程控制系统上传来的面板拖放到画面的适当位置，以便操作员能够直观地看到现场的状况。另外还做了一些趋势和历史统计，并且在画面上建立了专门的页，供操作人员查看和调用。

第五节　集散控制系统的可靠性

集散控制系统的可靠性通常包含两层意思：其一是指系统在规定条件下和规定时间内，完成规定功能的能力；其二是指故障发生后通过维修使系统恢复正常工作的能力。

一、可靠性指标

系统的可靠性指标常用概率来定义，包括可靠度、平均故障间隔时间（MTBF）、平均故障修复时间（MTTR）及有效率等。

（一）可靠度 $[R_s]$

可靠度是用概率来表示的零件、设备和系统的可靠程度。它的具体定义是：设备在规定的条件下（指设备所处的温度、湿度、气压、振动等环境条件、使用方法及维护措施等）和规定的时间内（指明确规定的工作期限），无故障地实现规定功能（应具备的技术指标）的概率。可靠度是一个定量的指标，可通过抽样统计来确定。例如，在 100 台产品中有 36 台产品按上述规定要求工作未出现故障，则其可靠度为 0.36。当然所取样品数量越多，所得可靠度的准确性就越高。

一个复杂系统的可靠度与构成系统的子系统及其元器件的可靠度有关，还与系统的构成方式有关。在串联系统中，只要有一个子系统发生故障，系统就会发生故障；而在并联系统中，只有全部子系统发生故障，系统才发生故障。它们的可靠度计算是

串联系统可靠度：
$$R_s = R_1 \cdot R_2 \cdot R_3 \cdots R_n = \prod_{i=1}^{n} R_i$$

式中，$R_1, R_2, \cdots, R_n$ 为各子系统的可靠度。

并联系统可靠度：
$$R_s = 1 - (1 - R_1)(1 - R_2) \cdots (1 - R_n) = 1 - \prod_{i=1}^{n} (1 - R_i)$$

式中，$(1 - R_1), (1 - R_2), \cdots, (1 - R_n)$ 为各子系统发生故障的概率。

如果并联系统中各子系统的可靠度均为 r，则 $R_s = 1 - (1 - r)^n$，将 r、n 不同取值的计算结果列入表 6-7，由表可知，并联子系统越多，系统的可靠度就越高。另外，当 $r = 0.90$、并联子系统为 2 和 3 时，R_s 均不低于 0.99，这说明当 $n > 2$ 时，并联子系统对提高可靠度的贡献并不显著，实际工程中多选用 $n = 2$，这一结果即是冗余技术的基础。

表 6-7　子系统可靠度与并联系统可靠度的关系

n	R_s		
	$r = 0.60$	$r = 0.70$	$r = 0.90$
2	0.840	0.910	0.990
3	0.930	0.973	0.999

（二）平均故障间隔时间（MTBF）

相邻两次故障间隔 t_i 的平均时间：

$$MTBF(h) = \frac{\sum_{i=1}^{n} t_i}{n}, i = 1, 2, 3, \cdots, n$$

这是一个通过多次抽样检测，长期统计后求出的平均数值。

（三）平均故障修复时间（MTTR）

设备或系统经过维修、恢复功能并投入运行所需要的平均时间：

$$MTTR(h) = \frac{\sum_{i=1}^{n} \Delta t_i}{n}, i = 1, 2, 3, \cdots, n$$

式中，Δt_i 为每次维修所需的时间。

（四）有效率（A）

又称有效度，是指可维修的设备或系统，在规定的时间内维持其功能的概率，又可看作

设备或系统可能工作的时间系数。

$$A = \frac{\text{MTBF}}{\text{MTBF} + \text{MTTR}}$$

对串联系统： $\qquad\qquad A = (A_1)(A_2)\cdots(A_n)$

对并联系统： $\qquad A = 1 - [(1 - A_1)(1 - A_2)\cdots(1 - A_n)]$

式中，$A_1, A_2, \cdots, A_n$ 为各子系统的利用率。

在实际计算中，串、并联系统的具体划分应根据集散控制系统的具体结构来定。

二、提高系统可靠性的措施

可靠性是评估集散控制系统优劣的重要指标，通常制造商提供的可靠度数据在 99.99%～99.9999%之间。由于可靠性指标具有统计特性，因此在评估系统可靠性时可以通过采取提高系统可靠性的措施来分析。除了系统制造时应保证符合设计要求外，通常可以从加强硬件质量管理、采用合理的系统结构和自诊断技术以及系统安全隔离和可靠接地等方面来提高系统的可靠性。

（一）加强硬件质量管理

硬件质量的好坏是系统可靠与否的基础，必须加强对硬件的质量管理。

① 建立严格的可靠性标准，优选元器件。

② 进行严格的预处理，消除元器件早期失效对系统可靠性的影响。

③ 提高组件制造工艺水平，强化检验措施，使组件制造工艺引起的故障降到 $10^{-9}\sim5\times10^{-9}$。

（二）采用合理的系统结构

集散控制系统的结构设计中成功地运用了大系统理论、多级操作系统、冗余技术和无中断自动控制系统，从而最大限度地抑制系统故障的发生，提高系统的利用率。

1. 分散控制

系统中最主要的控制任务用多台控制器完成，每台只控制少数回路，即使发生故障亦只会影响很小的局部，而且局部组件便于迅速更换，不会使整个系统停止运行。

2. 多级操作

在系统正常工作时，操作站执行全部操作；当操作站发生故障时，还能用控制器自身微机系统完成自控任务，即局部自动化；若微机系统亦发生故障，还能用模拟单元或保持器上的软手操完成控制任务；若保持器发生故障，可通过备用手动单元进行硬手操，只有当保持器和备用手操故障同时发生时，才形成局部故障。

3. 冗余结构设计

冗余结构设计以投入相同的装置、部件为代价来保证系统运行时不受故障的影响，从而提高系统的可靠性。按冗余部件、装置或系统的工作状态，可分为工作冗余（热后备）和后备冗余（冷后备）两类。工作冗余是若干同样装置并联运行，只有并联装置全部失效时系统才不工作。后备冗余是仅在主设备故障时才投入备用设备。为了便于多级操作，越是下层的设备越需要冗余，而且冗余度也越高。几乎所有集散控制系统都采用双重化的冗余通信系统，过程控制装置的 CPU 插板和 I/O 部件常采用工作冗余方式工作，操作站和上位机也可组成冗余结构。

（三）采用自诊断技术

要缩短系统的平均故障修复时间，延长平均故障间隔时间，一个有效的措施就是采用自诊断技术，包括离线诊断和在线诊断。离线诊断一般在系统投运之前全面地测试DCS的性能，为开车做好准备，有专门的诊断软件供用户调试。投运以后就进入在线诊断，一般分设备级自诊断和卡级自诊断。例如，控制器每个工作周期对自身检查一遍，如发现差错，立即在显示器上告知用户，以便及时进行处理。

（四）系统安全隔离和可靠接地

集散控制系统采用了各种安全隔离措施：显示器故障时有限能器供25kV高压泄放；优先设备与HTD间采用光耦隔离；各终端设备的通信接口采用变压器与通信线路隔离。

为确保系统安全，各类装置均有接地系统，例如防雷接地、信号接地、电源公共端接地、同轴电缆接地、机壳接地、防爆栅安全接地、上位计算机单独接地，并且进线和电源进线装有浪涌吸收器，可有效防止雷电感应对设备的破坏。

思考题与习题

6-1 简述集散控制系统的发展历程、特点和结构。

6-2 集散控制系统中常用的网络结构有哪几种？TPS 和 PCS 7 系统属于哪一类？

6-3 说明集散控制系统通信网络的特点及采用的通信协议。

6-4 TPS 系统分为哪几个部分？说明各部分的构成。

6-5 TPS 系统的分散过程控制装置由哪些模件组成？简述它们的构成和功能特点。

6-6 简述 TPS 系统中全方位万能操作站（GUS）的基本配置和主要功能。

6-7 TPS 通信网络包括哪几个部分？试述 LCN 通信系统的组成及信息传输方式。

6-8 简述 TPS 系统组态的主要内容。

6-9 什么是控制组态？TPS 的控制组态有哪几种方式？各有什么优缺点？

6-10 图形组态包括哪些内容？试以某种控制方案为例进行控制模块组态。

6-11 PCS 7 系统由哪两级网络构成？简述自动化系统和分布式I/O的基本配置和主要功能。

6-12 简述 PCS 7 系统组态的基本内容和主要方法。

6-13 举例说明DCS在工业生产过程中的应用，并给出系统配置、控制方案及其组态图。

6-14 常用的可靠性指标有哪些？如何提高系统的可靠性？

第七章 ▶▶
现场总线控制系统

现场总线控制系统（Fieldbus Control System，FCS）是在计算机网络技术、通信技术、微电子技术飞速发展的基础上，与自动控制技术相结合的产物。它是继模拟式仪表控制系统、集中式数字控制系统、集散控制系统后的新一代控制系统。

本章先概要地介绍现场总线发展背景、技术特点、国际标准，然后重点阐述几种流行的现场总线、实时工业以太网、工业短程无线网络及现场总线控制系统的基本组成和实例。

第一节 概述

现场总线是 20 世纪 80 年代中期在国际上出现，20 世纪 90 年代初发展形成的。它是用于现场仪表、设备之间以及现场与控制室或控制系统之间的一种全数字、双向串行、多节点的通信系统，也被称为开放式、数字化的工厂底层控制网络。

现场总线技术把具有数字计算和通信能力的现场仪表连接成网络系统，按公开、规范的通信协议，在现场仪表之间及现场仪表与远程监控计算机或其他控制网络之间，实现数据传输和信息交换，形成不同复杂程度的控制系统。现场总线适应了工业控制系统向分散化、智能化、网络化发展的方向，把集中与分散相结合的 DCS 变成新型的全分布式控制网络。

纵观控制系统的发展历史，每一代新控制系统都是针对老一代控制系统存在的缺陷与不足而给出的解决方案，最终在用户需求和市场竞争的外因推动下发展起来，现场总线控制系统也不例外。

一、现场总线发展背景

（一）现场总线是企业综合自动化的发展需要

现代化的工业生产，产品技术含量高，更新换代快，企业必须尽快提高控制和管理水平，实现综合自动化，才能适应市场竞争的需要。传统的 DCS 虽功能和性能均优于模拟式仪表控制系统和集中式数字控制系统，但其测量变送仪表及执行机构一般仍为模拟式控制仪表，因而它是一种模拟数字混合的系统，该系统无法摆脱传统仪表系统结构封闭这一缺陷的影响，各厂家的产品自成系统，互联性和互换性较差，在控制系统网络化的过程中不能很好地满足系统开放和互联的要求。

为打破系统封闭的格局，提高企业综合自动化的水平，就必须设计出一种适用于工业环境、性能可靠、协议公开、成本较低的数字通信系统，开发出遵循同一通信标准的多功能现场智能仪表，使不同厂家的现场仪表可以在开放系统中实现互联和互操作，这样才能消除传统 DCS 采用专用通信网络所造成的系统封闭的缺陷。在开放的通信系统中，可方便地实现企业现场仪表之间以及生产现场与更高层控制管理网络之间的信息交换，从而在更大范围内实现信息共享。在信息集成的基础上，企业可以进一步优化生产与操作，提高管理决策水平，这样的控制系统才能满足用户的需要。现场总线就是在这种实际需求的驱动下应运而生的。

（二）高新技术的发展为现场总线的产生奠定了基础

企业综合自动化要求工厂底层控制网络中的现场仪表具有检测、控制、报警、显示、变量修改和数字通信等功能，以完成过程级的控制和向高层传输信息的任务。但是传统控制系统中的变送器和执行器功能单一，只能传输模拟信号，不能直接控制生产过程，与 DCS 之间也只能实现一对一的物理连接。20 世纪 80 年代，微处理器开始引入自动化仪表，一些厂家推出带有微处理器的现场变送仪表，如 Foxboro 公司的 820、860，Rosemount 公司的 1151，Honeywell 公司的 Smart 变送器等，它们在原有模拟式控制仪表的基础上增加了复杂计算功能，并在输出的 4～20mA 直流电流信号上叠加了数字信号，这使现场与控制室之间的连接由模拟信号过渡到了数字信号。模拟数字混合仪表克服了模拟式控制仪表的多种缺陷，使过程变量的传输、零点及量程的调整、运行方式的改变等均可通过数字通信来完成，尽管其功能还不齐全，传输速率较低，还无法实现仪表间信息交换，但是它给自动化仪表的发展带来了新的生机。

20 世纪末至 21 世纪初，随着高新技术的迅猛发展，尤其是微电子技术、微机械技术、计算机技术和通信技术的广泛使用，市场上涌现出了各种功能的专用集成电路、新型传感器件及通信处理芯片，这就为研制出高性能的智能仪表和实现自动化仪表的小型化、智能化、网络化创造了良好的物质条件。一些厂家开始推出集检测、控制、运算、通信功能于一体的现场智能变送器以及带控制模块的智能执行器，这些现场智能仪表可以连成网络，进行就地控制，并可完成现场仪表间及与外界的数字通信。现场总线就是在现代科技的广泛应用和智能仪表不断完善的过程中产生和发展的。

应当指出，在现场总线崛起和发展的同时，DCS 也在不断地完善和改进，因此在今后若干年内，将会是 FCS 和 DCS 相互融合和集成，在企业综合自动化系统中协同工作，共同完成生产过程的测控任务。

二、现场总线的技术特点

现场总线将具有网络通信功能的现场智能仪表连接起来，构成现场总线控制系统。其技术特点如下。

（1）系统的开放性　开放是指总线标准、通信协议均是公共的，面向任意的制造商和用户，可供任何用户使用。一个开放系统可以与世界上任何地方遵守相同标准的其他设备或系统连接，不同厂家的设备之间可实现信息交换。用户可按自己的意愿，把来自不同供应商的产品组成大小随意的系统。因此，通过现场总线能构筑自动化领域的开放互联系统。

（2）互操作性与互换性　互操作性是指实现互联仪表、设备间及系统间的信息传输与沟通，可实行点对点、一点对多点的数字通信。而互换性则意味着不同生产厂家的性能类似的仪表、设备可实现相互替换，这样用户可以选择性能价格比高的产品，而不必担心兼容性。

（3）现场仪表的智能化和功能自治性 它将传感测量、补偿计算、线性化处理、工程量变换及控制等功能分散到现场仪表中完成，仅靠现场仪表即可完成自动控制的基本功能，并可随时诊断仪表的运行状态。

（4）系统结构的高度分散性 现场总线已构成一种新的全分散性控制系统的体系结构，DCS 输入/输出单元和控制器的功能由现场仪表取而代之，实现了系统的彻底分散控制，这样简化了系统结构，提高了可靠性。

（5）对现场环境的适应性 作为工厂网络底层的现场总线，是专为现场环境而设计的，它可支持双绞线、同轴电缆、光缆、红外线、电力线、射频等传输介质，具有较强的抗干扰能力，能采用二线制实现供电与通信，并可满足本质安全防爆的要求。

由于现场总线的以上特点，控制系统从设计、安装、投运到生产正常运行以及维护检修，都体现出优越性。现场总线技术已经在某些应用领域显示了较大的优势，今后也必将在自动化系统中发挥更大的作用。

三、现场总线国际标准

（一）现场总线标准的形成

在现场总线开发和研究过程中，出现了多种总线（如 FF、Profibus、LonWorks、CAN 等），它们的结构、特性各异，通信协议也不相同，都有自己特定的应用背景和市场竞争力。但是既然现场总线是开放的，那么应该有一个统一的国际标准，这样才能发挥其优越性，并得到健康、快速的发展。实际上，国际电工委员会（IEC）极为重视现场总线标准的制定，早于 1984 年成立了 IEC/TC65/SC65C/WG6 工作组，开始起草现场总线系列标准。由于各大集团公司从自身的利益出发参与讨论，意见差异很大，工作进展缓慢。经过长期争论和反复修改，终于在 2000 年初颁布了包含 8 种类型的 IEC 61158 现场总线标准。

此后，为了完善现场总线标准，由 IEC/SC65C/MT9 工作组对原标准进行了修订和扩充，于 2003 年 4 月推出了包含 10 种类型的第三版现场总线标准（Type1～Type10）。这 10 种现场总线的通信协议都不相同，但对工业以太网技术用于高速现场总线（H2）已达成共识，目的是使工业控制技术的发展与信息技术的发展保持同步。实际使用情况表明，第三版的现场总线标准中，ControlNet+Ethernet/IP、FF-H1+FF-HSE 和 Profibus+PROFINET 已逐步形成三足鼎立的局面，而其他一些总线（如 P-NET、SwiftNet 等）的影响力在减弱。

随着以太网技术在工业自动化系统的广泛应用，各大公司和标准组织纷纷推出各种提升工业以太网实时性的技术解决方案，从而产生了实时以太网（Real Time Ethernet）。为了规范这部分工作，由 IEC/SC65C/WG11 工作组负责制定了 IEC 61784-2 国际标准。实时以太网规范进入 IEC 61158 标准，构成了 IEC 61158 第四版现场总线标准。该系列标准是经过长期技术争论而逐步走向合作的产物，标准采纳了经过市场考验的 20 种主要类型的现场总线、工业实时以太网。值得注意的是，第四版中包含了我国拥有自主知识产权的 EPA（Ethernet for Plant Automation）标准，它被列为 IEC 61158 Type14。第四版现场总线标准于 2007 年颁布，具体类型见表 7-1。

表 7-1　第四版 IEC 61158 现场总线标准

类　型	技术名称	类　型	技术名称
Type1	TS61158 现场总线	Type11	TCnet 实时以太网
Type2	ControlNet 和 Ethernet/IP 现场总线	Type12	EtherCAT 实时以太网
Type3	Profibus 总线	Type13	Ethernet Powerlink 实时以太网
Type4	P-NET 现场总线	Type14	EPA 实时以太网
Type5	FF-HSE 现场总线	Type15	Modbus-RTPS 实时以太网
Type6	SwiftNet 现场总线，已撤销	Type16	SERCOSI、II现场总线
Type7	WorldFIP 现场总线	Type17	VNET/IP 实时以太网
Type8	Interbus 现场总线	Type18	CC_Link 现场总线
Type9	FF-H1 现场总线	Type19	SERCOSⅢ实时以太网
Type10	Profinet 实时以太网	Type20	HART 现场总线

IEC 61158 之所以包括了多种现场总线标准，是因为它要兼顾众多厂商的投资利益和考虑现场总线的实际使用情况。因此，在工业控制系统中，会出现多种现场总线共存，甚至同一生产现场有几种总线标准的设备互联通信的局面。而且，随着现场总线及实时以太网技术的进一步发展和应用，现场总线标准还在不断完善和更新。

通过对现场总线标准的长期争论，各大公司逐步认识到不同领域的应用有着不同的要求，只有通过互补与合作，共同发展，才能不断满足工业自动化行业的需要。Emerson 公司与 Siemens 公司已共同宣布扩充各自的系统接口，以扩展其系统支持现场总线标准的能力。两大公司的控制系统（Delta V 和 PCS 7）均支持 HART、FF 和 Profibus 等现场总线标准，这就为用户提供了具有更高互操作性和更强功能的控制系统。

与此同时，工业控制网络技术的迅速发展，以及物联网技术的兴起，促进了无线传感网络技术的发展和在工业自动化领域的应用。近年来，国际知名公司和标准化组织制定了适用于工业现场的短程无线通信标准，开发了相关的无线智能现场设备。无线传感网络融入工业现场控制系统，将进一步提升工厂管控网络的自动化水平。

下面对 IEC 61158 标准中的前 9 种类型做一概要的叙述。

（二）IEC 61158 的 Type1～Type9

1. Type1

Type1 即 TS61158 现场总线。该总线标准由以下几部分构成。

① 物理层（PHL）：

IEC TS61158-2，1993 标准的超集；

Foundation Fieldbus 的超集；

WorldFIP 的功能超集。

② 数据链路层（DLL）：

IEC TS61158-3，TS61158-4；

Foundation Fieldbus 的超集。

③ 应用层（AL）：IEC TS61158-5，TS61158-6。

该总线系统可以支持各种工业领域的信息处理、监视和控制系统，用于过程控制传感器、执行器和本地控制器之间的低级通信，它可以与工厂自动化的 PLC 实现互联。系统中 H1 现场总线主要用于现场级，其传输速率为 31.25kb/s，负责向二线制现场仪表供电和数据通信，并能支持带总线供电设备的本质安全防爆；H2 现场总线主要面向过程控制级、监控管理级和高速工厂自动化的应用，其传输速率为 1Mb/s、2.5Mb/s 和 100Mb/s。

2. Type2

Type2 即 ControlNet 和 Ethernet/IP 现场总线，由 ControlNet International（CI）组织负责制定，该总线标准由以下部分组成：

① PHL 和 DLL：ControlNet。

② AL：ControlNet 和 Ethernet/IP。

ControlNet 采用一种新的通信模式，即生产者/客户（Producer/Consumer）模式，这种模式允许网络上的所有节点同时从单个数据源存取相同的数据，其主要特点是增强了系统的功能，提高了效率和实现了精确的同步。网络的媒体存取，通过限制时间存取算法来控制，即采用并行时间域多路存取（CTDMA）方法，在每个网络刷新间隔（NUI）内调节节点的传输信息机会。

Ethernet/IP 是一种开放的以太网工业协议，使用有源星型拓扑结构，可以将传输速率为10Mb/s 和 100Mb/s 的产品混合使用。

3. Type3

Type3 即 Profibus 总线。该总线是由德国多家公司和科研机构按照 ISO/OSI 参考模型设计的，得到 PNO（Profibus National Organization，现场总线国家组织）的支持，并被确定为EN50170V.2 欧洲标准，德国西门子公司是 Profibus 产品的主要供应商。

Profibus 系列由三个兼容部分组成，即 Profibus DP、Profibus FMS 和 Profibus PA。为了提高 Profibus 的性能，PNO 又推出了新版本的 Profibus DP-V1 和 Profibus DP-V2，同时逐步取消了 Profibus FMS。

Profibus DP 适用于装置一级自动控制系统与分散 I/O 之间的高速通信。Profibus PA 专为过程自动化设计，它能将变送器和执行器连接到公共总线上，通过总线完成供电和数据通信，并能实现本质安全防爆。以此为基础，扩展的 Profibus DP 通信协议 Profibus DP-V1 进一步完善了 Profibus PA 功能；Profibus DP-V2 解决了从站之间的通信与时间同步等问题。

本章第二节将对此总线做具体介绍。

4. Type4

Type4 即 P-NET 现场总线，由丹麦 Process-Data Sikebory APS 公司从 1983 年开始开发，并得到了 P-NET 用户组织的支持。其主要应用于啤酒、食品、农业和饲养等领域。

P-NET 总线是一种多主站、多网络系统，总线采用分段结构。每个总线段上可以连接多个主站，主站之间通过接口实现网上互联。该总线通信协议包括开放互联（OSI）参考模型的 1、2、3、4 和 7 层，并利用信道结构定义用户层。通信采用虚拟令牌（Virtual Token）传输方式，主站发送一个请求，被寻址的从站在 390μs 内立即返回一个响应，只有存放到从站内存中的数据才可被访问。每个站节点都含有一个通用的单片微处理机，配套的 2KB EPROM 不仅可用于通信，而且可用于测量、标定、转换和应用功能。P-NET 接口芯片执行数据链路层的所有功能，第 3 层和第 4 层的功能由宿主处理器中的软件实现。该总线物理层基于 RS-485标准，使用屏蔽双绞线，传输距离为 1.2km，采用不归零制（NRZ）编码异步传输。

5. Type5

Type5 即 FF-HSE 现场总线。1998 年，现场总线基金会（Fieldbus Foundation，FF）决定采用高速以太网（High Speed Ethernet，HSE）技术开发 FF-H2 现场总线，作为现场总线控制系统监控级以上通信网络的主干网，它与 FF-H1 现场总线整合构成信息集成、开放式的体系结构。

　　FF-HSE 遵循标准的以太网规范，并根据过程控制的需要适当增加了一些功能，可在标准的 Ethernet 结构框架内无缝地进行操作，因而 FF-HSE 总线可以使用当前流行的商用（COTS）以太网设备。传输速率为 100Mb/s 的以太网拓扑结构采用交换机形成星型连接，这种交换机具有防火墙功能，可阻断特殊类型的信息出入网络。FF-HSE 使用标准的 IEEE 802.3 通信协议、标准的 Ethernet 接口和通信介质。设备与交换机之间使用双绞线，距离为 100m，光缆可达 2km。FF-HSE 使用链接设备（LD）连接 FF-H1 子系统。LD 执行网桥功能，它允许将现场设备就地连在 FF-H1 的网络上，以完成点对点对等通信。FF-HSE 支持冗余通信，网络上的任何设备都能做冗余配置。

　　FF-HSE 的 1～4 层由现有的以太网、TCP/IP 和 IEEE 标准所定义，FF-HSE 和 FF-H1 使用同样的用户层，现场总线报文规范（FMS）子层在 FF-H1 中定义了服务接口，现场设备代理（FDA）为 FF-HSE 提供接口。

　　第二节将对 FF-H1 和 FF-HSE 总线做具体阐述。

6. Type6

　　Type6 即 SwiftNet 现场总线。该总线由美国 SHIP STAR 协会主持制定，得到美国波音公司的支持，主要用于航空和航天等领域。SwiftNet 现场总线不出现在第四版本的现场总线标准中，故不做具体介绍。

7. Type7

　　Type7 即 WorldFIP 现场总线。该总线由 1987 年成立的 WorldFIP 协会制定，已成为欧洲标准 EN 50170 的第 3 部分。该总线广泛应用于发电与输配电、加工自动化、铁路运输、地铁和过程自动化领域。

　　WorldFIP 现场总线构成的系统分为三级，即过程级、控制级和监控级。它能满足用户的各种需求，适用于各种类型的应用结构，如集中型、分散型和主站/从站型。用单一的 WorldFIP 总线就可满足过程控制、工厂制造加工和各种驱动系统的需要。为了满足低成本的要求，开发了 Device WorldFIP（DWF）总线，它是适用于设备的一级网络，能很好适应工业现场的各种恶劣环境，并具有本质安全防爆性能，可以实现多主站与从站的通信。

　　WorldFIP 协议由物理层、数据链路层和应用层组成。物理层采用 IEC 61158-2 标准，数据链路层采用总线裁决方式，在任何一个给定瞬间，仅有一个站可以执行总线裁决功能。应用层提供 MPS 和 SubMMS 服务，MPS 是工厂周期/非周期服务，SubMMS 则是工厂报文的子集。

8. Type8

　　Type8 即 Interbus 现场总线。该总线由德国 Phoenix Contact 公司开发，得到 Interbus Club 组织的支持，已成为德国 DIN 19258 标准。它广泛应用于机器加工和制造业。

　　Interbus 现场总线是一种开放的串行总线，可以构成各种拓扑形式，并允许有 16 级嵌套连接方式。该总线最多可挂 512 个现场设备，设备之间的最大距离为 400m，通信最大距离为 12.8km。Interbus 总线包括远程总线和本地总线，远程总线用于远距离传输数据，采用 RS-485 标准传输，网络本身不供电，通信速率为 500kb/s。Interbus 有自己独特的环路结构，环路使用标准电缆同时传输数据和供电。环路可以连接模拟、数字设备，甚至复杂的传感器/执行器，也允许直接接入智能现场仪表。

　　该协议包括物理层、数据链路层和应用层。数据链路层采用面向过程数据的传输方法，即集总帧协议，可以传输循环过程数据和非循环过程数据，帧信息包括一个启动信号、回送信息、数据安全/结束信息。集总帧具有非常高的传输效率，其效率高达 52%，通信速率也很高。应用层服务用于实现实时数据交换、虚拟现场设备变量访问、程序调用和 12 个相关的服务。

9. Type9

Type9 即 FF-H1 现场总线。该总线由现场总线基金会负责制定，主要用于过程自动化。

FF-H1 现场总线协议由物理层、数据链路层、应用层以及考虑到现场装置的控制功能和具体应用而增加的用户层组成。FF-H1 总线支持多种传输介质：双绞线、同轴电缆、光缆和无线媒体。传输速率为 31.25kb/s，通信距离最大为 1900m。该总线支持供电和本质安全防爆。

数据链路层负责实现链路活动调度、数据的接收发送、活动状态的响应、总线上各设备间的链路时间同步等。总线访问控制采用链路活动调度器（LAS）方式，LAS 拥有总线上所有设备的清单，由它负责总线段上各设备对总线的操作。

现场总线应用层由现场总线访问子层（FAS）和现场总线报文规范（FMS）子层构成。FAS 提供三种模式的报文服务。FMS 子层提供对象字典（OD）服务、变量访问服务和事件服务等。现场总线用户层具有标准功能块（FB）和装置描述功能。标准规定了 32 种功能块，现场装置使用这些功能块完成控制策略。装置描述功能包括描述装置通信所需的所有信息。

除了纳入 IEC 61158 国际标准的上述总线外，还有多种有影响的现场总线应用于自控系统，总线标准是由国家、地区或专业标准化组织制定的。这些现场总线都有自己的应用领域和市场优势，已在一些行业取得了良好的业绩，并在进一步拓展其应用范围。下一节将着重介绍在国内使用较多的几种现场总线。

第二节 几种流行的现场总线

本节主要阐述几种有影响的现场总线的特点、通信模型和网络结构。

一、Foundation Fieldbus

基金会现场总线（FF）的前身是以美国 Fisher-Rosemount 公司为首，联合 Foxboro、ABB、Siemens、Smart 等 80 家公司制定的 ISP 协议和以 Honeywell 公司为首，联合 Allen-Bradley、Bailey 等 150 家欧洲等地著名公司制定的 WorldFIP 协议。这两大集团于 1994 年达成共识，一起成立了现场总线基金会，致力于开发国际上统一的现场总线标准。该基金会汇集了世界著名仪表、自动化设备、DCS 制造厂家，科研机构和最终用户。由于基金会中的公司是自动化领域自控设备的主要供应商，它们生产的变送器、流量仪表、执行器和 DCS 占世界市场的 90%，对工业底层网络的功能需求了解透彻，也具备足以左右该领域自控设备发展方向的能力，因而由它们组成的基金会颁布的现场总线规范具有一定的权威性。

基金会现场总线包括低速 FF-H1 和高速 FF-HSE 两部分。该总线系统可实现过程控制所需的各种功能，而且通过网关或其他通信接口装置与通信协议不同的总线网段或局域网连接，可构成更大的控制、管理网络。

（一）FF 的技术特点

1. 适用于过程自动化的低速 FF-H1

用于现场级控制的 FF-H1 为满足过程自动化系统在功能、环境与技术上的需要，除了实现过程信号的数字通信外，还具有如下特点。

（1）控制与信息处理的现场化　FF 仪表具有很强的功能自治性，丰富的功能模块使其在现场就可完成对过程变量的检测、变送、控制、计算、显示、报警、故障诊断和自动保护等任务，构成完整的现场控制系统。这种功能上的自治性和结构上的彻底分散性无疑提高了系统的可靠性和组态的灵活性，保障了工业生产处于安全、稳定、经济的运行状态。

（2）支持总线供电和本质安全防爆　FF-H1 采用了基于 IEC 61158-2 的双线信号传输技术，并为现场仪表提供了两种供电方式：非总线供电和总线供电。非总线供电时，仪表直接由外部电源供电；总线供电时，总线上既要传输数字信号，又要由总线为现场仪表提供电源能量。按照 FF-H1 的技术规范，将携带协议信息的数字信号以 31.25kHz 的频率、0.75～1V 的峰-峰电压调制到 9～32V 的直流供电电压上。

根据本质防爆要求，应用于易燃、易爆场合的设备，除了应保证能完成测量、控制、通信等正常工作外，还应在任何情况下（如断路、短路、故障以及在操作过程中的接通、断开等）不至于产生火花和引起燃烧、爆炸等事故。对此，FF-H1 技术规范规定的本安型标准设备的推荐变量为：最高开路输入电压不大于 24V，最大输入电流小于 250mA，最大输入功率小于1.2W，最大残余电容小于 5nF，最大残余电感小于 20μH。

（3）令牌总线访问机制　FF-H1 采用了令牌传递的总线控制方式。在物理上，它是一种总线型结构的局域网，站点共享的传输介质为总线。但在逻辑上，它是一种环型结构的局域网，连接到总线上的站点组成一个逻辑环，每个站点被赋予一个顺序的逻辑位置，站点只有取得令牌才能发送数据帧，该令牌在逻辑环上依次传递。FF-H1 中令牌传递是由链路活动调度器（Link Action Scheduler，LAS）控制的，介质访问控制（MAC）中心的链路活动调度确保了控制系统中信息传输的及时性。

2. 内容广泛的用户层

通信模型中增加了用户层是 FF 的又一重要特点。用户层的功能块和设备描述，使仪表设备间的互操作易于实现。

（1）功能块（FB）与功能块应用进程　FF 提供了一种通用结构，把现场控制系统所需的各种功能[如模拟量输入（AI）、模拟量输出（AO）、PID 控制、数字量输入（DI）、数字量输出（DO）等]封装为相应的功能块，使其公共特征标准化，规定它们各自的输入、输出、算法、事件、变量与块控制图，并把它们组成可在某个现场设备中执行的应用进程，即功能块应用进程。功能块的通用结构是实现开放系统架构的基础，也是实现各种网络功能与自动化功能的基础。功能块应用进程作为用户层的重要组成部分，用于完成 FF 中的过程自动化功能，并使不同制造商产品的混合组态和调用更加方便。

（2）设备描述（DD）　设备描述是 FF 为实现设备间的互操作性、支持标准功能块操作而采用的一项重要技术。它为仪表或系统中的虚拟现场设备的每个对象提供了扩展描述，包括变量标签、工程单位、要显示的十进制数、量程与诊断菜单等。设备描述语言（DDL）是一种用以进行设备描述的标准编程语言。采用设备描述编译器，把用设备描述语言编写的设备描述源程序转化为机器可读的输出文件。一旦这些机器可读的输出文件上传到主机系统，上位主机系统及其所有设备就能识别出该设备的所有性能。基金会现场总线把基金会的标准 DD和经基金会注册过的制造商附加 DD 写成文档，提供给用户。

为规范设备描述，更精确地描述现场设备向主机提供的数据，IEC 制定了电子设备描述语言（EDDL）标准（IEC 61804）（现场总线基金会的 FF-900）。该标准涵盖 DDL，增加了可视化信息（如图表、曲线图），它与操作系统无关，适用于所有主机系统，易于扩展，方便实现。

3. 基于以太网的高速 FF-HSE

现场总线基金会放弃了原来规划的 FF-H2（传输速率为 1Mb/s 和 2.5Mb/s）高速总线标准，于 2000 年第一季度公布了基于以太网（Ethernet）的高速总线技术规范 HSE FS 1.0。FF-HSE 总体结构上与 FF-H1 相似：在高层与 FF-H1 基本一致，依然保留用户层和应用层；在底层则采用了流行的以太网+TCP/IP 协议。这种结构的优点是使 FF-HSE 的开发难度相对减小，同时使成本降低。FF-HSE 充分利用现有的以太网技术，其传输速率远高于 FF-H2 总线，它迎合了自动化和仪器仪表最终用户对互操作性、低成本和高速现场总线解决方案的要求。

FF-HSE 支持低速 FF-H1 的所有功能，而且它所支持的功能模块中，还包括新的、应用于离散控制和 I/O 子系统集成的"柔性功能模块"，该功能模块使用标准的编程语言，例如 IEC 61131-3。另外，FF-HSE 网络和设备支持双重冗余，以适应使用中容错的需要。

（二）FF 通信模型

1. FF-H1 总线模型

如前所述，FF-H1 总线采用了 OSI 参考模型中第 1、2、7 层，并在第 7 层之上增加了用户层，隐去了第 3～6 层。图 7-1 表示了 FF-H1 总线模型与 ISO/OSI 模型的对应关系。

ISO/OSI模型		FF-H1总线模型	
		用户层（应用程序）	用户层
应用层	7	现场总线报文规范(FMS)子层 现场总线访问子层(FAS)	通信栈
表达层	6		
会话层	5		
传输层	4		
网络层	3		
数据链路层	2	数据链路层	
物理层	1	物理层	物理层

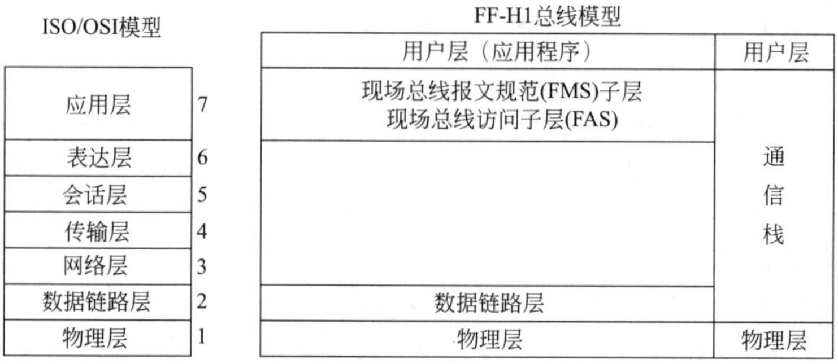

图 7-1　FF-H1 总线模型与 ISO/OSI 模型的对应关系

FF-H1 总线模型的物理层对应 ISO/OSI 模型的第 1 层，它从通信栈接收报文，并将其转换成在现场总线通信介质上传输的物理信号，反之亦然，支持双绞线、同轴电缆、光纤等多种传输介质。该层符合由 ISA（美国仪表学会）和 IEC 批准的 ISA S50.02 和 IEC 1158-2 物理层标准，及 FF-816 物理层行规。

通信栈对应 ISO/OSI 模型的第 2 层～第 7 层。第 2 层即数据链路层，主要控制报文在现场总线的传输，它通过链路活动调度器（LAS）来管理对总线的访问，控制确定信息的传输和设备间的数据交换。

总线上的通信分为：受调度/周期通信和非调度/非周期通信。受调度/周期通信主要用于需要周期性地传输数据的场合，如压力、流量等测量值的上传。非调度/非周期通信则用于传输控制变量、远程诊断、报警、趋势等信息。

第 7 层即应用层，对用户层命令进行编码和解码。该层包括现场总线访问子层（FAS）和现场总线报文规范（FMS）子层。FAS 利用数据链路层调度和非调度的特点，为现场总线报文规范子层提供服务，其服务类型有：客户/服务器型、报告分发型和发布/预订接收型。

客户/服务器型是现场总线上两个设备间由用户发起的、一对一、排队式、非周期的通信，用于设置给定值、改变模式、调整控制变量、上传和下载、报警管理、远程诊断等。报文分发型是一种排队式、非周期通信，是一种由用户发起的一对多的通信方式，它与客户/服务器型的区别是采用一对多通信，一个报告对应由多个设备组成的一组收听者。该类型用于广播或多点传送事件与趋势报道，例如用于向操作台通告报警状态、历史数据趋势等。发布/预订接收型用以实现缓冲型的一对多通信，当数据发布设备收到令牌时，将对总线上所有设备发布它的消息，希望接收这一消息的设备称为预订接收者，缓冲是指只有最近发布的数据保留在网络缓冲器内，新的数据会将其覆盖。它主要用于刷新功能块的输入、输出数据，比如向 PID 控制功能块和操作台发送测量值等。

现场总线报文规范子层为用户应用提供一组服务和标准的报文格式，使功能块能在总线上进行通信。它描述了通信服务、报文格式和用户建立报文所需的协议行为。

ISO/OSI 模型不包括用户层，这一层由 FF 自行定义。用户层规定的功能块和设备描述（参见本节"FF 的技术特点"部分）供用户构成所需的应用程序，并实现网络管理和系统管理。在网络管理中，设置网络管理代理和网络管理信息库，实现组态管理、性能管理和差错管理的功能。在系统管理中，设置系统管理内核、系统管理内核协议和系统管理信息库，实现设备管理、时钟管理、安全管理等功能。

2. FF-HSE 总线通信模型

FF-HSE 总线通信模型如图 7-2 所示。底层采用以太网标准，即物理层和介质访问控制子层符合 IEEE 802.3u 规范，传输介质规格为 100 BASE-TX（速率 100Mb/s，双绞线），介质访问控制方式采用 CSMA/CD（载波监听多路访问/冲突检测）协议（参见"LonWorks"部分）。数据链路层的逻辑链路控制子层符合 IEEE 802.2 规范。

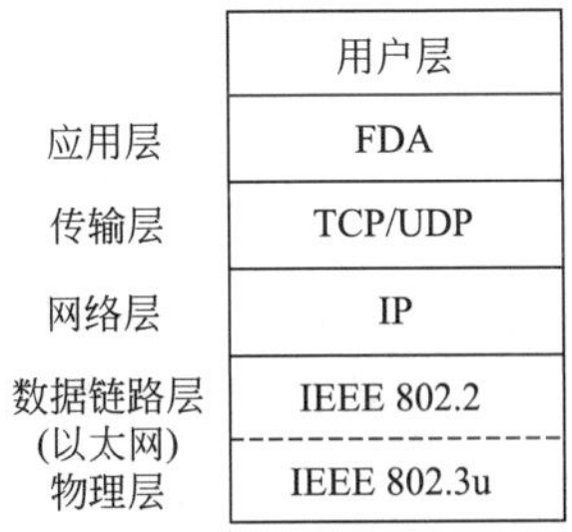

用户层	
应用层	FDA
传输层	TCP/UDP
网络层	IP
数据链路层（以太网）	IEEE 802.2
物理层	IEEE 802.3u

图 7-2　FF-HSE 总线通信模型

FF-HSE 使用流行的 TCP/UDP/IP（Transmission Control Protocol/User Datagram Protocol/Internet Protocol，传输控制协议/用户数据报协议/互联网协议）协议族，作为总线模型的传输层和网络层。网络层（IP）的任务是确定分组从源端到目的端的路由选择，使异种网络能够互联，其协议为 IPv.4。传输层（TCP/UDP）为应用层进程提供有效的服务，实现从源端机到目的机的可靠数据传输，它包含两个传输协议：传输控制协议（TCP）是面向连接的协议，允许从源端机发出的字节流无差错地发往互联网上的目的机；用户数据报协议（UDP）是无连接协议，用于只有一次的、客户/服务器型的请求/应答查询，以及快速递交的应用程序。

应用层为总线设备访问子层（FDA）。它的作用与 FF-H1 的 FMS 子层相似，这一层规定了通信服务、信息格式等。

FF-HSE 总线的用户层与 FF-H1 总线相同。

（三）FF 的网络结构

低速总线 FF-H1 支持星型(点对点的连接)、总线型和树型结构，同时这几种类型还可组合在一起构成混合式结构。高速总线 FF-HSE 主要采用总线型结构。FF 网络结构如图 7-3 所示。

由图 7-3 可知，FF 网络可以包含多个 HSE 子网和多个互联的 H1 总线链路，几个 HSE 子网通过标准路由器连接。

1 个 HSE 子网可包含多个由标准总线（Ethernet）相连的 HSE 设备，如 HSE 链接设备、HSE 现场设备等，这些设备可由标准 Ethernet 交换机互联。HSE 网关用于连接不同通信协议的其他总线网络。

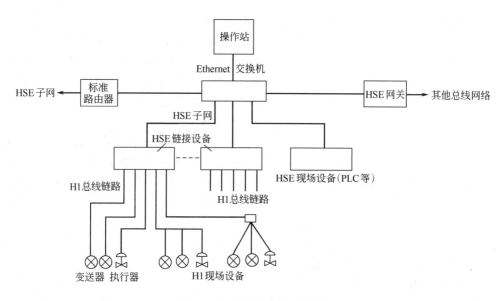

图 7-3　FF 网络结构示意图

网络中的 HSE 链接设备（或网桥）用于将 1 个或几个 H1 总线链路连接到 HSE 子网上，1 个 H1 总线链路可连接几个 H1 设备。不同链路上的 H1 设备也可通过 HSE 链接设备实现互操作。

另外，根据需要可对 HSE 子网本身以及 HSE 设备进行冗余配置，以满足网络系统高可靠性的要求。

二、Profibus

Profibus（Process Fieldbus）也是一种开放式的总线，是由以 Siemens 公司为主的十几家德国公司、研究所共同推出的。目前在世界各地有 20 多个地区性的用户组织，而且在中国也成立了现场总线（Profibus）专业委员会。国际上有数百家厂商生产支持 Profibus 标准的产品，Profibus 已广泛应用于加工制造、过程控制、交通、电力和楼宇自动化。

Profibus 协议也是以 ISO/OSI 参考模型为基础，定义了物理传输特性、总线通信协议和应用行规，传输速率为 9.6kb/s～12Mb/s，相应的通信距离为 1200～100m，可实现总线供电和本质安全防爆。

（一）Profibus 的技术特点

1. 面向工厂自动化和过程自动化的实用总线

Profibus 包括 Profibus DP 和 Profibus PA，前者主要用于工厂自动化，后者则专为过程自动化而设计。

（1）Profibus DP　是一种高速、低成本的通信总线，用于现场层控制系统与分散 I/O 之间的数据通信。它除能周期性地传输主、从站之间的数据外，还能提供现场设备所需的非周期性功能，以进行组态、诊断和报警处理。总线采用 RS-485 传输技术和 Profibus DP 通信协议。

Profibus DP 采取主站之间的令牌传递方式和主、从站之间的主、从通信方式。它允许构成单主站或多主站系统，这就为系统配置提供了高度的灵活性。单主站系统中，运行时只有一个活动主站，总体循环时间短；多主站系统中，总线上的主站与各自的从站构成相互独立的子系统，任一主站均可读取 Profibus DP 从站输入的数据，但只有一个主站可向 Profibus DP 从站写入输出数据，多主站系统的循环时间要比单主站系统长。新推出的 Profibus DP 通信协议可实现从站之间的数据通信。

（2）Profibus PA　是在 Profibus DP 基础上扩展的、用于过程自动化的通信总线。它将现场变送器、执行机构连接起来，通过分段耦合器可方便地将 Profibus PA 连接到 Profibus DP 网络。该总线采用了基于 IEC 61158-2 的双线信号传输技术（与 FF-H1 相同），支持总线供电和本质安全防爆。数据链路层通信协议现使用 DP-V1 版本。

Profibus 原先还包括 Profibus FMS，但随着工业以太网技术的迅速发展，Profibus FMS 已逐渐被 Ethernet 所替代。

2. 适用性强的应用行规

行规（Profiles）是由制造商和用户制定的有关设备和系统的特征、功能特性和行为的规范。"行规一致性"的开发（使总线上的设备可以互换使用）保证了不同厂商生产的现场设备的互换性和互操作性。

Profibus 行规具有应用范围广、适用性强的特点。它包括通用应用行规和专用应用行规两类，前者具有不同应用的选项，后者是为特定的应用而开发的。以下为几种典型的应用行规。

（1）Profibus DP　有多种工厂自动化的行规，如标识系统行规、机器人与数控行规、编码器行规和操作员控制与过程监视行规等，对与应用有关的变量均做了具体说明，利用这些行规可使不同厂商生产的零部件互换使用。

（2）Profibus PA　有用于过程自动化的 Profibus PA 设备行规和基于 Profibus PA 的远程 I/O 行规。Profibus PA 设备行规定义了不同类别过程设备的所有功能和参数，它包括各种设备功能和行为的技术规范以及用于各类设备组态信息的设备数据单。行规中使用了功能块模型，对现场设备（变送器、阀门、定位器等）做具体描述。对于远程 I/O 行规，由于它在总线操作中的特殊地位，故定义了一种简化的设备模型，以在循环交换数据格式的基础上提供最大的支持。

（3）PROFIdrive　该行规定义了总线上电气驱动器（变频器、伺服控制器等）的设备特性和驱动器数据的存取程序。它包括六种应用类别：标准驱动器（类别 1）、带有技术功能的标准驱动器（类别 2）、定位驱动器（类别 3）、中央运动控制（类别 4 和 5）及基于计时过程和电子旋转轴的分布式自动化（类别 6）。这六种应用类别覆盖了驱动器的大多数应用。

由于在自动化解决方案中，在驱动器之间需要从站对从站的通信功能，而且运动控制要协调多个驱动器的运动顺序，实现位置同步控制，因此 PROFIdrive 采用 DP-V2 作为它的通信协议。

（4）PROFIsafe　是通用应用行规，它以 IEC 61508 为基础，定义了故障安全设备与控制器之间安全通信的规范，使执行的控制任务的安全性达到国际标准的要求。

PROFIsafe 考虑了许多连续总线通信中可能出现的各种错误，例如延误、数据的丢失或重复、错误的寻址或不可靠的数据等，可实现 SIL 3（Safety Integrity Level 3，安全完整性等级 3）认证。

3. 量大、价格便宜的协议芯片

Profibus 在世界上使用了多年，其协议芯片已形成系列，有多种专用集成芯片（ASIC）可供选择，如协议功能集成的单芯片、实现了部分协议的通信芯片和带有集成微控制器的协议芯片，可满足不同的需要，构成复杂程度各异的 Profibus 系统。

有多家厂商生产不同类型的 Profibus 协议芯片。例如 Siemens 公司的 SPM 2 芯片，单芯片中包含了协议的全部功能，只需外加总线接口装置就可构成简单的 Profibus DP 从站；Siemens 公司的 ASPC 2 芯片、IAM 公司的 PBM 芯片可构成复杂的 Profibus DP 主站；Siemens

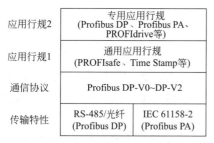

应用行规2	专用应用行规 (Profibus DP、Profibus PA、 PROFIdrive等)	
应用行规1	通用应用行规 (PROFIsafe、Time Stamp等)	
通信协议	Profibus DP-V0~DP-V2	
传输特性	RS-485/光纤 (Profibus DP)	IEC 61158-2 (Profibus PA)

图 7-4　Profibus 通信模型

公司的 SIMI Modem 芯片与 SPC 4 芯片则可实现 Profibus PA 的功能。

（二）Profibus 通信模型

以 OSI 模型为基础的 Profibus 通信模型如图 7-4 所示。从功能上可分为传输特性（物理层）、通信协议（数据链路层）和应用行规。

Profibus 物理层总线介质为屏蔽双绞线或光缆。Profibus DP 的数据传输采用 RS-485 或 RS-485-IS（具有本安性能）通信标准，Profibus PA 的数据传输则符合 IEC 61158-2 规范（参见本节"FF-H1 总线模型"部分）。

数据链路层的通信协议有三种版本可供使用：DP-V0、DP-V1 和 DP-V2。

DP-V0 提供 Profibus DP 基本功能，包括循环（周期）数据交换以及站诊断、模块诊断和特定通道诊断。

DP-V1 包含了依据过程自动化的需求而增加的功能，特别是用于参数赋值、操作、现场设备的可视化和报警处理等非循环数据通信，这样就可对从站中的任何数据组进行读写。此外，DP-V1 有三种附加的报警类型：状态报警、刷新报警和制造商专用的报警。

DP-V2 包含了依据驱动技术的需求而增加的功能，除能进行循环通信和非循环通信外，还能实现从站之间的数据通信，通信时间缩短了 1 个 Profibus DP 总线周期和主站周期，从而使响应时间缩短 60%～90%。同时采用了时间同步技术，其时间偏差小于 1μs，既可实现高精度定位处理，又可实现闭环控制。

如前所述，应用行规详细说明了各种不同设备的功能和行为。Profibus 的通用应用行规，除前述的 PROFIsafe 以外，还有用于定时功能的 Time Stamp（时间标签）、用于从站冗余机制的 Redundancy（冗余）等行规。专用应用行规除上述的几种外，还有用于半导体制造、称重和计量系统、人机界面设备接口、液压驱动器控制、低压开关设备数据交换等 10 多种行规。Profibus 的众多应用行规能满足各种工业控制系统的需求，因而扩展了它的应用领域。

（三）Profibus 的网络结构

Profibus 的网络结构如图 7-5 所示，它包括现场层和监控层。

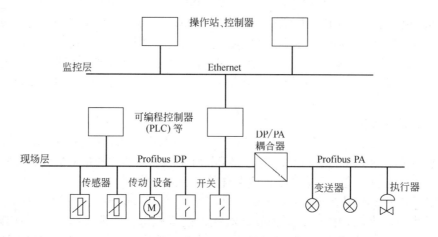

图 7-5　Profibus 的网络结构

现场层的从站（从设备）有传感器、传动设备、执行器、开关、变送器、阀门等，主站（主设备）有可编程控制器（PLC）、PC 等。它们由 Profibus DP 和 Profibus PA 连接起来，完成生产线上现场设备的控制任务（包括现场设备间的联锁控制），并进行通信管理，实现主、从设备之间以及现场层与监控层间的信息传输功能。具有本质安全性能的 Profibus PA 通过 DA/PA 耦合器与 Profibus DP 相连。

监控层有操作站、控制器等设备，可由 Profibus FMS（或 Ethernet）连接起来，实现对生产设备的监控、故障报警、统计、调度等功能。该层通过通信处理器与现场层相连，也可通过集线器与上一级管理层连接，构成规模更大的工控网络。

三、LonWorks

LonWorks（Local Operating Networks，局部操作网络）是美国 Echelon 公司于 1991 年推出的总线。它采用 ISO/OSI 模型的全部七层通信协议和面向对象的设计方法，因而网络通信功能很强，通信数据在各种介质中均能可靠地传输，通信速率为 300b/s～1.5Mb/s，直接通信距离可达 2700m（传输速率为 78kb/s，双绞线）。LonWorks 技术提供了一套完整的开发平台和神经元芯片，用于研制现场控制节点（现场仪表）以及组建符合自控要求的监控系统。

Echelon 公司的技术策略是鼓励各 OEM（原始设备开发商）运用 LonWorks 技术和神经元芯片开发自己的应用产品，目前已有 1000 多家公司推出了基于 LonWorks 技术的现场控制节点等现场智能设备，并广泛应用于楼宇自动化、安保系统、办公设备、交通运输、过程控制、家庭自动化等行业。另外，在开发智能通信接口、智能传感器方面，LonWorks 神经元芯片也具有独特的优势。

（一）LonWorks 总线技术特性

LonWorks 技术包括：神经元芯片、LonTalk 协议、Neuron C 语言、LonWorks 收发器及 LonWorks 网络与节点开发工具等。以下介绍其重要特性。

1. 功能齐全的现场控制节点

现场控制节点是 LonWorks 总线网络的基本组成部分，而现场控制节点的核心器件是神经元芯片（Neuron Chip）。该芯片不仅可作为总线的通信处理器，还可作为数据采集和控制的通用处理器，因此它同时具备通信和控制的功能。神经元芯片是一组复杂的 VLSI（超大规模集成电路）器件，通过硬件和固件相结合的技术，使该芯片几乎包含现场控制节点的大部分功能块，即运算控制单元、I/O 处理单元、通信处理单元和存储单元。这样，一个神经元芯片加上 LonWorks 收发器便可构成一个典型的现场控制节点。

图 7-6 所示为神经元节点的结构框图。神经元芯片有两类：MC143150 和 MC143120。MC143150 除内含 E²PROM 和 RAM 外，还支持外部存储器，适合更为复杂的应用；MC143120 则不支持外部存储器，它本身带有 ROM。

神经元芯片内部装有三个微处理器：MAC 处理器、网络处理器和应用处理器。MAC 处理器完成介质访问控制，也就是 OSI 模型的第 1 层和第 2 层功能；网络处理器完成 OSI 模型的第 3～6 层功能，进行网络变量的寻址、认证、后台诊断、路径选择、软件计时、网络通信控制和收发数据包等；应用处理器用于执行用户程序，并完成程序对操作系统的服务调用。神经元芯片中的 RAM 作为存储信息的缓冲区，可实现微处理器之间的信息传递，并作为网络缓冲区和应用缓冲区。

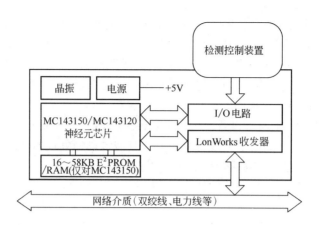

图 7-6　神经元节点的结构框图

2. 开放式的通信协议和面向对象的编程语言

LonWorks 使用开放式通信协议 LonTalk，该协议的最大特点是支持 OSI 全部协议，是直接面向对象的网络协议，这是其他现场总线所不具备的。LonTalk 协议与商用网络的通信协议不同：它发送的报文都是很短的数据；通信带宽不大；网络上的节点往往是低成本、易维护的单片机；多种通信介质；可靠性、实时性高。

LonTalk 协议包容了 LonWorks 总线的所有网络通信功能，包含一个功能强大的网络操作系统，通过所提供的网络开发工具生成固化软件，可使通信数据在各种介质中非常可靠地传输。

编程语言 Neuron C 专为神经元芯片所设计。它在标准（ANSI）C 的基础上进行了自然扩展，直接支持神经元芯片的固化软件，删除了标准 C 中一些不需要的功能（如某些标准的 C 函数库），并为 LonWorks 环境提供了特定的对象集合及访问这些对象的内部函数，是开发 LonWorks 应用产品的有力工具。Neuron C 所提供的若干新功能有：

① 新的对象类——网络变量，它简化了节点间的数据通信和数据共享。

② 新的语句类型——WHEN 语句，引入事件并定义这些事件的当前时间顺序。

③ I/O 操作的显式控制。通过对 I/O 对象进行声明，使神经元芯片的多功能 I/O 得以标准化。

④ 支持显式报文，用于直接访问基础的 LonTalk 协议服务。

3. 完善的网络管理功能

LonWorks 技术给用户提供了一个简洁的访问网络服务工具，用于实施网络管理任务，这是 LonWorks 总线与其他总线的又一不同之处。网络管理的主要功能如下。

（1）网络安装　在使用安装工具前，所有设备都必须完成物理安装，如现场控制节点、路由器和通信介质等，然后使用访问网络服务工具将物理上互连的节点进行逻辑上的连接，也就是为节点分配逻辑地址，通过网络变量和显式报文来进行节点间通信。网络安装有自动安装、预安装和手动安装三种。

（2）网络维修　它包括两个方面的服务：网络维护和网络修理。网络维护主要是在系统正常运行的状况下，增加、删除设备（节点），改变网络变量，显式报文的连接。网络修理是错误设备的检测和替换过程，检测过程能够查出设备在哪一层出错，替换出错设备只需将从数据库中提取的旧设备的配置信息下载到新设备即可，而不必修改网络上的其他设备。

（3）网络监控　访问网络服务工具给用户提供一个系统级的监测和控制服务，使用户可以统观系统和各个设备的运行情况，甚至可以以远程方式监控整个网络。

（二）LonWorks 总线通信模型

LonWorks 采用 OSI 模型的七层通信协议，LonTalk 是该七层通信协议的一个子集，其通信模型如图 7-7 所示。

OSI模型			作用	LonWorks提供的服务
应用层	7		网络应用	标准网络变量类型
表示层	6		数据表示	网络变量外部帧传输
会话层	5		远程传输控制	请求/响应，认证
传输层	4		端对端可靠传输	应答、非应答，点对点，认证
网络层	3		传输分组	地址，路由
数据链路层	链路层	2	帧传输	帧结构，数据解码，CRC校错
	MAC		介质访问	冲突避免，优先级
物理层	1		电气连接	介质，电气接口

图 7-7 LonWorks 总线通信模型

物理层支持多种通信介质：双绞线、同轴电缆、电力线、红外线、光纤、无线，甚至是用户自己定义的通信介质。为适应不同的通信介质，可使用不同的数据解码和编码。例如，通常双绞线通信使用差分曼彻斯特编码，电力线通信使用扩频，无线通信使用频移键控（FSK）。

LonTalk 协议的介质访问控制（MAC）子层采用改进的 CSMA 协议。CSMA/CD（载波监听多路访问/冲突检测）已广泛应用于局域网中，它的控制方式是先监听后发送，一个节点要发送信息，首先需监听总线，若介质是空闲的，则可以发送，若介质是忙的，则延迟一段时间后重试。这种控制方式在轻负载时性能较好，但在重负载时易发生冲突（参见第六章第二节）。改进后的 CSMA 协议可减小网络冲突概率，提高通信效率，且在重负载的情况下，仍能保持网络性能。

数据链路层将数据加工成帧，并保证数据的正确传输。它采用 CRC（循环冗余编码）的方法来检测传输数据时的错误，当检出一帧数据有错时，该帧即被丢弃。

在网络层，LonTalk 协议给用户提供了一个简单的通信接口，定义了如何接收、发送、响应等。在网络管理上有网络地址分配、出错处理、网络认证和流量控制。路由器的机制也是在这一层实现。

传输层管理报文执行的顺序、报文的二次检测。该层是无连接的，它提供一对一节点、一对多节点的可靠传输。信息认证也是在这一层实现的。

会话层主要提供了请求/响应的机制，对数据的传输实行控制和管理。

LonTalk 协议的表示层和应用层提供五类服务：网络变量的服务、显式报文的服务、网络管理的服务、网络跟踪的服务、外来帧传输的服务。

（三）LonWorks 总线的网络结构

LonWorks 可以通过不同的收发器提供多种典型的网络结构，如总线型、星型、环型、混合型等，这给网络安装提供了极大的方便。

基于 LonWorks 技术的监控网络主要由神经元节点构成，如图 7-8 所示。神经元节点与它们的外部设备相互作用，并通过各种通信介质，以一个公共的、基于消息的控制规程与其他的神经元节点通信，当监控网络中存在几种不同的通信介质时，可以通过路由器互联。图 7-8 中，传输速率为 78kb/s 的双绞线和传输速率为 10kb/s 的电力线通过两种不同类型的路由器连接到一个传输速率为 1.25Mb/s 的双绞线主干通道上。LonWorks 网络还可以通过网关与其他总线网络相连，构成现场总线分布式监控网络。

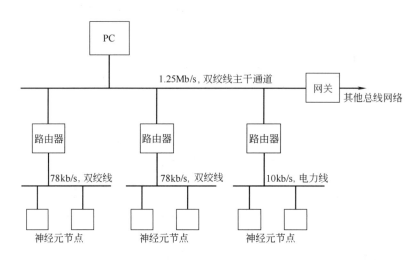

图 7-8　LonWorks 总线的网络结构

四、CAN

CAN（Control Area Network，控制局域网络）是用于过程或设备监控的一种网络。CAN 最初是由德国的 Bosch 公司为汽车的监测和控制系统而设计的。其由于性能优越，得到了 Motorola、Intel、Siemens、Philips、NEC 等公司的支持，其总线规范也被 ISO 确认为国际标准。CAN 总线的应用范围目前已不再局限于汽车工业，而是向过程工业、机械工业、农用机械、机器人、医疗器械及传感器等领域发展。CAN 由于卓越的网络特性和高可靠性，越来越得到人们的关注，被公认为是几种实用性强的现场总线之一。

CAN 总线协议也是建立在 ISO/OSI 参考模型基础上，取其物理层和数据链路层。通信速率最高可达 10Mb/s（40m），直接传输距离最远可达 10km（5kb/s）。

（一）CAN 总线的技术特性

CAN 属于总线式串行通信网络，由于采用了许多新技术及独特的设计，与一般的通信总线相比，CAN 总线的数据通信具有突出的可靠性、实时性和灵活性。它具有如下特性。

① 符合国际标准 ISO 11898 规范的 CAN 总线规范 2.0 PARTA 和 PARTB。

② 以多主方式工作，即网络上任一节点均可以在任意时刻主动地向网络上其他节点发送信息，而不分主从，因而通信方式灵活，可方便地构成多机备份系统。

③ 网络上的节点可分成不同的优先级，以满足不同的实时要求。同时，可采用点对点、一点对多点及全局广播等几种方式传输和接收数据。

④ 采用非破坏性总线仲裁技术，当多个节点同时向总线发送信息时，优先级较低的节点主动停止发送，而最高优先级的节点可不受影响地继续传输数据，从而大大节省了总线冲突仲裁时间。即使在网络重负载情况下也不会出现网络瘫痪情况。

⑤ CAN 的信息传输采用短帧结构，传输时间短，受干扰的概率小，具有自动关闭的功能，当节点严重错误时，用以切断该节点与总线的联系，使总线上其他节点的通信不受影响，因而抗干扰能力强。

⑥ 具有丰富的支持器件。CAN 总线的突出优点使其在各个领域的应用得到迅速发展，这使得许多器件厂商竞相推出各种 CAN 总线器件产品，且逐步形成系列。例如，Motorola 公司的带通信模块的 MC68HC05X4CAN 单片机，Intel 公司的 82526CAN、82527CAN 通信控制器，Philips 公司的 82C200CAN 通信控制器与 82C250 总线收发接口电路等。目前，CAN 已不仅是应用于某些领域的标准现场总线，它正在成为微控制器的系统扩展及多机通信的接口。

（二）CAN 总线通信模型

如前所述，CAN 总线采用 OSI 模型中的物理层和数据链路层。数据链路层包括链路控制（LLC）子层和介质访问控制（MAC）子层，在 CAN 技术规范中，LLC 子层和 MAC 子层的服务和功能被描述为"目标层"和"传输层"。CAN 总线通信模型如图 7-9 所示。

模型分层		内　　容
数据链路层	LLC 子层	接收滤波，通知超载，恢复管理
	MAC 子层	帧编码，介质访问管理，错误监测，出错标定，应答
物理层		位编码/解码，位定时，同步

图 7-9　CAN 总线通信模型

物理层定义信号怎样进行发送，因而涉及位编码/解码、位定时和同步等内容，但对总线介质装置，诸如驱动器/接收器，特性未作规定，以便在具体应用中进行优化设计。ISO 11898 对基于双绞线的 CAN 总线的电气连接、总线结构等作了建议。

数据链路层的 MAC 子层是 CAN 协议的核心，它描述由 LLC 子层接收到的报文和对 LLC 子层发送的认可报文。MAC 子层规定了帧编码、介质访问管理、错误监测、出错标定和应答。帧检错采用 CRC（循环冗余校验）方法。

数据链路层的 LLC 子层的主要功能是：为数据传输和远程数据请求提供服务，确认由 LLC 子层接收的报文实际已被接收，并为恢复管理和通知超载提供信息。

（三）CAN 总线的网络结构

从 CAN 总线的物理结构看，它属于总线型通信网络，如图 7-10 所示。控制网络由多个 CAN 控制节点构成，它包括带有符合 CAN 通信规范接口的 PC 以及现场控制设备。各节点的通信接口内均含 CAN 通信控制器，故能方便地实现节点间的信息交换。由于 CAN 总线的物理特性及网络协议更强调工业自动化的底层监测及控制，同时，其独特的设计思想和高可靠性，使其性能要高于 RS-485 和 BITBUS 等现行的通信总线。

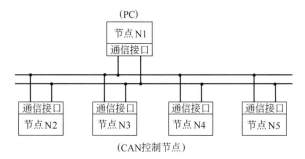

图 7-10　CAN 总线控制网络结构示意图

五、DeviceNet

　　DeviceNet 是基于 CAN 技术的一种开放式通信网络，专为底层设备如传感器、驱动器、开关、条形码阅读器、人机接口等装置所设计。它由 ODVA（Open DeviceNet Vendor Association，开放式设备网络供货商协会）支持，且已纳入 IEC/TC17B 制定的 IEC 62026 标准。

　　DeviceNet 总线协议也是以 ISO/OSI 模型为基础，它在 CAN 之上增加了第 7 层（应用层）和行规。传输速率为 125～500kb/s，相应的传输距离为 500～100m。

　　DeviceNet 总线技术成熟，简单实用，成本较低，它拥有 CAN 总线实时性好、可靠性高等优良性能，因此越来越得到工业界的重视，在工业控制系统中有很好的应用前景。

（一）DeviceNet 总线通信模型

模型分层	内容
应用层及行规	DeviceNet协议
数据链路层	CAN协议
物理层	电气连接，介质特性

图 7-11　DeviceNet 总线通信模型

　　DeviceNet 总线包括物理层、数据链路层、应用层及行规。其通信模型如图 7-11 所示。

　　物理层规定了总线的电气连接和介质特性，包括粗、细电缆，分接器的规格，以及网络电源的配置等。

　　数据链路层采用 CAN 总线协议，这一层基本上根据 CAN 规范和 CAN 控制器芯片实际特性来定义。

　　应用层定义了 DeviceNet 通信协议，包括连接、报文协议及与通信相关的对象。DeviceNet 通信协议是基于连接概念的协议，要想同设备交换信息，就必须先与它建立连接，这一功能是通过某些可用的 CAN 标识符来实现的。报文通信采用生产者/客户模式，这一模式可更有效地利用网络的频带宽度，提供解决多级优先权问题的方式，使报文通信响应快、确定性好，从而实现高效的 I/O 数据传输。DeviceNet 定义了两种不同类型的报文：I/O 报文和显式报文。I/O 报文适用于实时性要求较高和面向控制的数据，为一个或多个客户之间提供专用的通信路径。显式报文则适用于两设备间多用途的点对点报文传输，是典型的请求-响应网络通信方式，常用于节点的配置、故障诊断等。

　　DeviceNet 行规定义了标准设备的对象模型、I/O 数据格式和可配置的变量，以实现不同厂商同类产品之间的互操作性和互换性。

（二）DeviceNet 总线的网络结构

　　DeviceNet 总线网络由多个节点构成，这些节点挂接在网络的干线或支线上。如图 7-12 所示，该网络是一种干线/支线式的总线型拓扑结构。粗、细电缆（双绞线）均可用作干线或支线。网络上的设备可直接由总线供电，并可实现多电源的冗余供电。

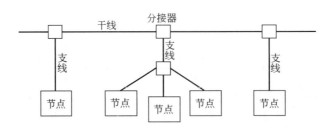

图 7-12　DeviceNet 总线网络结构示意图

六、HART

HART（Highway Addressable Remote Transducer，可寻址远程传感器高速通道）总线是美国 Rosemount 公司在 1986 年提出和开发的。1993 年成立了 HART 通信基金会，以进一步发展和推广该项技术，目前在世界上已有上百家著名仪表公司宣布支持和使用 HART 协议。其特点是在现有模拟信号传输线上实现数字信号通信。由于该协议与 FF、Profibus 等协议相比较为简单，实施也比较方便，因而 HART 仪表（现场变送器等）的开发与应用迅速，广泛应用于工业现场，特别是在设备改造中受到普遍欢迎。可以预计，HART 总线在今后一段时间内仍将具有较强的市场竞争力。

HART 协议具有与其他现场总线类似的体系结构，它也是以 ISO/OSI 模型为参照，使用第 1、2、7 三层。其传输速率较低，为 1200b/s，通信距离最远可达 3000m。HART 协议的新版本已将传输速率提高到 9600b/s 或更高，而且无线 HART 协议也加进新版本。

（一）HART 总线技术特点

① HART 通信采用基于 Bell 202 通信标准的 FSK（频移键控）技术，在 4～20mA 的模拟信号上叠加了一个频率信号（1200Hz 代表逻辑"1"，2200Hz 代表逻辑"0"）。由于正弦信号的平均值为 0，HART 通信信号不会影响 4～20mA 模拟信号的平均值，这就使 HART 通信可以与 4～20mA 模拟信号并存且互不干扰。

② HART 总线能同时进行模拟信号的传输和数字信号的双向通信，因而在与现场智能仪表通信时，还可使用模拟显示、记录仪及调节器。这对传统的控制系统进行改造，并逐步实现数字化较为有利。

③ 支持多主站数字通信，在一根双绞线上可同时连接几个智能仪表。另外，还可通过租用电话线连接仪表，这样使用较便宜的接口设备便可实现远距离通信。

④ 大多数应用都使用"应答"通信方式，而那些要求有较高过程数据刷新速率的应用可使用"成组"通信方式。

⑤ 所有的 HART 仪表都使用一个公用报文结构，允许通信主机与所有和 HART 兼容的现场仪表以相同的方式通信。一个报文能处理四个过程变量，多变量测量仪表可在一个报文中进行多个过程变量的通信。在任一现场仪表中，HART 协议可支持 256 个过程变量。

（二）HART 总线通信模型

HART 总线采用 OSI 模型中的物理层、数据链路层和应用层，其通信模型如图 7-13 所示。

物理层规定了电气特性（信号的传输方式、信号电压、设备阻抗）和传输介质等。通常情况下以双绞线为介质，若进行远距离通信，可使用电话线或射频。

模型分层	内容
应用层	HART命令
数据链路层	HART通信协议规则
物理层	电气特性，传输介质

图 7-13　HART 总线通信模型

HART 能辨认三种不同的设备。第一种设备是现场设备，它能对主设备发出的命令作出响应。第二种设备是基本主设备，它主要用于对现场设备进行通信。第三种设备是副主设备，它是链路的临时使用者（如手持通信器）。

数据链路层定义了 HART 通信协议规则，包括信息格式（前导码、现场设备地址、字节数、现场设备状态与通信状态、数据、奇偶校验等）以及信息发送与接收的处理。

应用层规定了三类 HART 命令，智能设备从这些命令中辨识对方信息的含义。第一类是通用命令，这是所有设备都能理解、执行的命令，例如读制造厂及产品型号、过程变量及单位，电流百分比输出等。第二类是普通应用命令，对大多数 HART 设备都适用，如写阻尼时间常数、标定、写过程变量单位等常规操作。第三类是专用命令，它针对每种具体设备的特殊性而设立，不要求统一。

为解决不同厂家设备的互换性及互操作性问题，HART 采用了设备描述语言（DDL），连接设备的软件说明按仪表供应商规定的格式写出，具有这种说明能力的便携式通信装置或控制系统能够立即识别有软件说明的新接入的设备，包括其具备的全部功能、菜单等。

（三）HART 总线的网络结构

HART 总线网络结构如图 7-14 所示。网络至少需要一个基本主设备或模拟控制器和一个现场仪表。安全栅可置于基本主设备或模拟控制器与网络之间，副主设备可在安全栅的任何一侧。

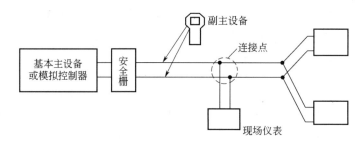

图 7-14　HART 总线网络结构

现场仪表和副主设备均为并联，连接点可置于网络的任何位置，且仅仅是一个电气连接，不包括中继器或其他通信设备。网络工作时，现场仪表可以被移走或更换，这时副主设备也可以被连到网络上。

HART 支持总线供电，并能满足本质安全防爆的要求。

第三节　实时工业以太网

以太网（Ethernet）进入工业领域已有多年，随着信息技术和网络技术的迅速发展，它已成为工控（工业控制）系统管理层和监控层的主要通信网络，而实时工业以太网也成为现场总线标准的一部分。本节概要地叙述以太网的特点、以太网用于工业现场的关键技术、基于 Ethernet 的工控网络结构及几种典型的实时以太网。

一、概述

以太网是一种应用面广、市场基础好的网络通信协议。自 1980 年 Xerox、DEC 和 Intel 三家公司联合推出该协议后，很快就被 PC 局域网普遍采用。1982 年，美国电气与电子工程师协会在此基础上制定了 IEEE 802.3 标准。后经修订、增补，1990 年被国际标准化组织（ISO）接受，成为 ISO/IEC 8802.3 国际标准。

虽然 IEEE 802.3 和以太网之间存在差异，但它们采用相同的介质存取协议和类似的帧格式，因此人们习惯上将 IEEE 802.3 视为以太网标准。

该标准包括物理层协议和介质访问控制（MAC）子层协议。传输速率从最初的 10Mb/s 过渡到 100Mb/s，直至今天的 10Gb/s。传输介质标准有 10BASE-5（粗缆）、10BASE-2（细缆）、

10BASE-T（双绞线）、10BASE-F（光纤）、100BASE-T（双绞线）、100BASE-TX（双绞线）和 1000BASE-SX（光纤）等。其中 100BASE-TX（快速以太网 IEEE 802.3u 标准）为 FF 的 HSE 所采用。

介质访问控制方式采用载波监听多路访问/冲突检测（CSMA/CD）协议（参见第六章第二节"网络通信协议"部分）。这种介质访问控制方式快速而有效，实现也较为方便，但存在网络通信的不确定性问题。

以太网起初主要用于商用计算机的局域通信网，现在应用范围已扩展至工业自动化领域，其发展速度之快引人注目。可以说，开放的 Ethernet 是 40 多年来发展最成功的网络技术。

以太网具有如下特点。

1. 应用广泛

以太网应用极为广泛，在世界局域网市场上早已处于领先地位，商用计算机的通信领域也被其垄断，工业控制领域的中、上层通信网络也正逐步统一到以太网和高速以太网。由于以太网的普遍使用，几乎所有的编程语言都支持 Ethernet 的应用开发，如 Java、Visual C++、Visual Basic 等，这就为 Ethernet 推广应用至工控网络提供了多种软件开发平台。

2. 通信速率高

目前，百兆以太网已广泛使用，随着信息技术发展，千兆、万兆以太网技术也趋于成熟。其通信速率比目前的现场总线快得多，因此以太网可以满足对带宽有更高要求的场合。

3. 技术成熟

以太网已应用多年，人们在以太网的设计、应用等方面积累了许多经验，对其技术十分熟悉，并拥有大量的安装、维护人员，这都有利于加快系统的开发和推广速度。

4. 价格低廉

硬件方面，有多种产品可供选择（如网卡、芯片、接插件、集线器、交换器等），由于供货量大，价格相对低廉，而且随着集成电路技术的发展，其价格还会进一步降低。软件方面，则有大量的资源可供利用，再加上设计人员具有丰富的设计经验，这些都能减少系统的开发和培训费用，从而显著降低系统的整体成本。

5. 可持续发展潜力大

工业界对以太网的发展一直予以高度重视，并给予大量的技术投入，以保证以太网技术不断地向前发展。工控网络采用以太网技术，便于与计算机网络的主流技术融合起来，以形成互相促进、共同发展的局面。

以太网尽管具有上述优点，在性能上、技术上有一定优势，但毕竟是按照办公系统局域网的要求设计的，并不完全符合工业环境的要求，因此以太网用于工业现场有不少技术问题需要解决。

二、以太网用于工业现场的关键技术

1. 通信的实时性

以太网的通信不确定性将影响数据传输效率，在网络负荷较重时，尤为严重，因而很难满足工业控制的实时要求。

目前实现通信实时性的有效方法是：采用星型拓扑结构的交换式集线器，使用全双工通信模式，减轻网络负荷和提高通信速度，以及采用优先级技术等。实践表明，通过精心的设计，实时以太网的通信响应时间小于 1ms。

2. 总线供电和本安性能

总线供电是工业现场设备的特殊要求，对于降低安装复杂性，提高网络安全性、经济性和易维护性有重要意义。

通过传输信号的网线向现场设备供电可采用两种方法。一种为总线供电法，即将以太网的曼彻斯特信号调制到一个直流或低频交流电源上，在现场设备端再将信号分离出来。该方法一定程度上改变了以太网的传输逻辑，故应保证修改协议后的物理层与传统以太网兼容。另一种为网络供电法，即通过连接电缆中的空闲线缆为现场设备提供工作电源。

使以太网系统具有本安性能的关键是设计低功耗和满足本安防爆要求的现场仪表和交换机等设备。该项技术可望在近年内解决。

3. 互操作性

互操作性是决定某一通信总线被自动化仪表厂商和用户接受的重要性能。由于以太网只定义了物理层和数据链路层，对应用层未做技术规定，而由生产厂家自行定制，因此不同厂家生产的以太网设备不能互相操作。

解决这一问题的方法是：在以太网+TCP（UDP）/IP 的基础上，制定统一的、适用于工业现场控制的应用层和用户层技术规范，不同厂商的产品都遵守这一规范，再经过一致性和互操作性测试，这样才能实现不同设备之间的互操作。

4. 远距离传输

以太网电缆传输的距离较短，双绞线一般为 100m，细同轴电缆为 185m，粗同轴电缆最长为 500m。使用中继器或光缆，传输距离可达 1000m 以上。

考虑到工业设备分布广的特点，在设计基于以太网的工控网络时，将控制室与现场控制区域之间连接成光纤环型网络（骨干网），各控制区域的交换机与现场设备之间采用屏蔽双绞线，这样不仅解决了骨干网的远距离通信问题，也提高了抗干扰能力和可靠性。

5. 网络的安全性

以太网的重要优势是应用广泛和良好的开放性，但同时也带来了安全性问题：非授权的非法访问和人为的入侵。工业控制系统中任一个测量或控制信号受到攻击，后果都极为严重。

在工业以太网中，一般采用信息加密技术、鉴别交换技术（交换口令、密码）和访问控制技术（防火墙）来实现网络的安全性。

6. 网络的可靠性

以太网设备用于工业现场时，因工业环境的影响易发生故障，这就对设备的可靠性提出了更高的要求。当系统中某一网段或设备发生故障时，应立即将故障隔离而不影响整个系统的正常运行，并且系统能自动定位故障，以便及时修复。

提高网络的可靠性可采用冗余和容错技术、故障探测和自动恢复技术，以及各种抗干扰技术。同时，要采用工业级的通信电缆和连接器件，其机械强度、抗腐蚀性、防爆性和电磁兼容性等应符合工业环境下的相关标准。

这些年来，各大仪表公司和计算机厂商一直致力于解决上述关键技术，并取得了初步成效，还推出了基于以太网的总线协议和相关产品。

三、基于 Ethernet 的工控网络结构

基于 Ethernet 的工控网络有三个层次：管理层、控制层和现场层，如图 7-15 所示。

管理层包括质量、财务、供销、仓库管理等部分，并可通过互联网服务器连至企业内部网和因特网。控制层由浏览器、操作器、高级控制器等组成，管理层和控制层均采用通用以太网作为通信网段，它们之间由网络服务器连接。现场层则由过程 Ethernet 连接现场智能设备，并通过交换机或网桥与上层相连。控制层与现场层均可通过网关连至其他现场总线，实现与不同控制系统的互联操作。

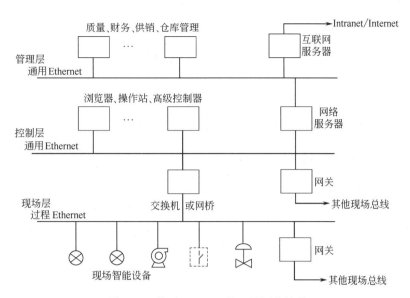

图 7-15 基于 Ethernet 的工控网络结构

四、几种典型的实时以太网

建立在 IEEE 802.3 标准基础上，通过实时扩展提高实时性能，并且能与标准以太网无缝连接的 Ethernet，就是实时以太网（Real Time Ethernet，RTE）。

根据实时以太网实时扩展的不同技术方案，可将其通信协议模型分为四类。

① 在 TCP/IP 之上进行实时数据交换的方案，如 Ethernet/IP、Modbus/TCP 等实时以太网。

② 经优化处理和提供旁路实时通道的通信协议模型，如 Profinet V2、Modbus-IDA 等实时以太网。

③ 采用集中调度提高实时性的方案，如 EPA、Profinet V3、PowerLink 等实时以太网。

④ 采用类似 Interbus 总线"集总帧"通信方式和在物理层使用总线拓扑结构提升以太网实时性能，EtherCAT 属于此类。

以下对几种典型实时以太网的通信协议做简要的介绍。

1. Ethernet/IP

Ethernet/IP 是由 ControlNet 国际组织（CI）、工业以太网协会（IEA）和 ODVA 等共同开发的工业网络标准。

Ethernet/IP 实时扩展方案是在 TCP/IP 之上附加 CIP（Common Industrial Protocol，通用工业协议），在应用层进行实时数据交换和运行实时应用，其通信协议模型如图 7-16 所示。

CIP 的控制部分用于实时 I/O 报文或隐式报文。CIP 的信息部分用于报文交换，也称作显式报文。ControlNet、DeviceNet 和 Ethernet/IP 都使用协议通信，三种网络分享相同的对象库，对象和装置行规使得多个供应商的装置能在上述三种网络中实现即插即用。Ethernet/IP 能够用于处理每个包多达 1500 个字节的大批量数据，它以可预报方式管理大批量数据。2003 年，ODVA 将 IEEE 1588 精确时间同步协议用于 Ethernet/IP，制定了 CIPsync 标准，以进一步提高 Ethernet/IP 的实时性。该标准要求每秒钟由主控制器广播一个同步化信号到网络上的各个节点，且要求所有节点的同步精度准确到微秒级。CIPsync 是 CIP 的实时扩展。

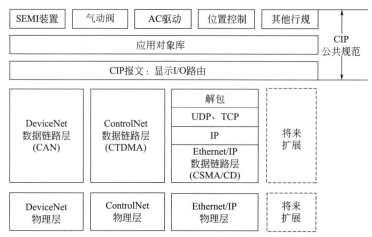

图 7-16　Ethernet/IP 通信协议模型

2. Modbus-IDA

Modbus 组织和 IDA（Interface for Distributed Automation，分布式自动化接口）组织都致力于建立基于 Ethernet TCP/IP 和 Web 互联网技术的分布式智能自动化系统。2003 年 10 月，两组织宣布合并，联手开发 Modbus-IDA 实时以太网。

Modbus-IDA 实时扩展的方案是为以太网建立一个新的实时通信应用层，采用一种新的通信模式——RTPS（Real-Time Publish/Subscribe，实时发布者/订阅者）实现实时通信。Modbus-IDA 通信协议模型如图 7-17 所示，该模型建立在面向对象的基础上，这些对象可以通过 API（应用程序接口）被应用层调用。通信协议同时提供实时通信服务和非实时通信服务。

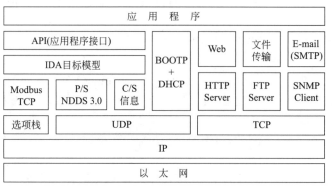

图 7-17　Modbus-IDA 通信协议模型

非实时通信服务基于 TCP/IP，充分采用成熟 IT（信息技术），如基于网页的诊断和配置（HTTP）、文件传输（FTP）、网络管理（SNMP）、地址管理（BOOTP+DHCP）和邮件通知（SMTP）等；实时通信服务建立在 RTPS 模式和 Modbus 协议基础上。RTPS 协议及其应用程序接口由一个对各种设备都一致的中间件来实现，它采用美国 RTI 公司的 NDDS 3.0（Network Data Delivery Service 3.0，网络数据交付业务 3.0）实时通信系统。

RTPS 还增加了设置数据发送截止时间、控制数据流速率和使用多址广播等功能。它可以简化为一个数据发送者和多个数据接收者之间的通信编程工作，极大地减轻了网络的负荷。RTPS 构建在 UDP（用户数据报协议）之上，Modbus 协议构建在 TCP 之上。

3. Profinet

Profinet 实时工业以太网是由 PI（Profibus International，现场总线国际组织）提出的基于以太网的自动化标准。从 2004 年开始，PI 与 Interbus Club（Interbus 总线俱乐部）联手，负责合作开发与制定标准。Profinet 构成从 I/O 级直至协调管理级的基于组件的分布式自动化系统的体系结构方案，Profibus 技术和 Interbus 现场总线技术可以在整个系统中无缝地集成。

Profinet 提出了对 IEEE 802.1D 和 IEEE 1588 进行实时扩展的技术方案，并对不同实时要求的信息采用不同的实时通道技术。Profinet 通信协议模型如图 7-18 所示。

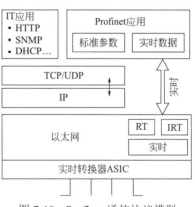

图 7-18　Profinet 通信协议模型

从图 7-18 中可以看出，Profinet 提供了一个标准通信通道和两类实时通信通道。标准通信通道是使用 TCP/IP 的非实时通信通道，主要用于设备参数化、组态和读取诊断数据。实时（RT）通信通道是软实时（Software RT，SRT）方案，主要用于过程数据的高性能循环传输、事件控制的信号与报警信号的传输等。它旁路第三层和第四层提供了精确通信能力。为优化通信功能，Profinet 根据 IEEE 802.1p 定义了报文的优先级，最多可用 7 级。实时通信通道采用了 IRT（Isochronous Real-Time，等时同步）的 ASIC 芯片，以进一步缩短通信栈软件的处理时间，特别适用于高性能传输、过程数据的等时同步传输以及时钟同步运动控制的快速应用，如在 1ms 时间周期内，实现对 100 多个轴的控制，而抖动不足 1μs。

Profinet 还将 PROFIsafe 故障安全通信和 IWLAN（工业无线局域网）有机地融合在体系框架内，从而成为首个带无线故障安全通信的、开放的以太网标准。

4. PowerLink

PowerLink 由奥地利 B&R 公司于 2001 年开发，得到了 EPSG（Ethernet PowerLink Standardigation Group，Ethernet PowerLink 标准化组织）的支持。

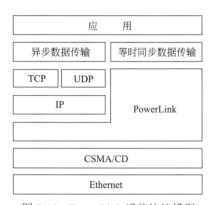

图 7-19　PowerLink 通信协议模型

PowerLink 协议对第三层和第四层的 TCP/UDP/IP 栈进行了实时扩展。增加的基于 TCP/IP 的 Async 中间件用于异步数据传输，IRT 中间件用于等时同步数据传输。PowerLink 通信协议模型如图 7-19 所示。

从图 7-19 中可看出，PowerLink 栈控制着网络上的数据流量。PowerLink 避免网络上数据冲突的方法是采用 SCNM（Slot Communication Network Management，时间片通信网络管理）机制。SCNM 能够做到无冲突的数据传输，专用的时间片用于调度等时同步传输的实时数据；共享的时间片用于异步数据传输。在网络上，只能指定一个站为管理站，它为所有网络上的其他站建立一个配置表和分配的时间片，只有管理站能接收和发送数据，其他站只有在管理站授权下才能发送数据。为此，PowerLink 需要采用基于 IEEE 1588 的时间同步。

5. EtherCAT

EtherCAT 由德国 Beckhoff 公司开发，并得到 ETG（EtherCAT Technology Group，EtherCAT 技术协会）的支持。EtherCAT 是一个可用于现场级的超高速 I/O 网络，它使用标准的以太网物理层和常规的以太网卡，媒质可为双绞线或光纤（缆）。

Ethernet 技术用于现场级时通信效率很低,用于传输现场数据的 Ethernet 帧最短为 84 字节[包括分组信息间隙(IPG)]。按照理论计算值,以太网的通信效率仅为 0.77%,Interbus 现场总线的通信效率高达 52%。于是,EtherCAT 采用了类似 Interbus 技术的集总帧等时通信的原理。EtherCAT 开发了专用 ASIC 芯片 FMMU(Fieldbus Memory Management Unit,现场总线存储器管理单元)用于 I/O 模块,这样 EtherCAT 就可采用标准以太网帧,并以特定的环状拓扑发送数据,在 FMMU 的控制下,网络上的每个站(或 I/O 单元)均从以太网帧上取走与该站有关的数据,或者插入该站要输出的数据。EtherCAT 还通过内部优先级系统,使实时以太网帧比其他数据帧有较高的优先级。组态数据只在实时数据的传输间隙期间传输或通过专用通道传输。EtherCAT 采用 IEEE 1588 时间同步机制实现分布式时钟精确同步,从而使其可以在 30μs 内处理 1000 个开关量,或在 50μs 内处理 200 个 16 位模拟量,其通信能力可以使 100 个伺服轴的控制、位置和状态数据在 100μs 内更新。EtherCAT 的通信协议模型如图 7-20 所示。

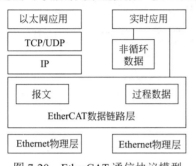

图 7-20 EtherCAT 通信协议模型

6. EPA

EPA 是在国家"863"计划的支持下,由浙江大学、浙江浙大中控技术有限公司、中国科学院沈阳自动化研究所、大连理工大学等单位联合组成的工作组制定的我国拥有自主知识产权的实时以太网标准。

EPA 由两级网络组成:过程监控级 L_2 网和现场设备级 L_1 网,其网络结构如图 7-21 所示。L_1 网用于工业生产现场各种设备之间以及现场设备与 L_2 网的连接;L_2 网主要用于控制室仪表、装置及人机接口之间的连接。L_1 网和 L_2 网均可分为一个或几个微网段。

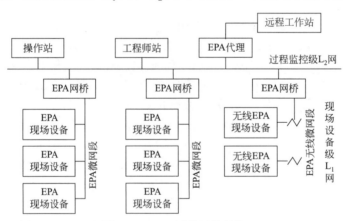

图 7-21 EPA 系统网络结构

在 EPA 系统中,将控制网络分为若干个微网段。每个微网段通过 EPA 网桥与其他网段分隔,处于不同微网段内的 EPA 设备间的通信由相应的 EPA 网桥转发和控制。

为了提高网络的实时性能,EPA 对 ISO/IEC 8802.3 协议规定的数据链路层进行了扩展,在其之上增加了一个 EPA 通信调度管理实体(EPA Communication Scheduling Management Entity,EPA-CSME)。EPA-CSME 不改变 ISO/IEC 8802.3 数据链路层提供给 DLS-User 的服务,也不改变与物理层的接口,只是完成对数据报文的调度管理。该数据链路层模型如图 7-22 所示。

EPA-CSME 支持完全基于 CSMA/CD 的自由竞争通信调度和基于分时发送的确定性通信

调度。对于第一种通信调度,EPA-CSME 直接传输 DLL 与 DLS-User 之间交互的数据,而不做任何缓存和处理。对于第二种通信调度,每个 EPA 设备中的 EPA-CSME 将 DLS-User 数据根据事先组态好的控制时序和优先级高低传输给 DLL,由 DLL 处理后通过 PHL 发送到网络,以避免两个设备在同一时刻向网络上发送数据的报文碰撞。

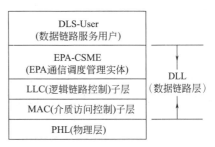

图 7-22　EPA 数据链路层模型

该规范结合工程应用实践,形成了微网段化系统结构、确定性通信调度、总线供电、分层网络安全控制策略、冗余管理、三级式链路访问关系,具有基于 XML(可扩展标示语言)的设备描述语言,并推出了多种 EPA 产品,还研发了现场设备通信模块的专用 ASIC 芯片。

第四节　工业短程无线网络

一、概述

工业短程无线技术是一种 21 世纪初兴起的,面向设备间的短程、低速率信息交互的无线通信技术,适合在恶劣的工业现场环境使用,具有很强的抗干扰能力、超低能耗、实时通信等技术特征,是对现有无线技术在工业应用上的功能扩展和技术创新。工业短程无线技术是满足工业应用高可靠、低能耗、硬实时等特殊需求的无线传感器网络技术。

无线技术应用于工业自动化系统的优势主要体现在以下几方面。

1. 成本低

基于有线技术的工业测控网络,其安装、维护、故障诊断和升级配线的成本会随时间逐步增加,而采用无线技术的网络成本会逐渐降低。有线系统中,老化的电缆可能会破裂或失效,测试、诊断、修复和替换这些电缆需要大量的时间、人工和原材料。而无线系统中排除了任何与安装使用新电缆有关的成本。

2. 可靠性高

有线系统中,大部分故障是由连接器的损坏而引发的,使用无线技术将杜绝此类问题的发生。此外,原材料技术的不断进步使集成无线传感系统能满足工业环境所要求的持久性。采用先进的跳频扩频无线传输技术和具有自组织、自愈合特性的网状网络,能保证无线网络的高可靠性。

3. 灵活性强

使用无线技术后,现场设备摆脱了电缆的束缚,从而增强了现场仪表与被控设备的可移动性、网络结构的灵活性以及工程应用的多样性,用户可以根据工业应用需求的变化,快速、灵活、方便、低成本地重构测控网络。

综上所述,具有上述优势的无线技术用于工厂现场控制网络,人们可以用较少的投资和使用成本实现对工业全流程的监控,在线获取重要工业过程参数,并以此为基础实施优化控制,达到提高产品质量和节能降耗的目标。工业无线技术在石油天然气开采、石化、冶金、污水处理等高耗能、高污染行业有广泛的应用前景。

二、工业短程无线网络国际标准

无线通信方式按通信距离可分为广域网（WAN）、局域网（LAN）和个人域网（PAN）三类。而适合在工业环境下使用的无线通信标准是以 IEEE 802.15 系列为代表的无线个人域网标准和以 IEEE 802.11 系列为代表的无线局域网标准。前者属短程无线标准，有 IEEE 802.15.1（蓝牙）、IEEE 802.15.4（ZigBee）等；后者有 IEEE 802.11a、IEEE 802.11b、IEEE 802.11g 等。本节重点阐述用于现场测控系统的工业短程无线网络标准。

21 世纪以来，一些知名公司和标准组织积极推进工业无线技术标准的制定，主要有：由 HART 基金会推出的无线 HART，由美国 ISA 制定的 SP100.11a，以及由中国工业无线联盟提出的 WIA-PA。这三大工业无线标准已获国际认可，且均推出了相关产品，在石油、化工等工业领域进行了成功的示范应用。三种工业无线协议的拓扑结构和简略比较分别如图 7-23 和表 7-2 所示。

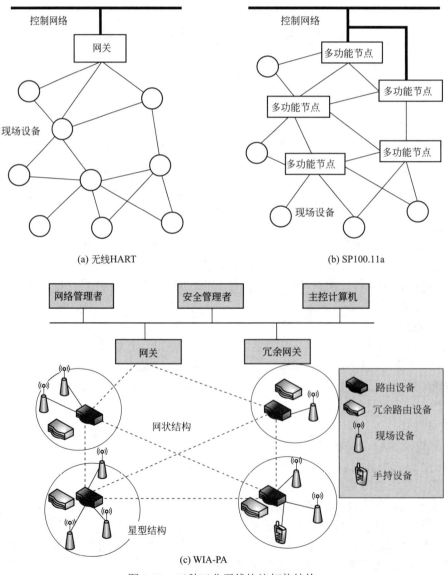

图 7-23　三种工业无线协议拓扑结构

表 7-2 无线 HART、SP100.11a 和 WIA-PA 协议的简略比较

项目	无线 HART	SP100.11a	WIA-PA
拓扑结构	一层：全 Mesh	两层：上层 Mesh，下层 Star	两层：上层 Mesh，下层 Cluster
物理层	802.15.4	Mesh：802.11 Star：802.15.4	802.15.4
射频频段	2.4GHz	2.4GHz	2.4GHz，900MHz，433MHz
网络管理	全集中网管	集中网管和分布网管相结合	集中网管和分布网管相结合
链路层接入方式	TDMA	时隙通信，信道控制，时间协调	TDMA+CSMA 混合接入
设备类型	现场仪表、手持设备、网关（含路由网关）、网络管理器，没有路由器	精简功能设备、全功能设备/现场路由器、手持设备、网关、网络管理器、安全管理器	现场设备、手持设备、路由设备、冗余路由设备、网关（含路由网关）、网络管理器、安全管理器
对有线网络接入无线网络的支持	HART、Profibus（未来可能）	HART、Profibus、Modbus、FF 有规划，尚无解决方案	未做规定
其他特色	路由功能由现场设备兼任		提供报文聚合、报文解聚和分发

图 7-23 所示的三种工业无线协议的物理层都采用无线短程网的 IEEE 802.15.4 标准，这是因为该标准以技术的合理性和先进性的统一获得了广泛的支持。它不仅满足了无线传感网络的基本要求，还有大量的射频芯片、模块、产品，以及协议栈软件开发工具和测试工具，支撑着这一标准进行进一步的深入开发和应用。

无线 HART 和 SP100.11a 标准立足于工业通信的整体结构，从无线通信作为有线通信在特定场合的重要补充的视角，规范了有线工业网络接入无线网络的支持，且有较成熟的无线系列产品。

WIA-PA 是我国自主研发的、面向未来的流程工业泛在信息感知和物联网的无线技术。由于在网状与星型混合拓扑结构、分布式网络管理、自适应跳频、报文聚合和解聚等方面进行了特殊设计，故在规模可扩展性、抗干扰性和低能耗运行等关键性能方面形成了有特色的技术特征。

三、工业短程无线技术的应用类别

按现今自动化业界的共同认识，在工业自动化和控制环境中的无线应用划分为监控、控制和安全应用三大类，并细分为六小类，见表 7-3。这种分类考虑了无线通信在实际使用条件下必须满足的要求，又体现了这些无线通信应用的时间属性。

表 7-3 在工业自动化和控制环境下的六类无线应用

安全	0 类：紧急动作（恒为关键）
控制	1 类：闭环调节控制（通常为关键）
	2 类：闭环监督控制（通常为非关键）
	3 类：开环控制（由人工控制）
监控	4 类：标记产生的短期操作结果（例如基于事件的维护）
	5 类：记录和下载/上传，不产生直接的操作结果（例如历史数据采集、事件顺序记录）

第 0 类恒为关键的紧急动作，包括安全联锁、紧急停车、自动消防控制等。
第 1 类闭环调节控制，一般为关键回路，如现场执行器的直接控制、频繁的串级控制等。

第 2 类闭环监督控制，通常为非关键部位，如不频繁的串级控制、多变量控制、优化控制等。

第 3 类开环控制，是指在回路中还有人为作用，例如操作人员手动启动一个信号装置，远程开启一个阀门等。

第 4、5 类属于监控应用。4 类是指传输那些只在短时间内产生操作结果的数据和消息，例如向系统或操作员报告一个反映短期操作结果的状态数据。5 类的监控是指将感知的过程状态信息发送给系统，记录每个设备的运行信息；上传和下载一般用于对设备进行配置和升级。

从无线应用的现状来看，目前已满足了 3 类、4 类和 5 类应用要求，也有了一定规模的应用实践。随着无线技术的不断发展，无线应用经验的逐步积累，无线技术将能实现各种回路的闭环控制。而且，工业无线网络与有线网络完美结合，互为补充，完善系统功能，能更好地满足分布式控制网络的要求。

第五节　现场总线控制系统的基本组成和实例

现场总线控制系统（FCS）是在传统控制系统基础上发展起来的一种新型控制网络。本节着重讨论现场总线控制系统的基本组成和典型的 FCS 实例。

一、现场总线控制系统基本组成

作为工厂底层控制网络的 FCS，其重要特点是在现场层即可构成基本控制系统。现场仪表不仅能传输测量、控制信号，而且能将设备标识、运行状态、故障诊断等重要信息传至监控、管理层，以实现管控一体化的综合自动化功能。

现场总线控制系统包括现场智能仪表、监控计算机、网络通信设备（网络控制器）和电缆以及监控系统软件（网络管理、通信软件和组态软件）。图 7-24 所示为 FCS 硬件的基本构成。

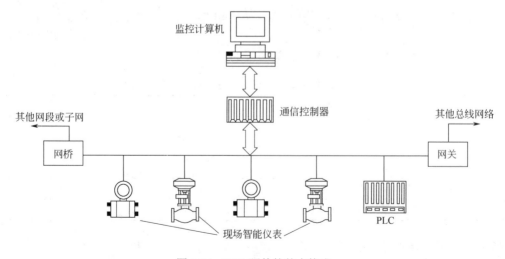

图 7-24　FCS 硬件的基本构成

（一）现场智能仪表

现场智能仪表作为现场控制网络的智能节点，应具有测量、计算、控制通信等功能。用于过程自动化的这类仪表通常有智能变送器、智能执行器和可编程控制仪表等。

1. 智能变送器

近年来，国际上著名的仪表厂商相继推出了一系列的智能变送器，有压力、差压、流量、物位、温度变送器等。它们具有测量精度高、性能稳定的特点，能实现零点与增益校正和非线性补偿等功能。仪表中嵌有现场总线控制系统所需的各种功能模块，可实现多种控制策略。不少智能变送器还具有多种总线通信协议（HART、Profibus DP/PA、FF 和无线通信协议等），可供用户选用。

2. 智能执行器

智能执行器主要指智能阀门定位器或阀门控制器，将智能阀门定位器装配在执行机构上，即成为现场执行器。它具有多种功能模块，与现场变送器组合使用，能实现基本的测量控制功能。智能阀门定位器还可接收模拟、数字混合信号或符合现场总线通信协议的全数字信号。

3. 可编程控制仪表

这类控制仪表均具有通信功能，近几年推出的符合 IEC 61158（或 IEC 62026）标准协议的 PLC，能方便地连上流行的现场总线，与其他现场仪表可实现互操作，并可与上位监控计算机进行数据通信。

（二）监控计算机

现场总线控制系统需要一台或多台监控计算机，以满足现场智能仪表（节点）的登录、组态、诊断、运行和操作的要求。通过应用程序的人机界面，操作人员可监控生产过程的正常运行。

监控计算机通常使用工业 PC（IPC），这类计算机结构紧凑、坚固耐用、工作可靠，抗干扰性强，它可以直接安装在控制框内或显示操作台上，能满足工业控制的基本要求。

（三）网络通信设备

网络通信设备是现场总线之间及总线与节点之间的连接桥梁。现场总线与监控计算机之间一般用通信控制器或通信接口卡（简称网卡）连接，它可连接多个智能节点（包括现场智能仪表和计算机）或多条通信链路。这样，一台带有通信接口卡的 PC 及若干现场智能仪表与通信电缆，就构成了最基本的 FCS 硬件，如图 7-24 所示。

为了扩展网络系统，通常采用网间互联设备来连接同类型或不同类型的网络，如中继器 [Repeater 与 HUB（集线器）]、网桥（Bridge）、路由器（Router）、网关（Gateway）等。

中继器是物理层的连接器，起简单的信号放大作用，用于延长电缆和光缆的传输距离。集线器（HUB）是一种特殊的中继器，它作为转接设备将各个网段连接起来。智能集线器还具有网络管理和选择网络路径的功能，已广泛应用于局域网。

网桥是在数据链路层将信息帧进行存储转发，用来连接采用不同数据链路层协议、不同传输速率的子网或网段。

路由器在网络层对信息帧进行存储转发，具有更强的路径选择和隔离能力，用于异种子网之间的数据传输。

网关是在传输层及传输层以上的转换用协议变换器，用以实现不同通信协议的网络之间，包括使用不同网络操作系统的网络之间的互联。

在 FCS 的硬件中，有的还包括带有通信装置的控制器（如 Delta V 系统）。它弥补了上述现场智能仪表控制功能的不足，能实现先进控制功能，以满足高级控制系统的需要。这类控制器通过所附各种 I/O 卡件，可扩展不同类型的现场总线网段，构成更为复杂的分布式现场控制网络。

（四）监控系统软件

监控系统软件包括操作系统、网络管理软件、通信软件和组态软件。操作系统一般使用 Windows NT、Windows CE 或实时操作软件 VxWorks 等。以下仅对网络管理软件、通信软件和组态软件作简要说明。

1. 网络管理软件

网络管理软件的作用是实现网络各节点的安装、删除、测试、诊断，以及对网络数据库的创建、维护等功能。

2. 通信软件

通信软件的功能是实现计算机监控界面与现场智能仪表之间的信息交换，通常使用动态数据交换（Dynamic Data Exchange，DDE）技术或过程控制中的对象链接与嵌入（OLE for Process Control，OPC）技术来完成数据通信任务。

（1）DDE　DDE 在 Windows 中采用的是程序间通信方式，该方式基于消息机制，可用于控制系统的多数据实时通信。其缺点是，当通信数据量大时效率低。近年来微软公司虽已经停止发展 DDE 技术，但仍对其给予兼容和支持。目前的大多数监控软件仍支持 DDE。

（2）OPC　OPC 建立于 OLE（对象链接与嵌入）规范之上，它为工业控制领域提供了一种标准的数据访问机制，使监控软件能高效、稳定地对硬件设备进行数据存取操作，系统应用软件之间也可灵活地进行信息交换。

OPC 以组件对象模型/分布式组件对象模型（COM/DCOM）为基础，采用客户/服务器（Client/Server）模式，为硬件供应商和应用软件开发商提供了一套标准的接口和规范，并定义了客户程序和服务器程序进行数据交互的方法。只要遵循这套规范或方法，硬件供应商就无须考虑应用程序的多种需求和传输协议，应用软件开发商也就无须了解硬件的实质内容和操作过程。因此，硬件供应商只需提供一套符合 OPC 规范的程序组件，所有的 OPC 客户可以使用这些组件；而应用软件开发商也只要开发一套 OPC 接口就可以对不同的设备进行存取操作。这就使软硬件厂商可以专注于各自的核心部分，其工作效率大大提高。

OPC 客户程序可以和多个 OPC 服务器相连，同时一个 OPC 服务器也可以和多个客户程序相连，形成多对多的关系，如图 7-25 所示，而且 OPC 客户程序和 OPC 服务器可以分布在不同的主机上。这样，在异构计算机环境下也能实现应用程序之间的信息交互，从而可方便地实现系统的无缝连接，形成规模更大的监控网络。对用户而言，OPC 组件的使用也比较方便，只需进行简单的组态即可实现 OPC 客户程序与 OPC 服务器的连接。OPC 方式已被看成是软件的即插即用技术，正得到越来越多的应用。

为适应不同系统及不同层次之间信息交换和资源共享的需要，OPC 基金会制定了多种类型的 OPC 规范。其中 OPC DX（Data Exchange，数据交换）规范可在不同体系的现场总线和不同厂家的 DCS 之间实现系统互联。近年来，新推出的 OPC UA（Unified Architecture，统一架构）

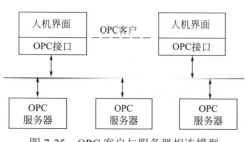

图 7-25　OPC 客户与服务器相连模型

规范更好地实现了设备和应用软件的交互操作,增强了对系统集成的支持,并提高了安全性和可靠性。

3. 组态软件

组态软件作为用户应用程序的开发工具,具有实时多任务、接口开放、功能多样、组态方便、运行可靠的特点。

这类软件一般提供能生成图形、画面、实时数据库的组态工具,简单实用的编程语言(或称脚本语言)、不同功能的控制组件,以及多种 I/O 设备的驱动程序,使用户能方便地设计人机界面,形象动态地显示系统运行工况。

由组态软件开发的应用程序可完成数据采集与输出、数据处理与算法实现、图形显示与人机对话、报警与事件处理、实时数据存储与查询、报表生成与打印、实时通信以及安全管理等任务。

PC 硬件和软件技术的发展为组态软件的开发和使用奠定了良好的基础,而现场总线技术的成熟进一步促进了组态软件的应用。工控系统中使用较多的组态软件有:Wonderware 公司的 Intouch、Intellution 公司的 iFix,国内三维科技有限公司的力控软件、亚控科技发展有限公司的组态王软件等,它们都具有 OPC 开放接口。

二、现场总线控制系统实例

(一)基于现场总线的控制系统 Delta V

Delta V 是 Emerson 公司推出的新型控制系统,它融合了现场总线、先进控制、设备管理、OPC 接口标准等最新控制和管理技术,并兼容传统 I/O 设备,因而适用范围广,能完成从简单到复杂功能的控制任务。这一控制系统也是该公司构建工厂管控网络(Plant Web)的重要组成部分。从总体结构而言,Delta V 实际上是一种 DCS 和 FCS 混合的数字自动化系统。

1. 系统结构

Delta V 系统包括工作站、通信网络、控制器及 I/O 卡件等,如图 7-26 所示。工作站由一台或数台监控计算机组成,它提供图形化的人机界面,可对系统进行组态和维护,实现集中管理与操作的功能。通信网络包括集线器和通信电缆,是连接工作站与控制器的桥梁。有不同类型的集线器(端口数量不同)及不同的传输速率(10BASE-T/100BASE-TX)可供选择。控制器实现控制策略,并完成 I/O 卡件与通信网络之间的通信管理任务。I/O 卡件包括传统 I/O 卡(可连接 4~20mA 信号的仪表)、串行接口卡及现场总线通信接口卡(FF-H1、FF-HSE、Profibus、DeviceNet、HART 等),可连接现场智能仪表,并支持总线供电和本质安全防爆。控制器、I/O 卡件及通信网络均可实现冗余配置,以保证系统的可靠运行。

2. 功能特点

(1)配置灵活、扩展方便 选用不同的 I/O 卡件,既可连接传统模拟式控制仪表,又可连接符合总线标准的多种现场设备,从而构成规模大小可变、信号类型多样的控制系统,也有利于对原有系统进行改造和升级。同时,Delta V 采用了高速以太网的星型局域网结构,更方便系统的扩展。

(2)硬件结构紧凑、安装简便 Delta V 系统的控制器、I/O 卡件、电源及信号连接端子等全部采用模块化结构和底板连接方式。模块体积小、结构牢固、安装简易快捷,而且采用即插即用技术,可带电插拔,维护方便。

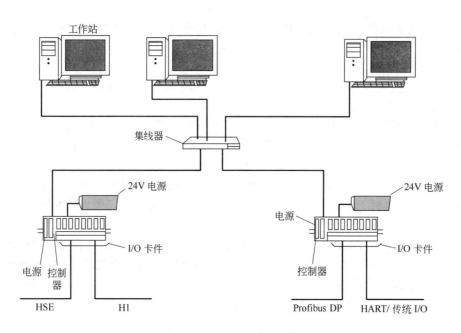

图 7-26　Delta V 系统结构

（3）软件功能丰富、组态方便　系统具有多种应用程序，如资源管理器、人机界面设计与操作软件、先进控制软件（包括神经网络控制、模糊控制、预测控制、回路自整定、仿真软件等）、数据库管理和设备管理系统（AMS）等，可方便地进行系统组态、操作、诊断、维护和管理工作，从而有利于缩短项目开发周期，提高工作效率和管控水平。

（4）控制语言实用、易学　系统具有符合 IEC 61131-3 标准的控制语言：功能块图（FBD）、顺序功能图（SFC）和结构化文字（ST）。FBD 主要用于监测、报警、计算和闭环控制；SFC 提供标准模式和指令，以实现批量顺序控制；ST 用来创建算法程序和完成复杂计算。

（5）支持 OPC 标准　系统提供的 OPC 服务器支持客户应用程序，通过 OPC 服务器可将 Delta V 系统同工厂内局域网连接起来，实现全厂监控层和管理层的信息沟通和数据共享，从而构成以现场总线为基础的企业信息网络系统。

3. 应用实例

通过以下两例对 Delta V 在应用系统中的配置和使用情况做简要说明。

第一例是国内某石化企业大型乙烯工程的控制系统。该工程的生产装置、公用工程及辅助设备的自动化系统均使用 Delta V，总共 10 套。每套系统均配置数十台控制器和工作站（工程师站和操作员站），以及上千台 FF 设备。控制器通过 FF 将现场设备连接起来，构成现场层控制网络；在监控层则由光缆将工作站与控制器相连，组成全厂控制网络，其结构如图 7-26 所示。为提高系统的可靠性，控制器及通信网络均为冗余配置。

乙烯工程控制系统已成功投入运行。系统在设计、安装、调试、运行、维护等各个方面均显示了现场总线技术的优越性，不仅降低耗材、节省投资、减少调试时间和维修费用，更重要的是在促进企业信息化、提升企业总体管理和控制水平方面起到了重要作用。

实际使用表明，在实施和应用过程中需注意 Delta V 各装置的合理配置和正确使用。例如，在冗余配置时要充分考虑电源冗余、通信网络冗余、控制器冗余和 I/O 卡件冗余；FF 可承受的设备台数受到电耗、通信量、本安防爆要求等因素的影响；网段宏周期与控制模块执行时间应当正确设定以及功能块应当合理设置；I/O 卡件与安全栅的阻抗应当匹配等。

　　第二例是某冶炼厂将 Delta V 安全仪表系统（SIS）功能与 Delta V 基本过程控制系统（BPCS）集成应用于对氧压浸出工艺中的加压釜进行监控和保护。将紧急停车系统中涉及的仪表阀门信号以及安全联锁程序单独配置在 Delta V SIS 中。除 SIS 以外的仪表均采用 FF 形式，SIS 以外的常规过程控制选用 Delta V BPCS。由于安全性的要求，SIS 选用 4～20mA 电流加上 HART 形式。结合应用管理系统（Application Management System，AMS）的应用，Delta V SIS 逻辑控制器可以将 HART 信号数据发送给应用管理系统，给出关于故障的详细描述，从而优化操作和维护。通过和现场智能仪表的配合，可以进行预测性维护，增加了装置过程的可用性，减少了因设备故障而发生的停车时间。

　　Delta V SIS 功能与 Delta V BPCS 系统集成，但在结构上又完全独立。Delta V 提供了简单易用的组态工具，既用于过程控制也用于安全仪表系统，避免了两方都需要独立组态但还要进行数据通信的复杂步骤。另外，在常规过程控制的监控画面上需要显示 SIS 中的仪表数据（加压釜的液位、压力及各隔室温度），而所有的 SIS 数据对 BPCS 来说都是可以直接引用的，充分实现了在一个流程画面上对 BPCS 和 SIS 数据同时显示的功能。这样就极大地简化了工程实施的过程。

（二）基于实时以太网的 EPA 控制系统

　　如前所述，EPA 已作为新的通信协议被接纳为国际标准（IEEE 61158 Type14），它充分吸收了新的信息技术，采用现代软件工程和现代控制工程的新概念，构建了一个覆盖工业自动化各个方面的体系结构平台，见图 7-21。采用 EPA 结构方案和 EPA 设备的控制系统已应用于国内多家企业。

1. 系统组成

EPA 控制系统由监控层和现场设备层组成，如图 7-27 所示。

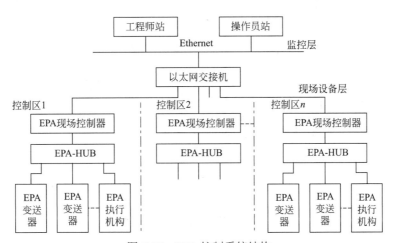

图 7-27　EPA 控制系统结构

　　监控层包括工程师站和操作员站等，通过以太网交换机将它们与现场设备层各控制区连接起来。监控网络由以太网构成，通常为冗余环型网络，以提高系统的可靠性。

　　现场设备层有若干个控制区，每个控制区即为一个子控制系统，子系统之间、子系统与监控层设备之间的通信数据均通过控制区内的 EPA 现场控制器转发。

　　每个控制区内均包括 EPA 的现场控制器、HUB、变送器和执行机构等，可实现相互之间的通信，并可独立完成控制系统中某一部分的测量和控制任务。现场设备层网络采用 10M

以太网，传输介质一般为屏蔽双绞线。

2. 系统特点

（1）微网段化的结构 上述的控制区域即为一个微网段，每个网段与其他网段之间实行逻辑隔离，微网段内 EPA 设备间的通信被限制在本控制区域内进行，而不会占用其他网段或监控层网络的带宽资源，也不会干扰其他网段或监控层设备之间的通信。在每个网段内，利用 EPA 的现场控制器、变送器、执行机构等设备实现控制功能的就地化、分散化。

（2）确定性通信 为了实现确定性通信，在每个设备通信栈软件的数据链路层之上增加 EPA 确定性通信调度控制方法（参见本章第三节）。该方法的特点是：各设备的通信无主从之分，任一设备故障不会影响系统中其他设备的通信，避免了主从式、令牌式通信控制方式中因主站或令牌主站的故障而引起的整个通信系统的故障。同时，这种通信调度控制方法适用于线性结构、共享式集线器和交换式集线器（交换机）连接的以太网。

（3）支持双重冗余 EPA 系统支持设备与网络的双重冗余，即任一设备、任一网段均可根据需要进行并行冗余配置，以确保系统的高可靠性。采用的冗余设计技术有链路冗余、设备冗余、端口冗余等。EPA 系统还具有故障检测和故障恢复的功能。

（4）支持基于 EPA 的无线接入 EPA 系统支持基于 IEEE 802.11、IEEE 802.15 等无线通信协议的设备接入。这些设备既可通过无线网桥连接到系统的主干网（即监控网）上，也可通过 EPA 无线访问接入点连接到任一微网段上，从而实现有线与无线通信的无缝信息集成。

（5）分层的安全策略 EPA 系统的几个层次采用不同的安全技术，如防火墙技术、网络隔离、硬件加锁等安全措施，以确保系统的安全性和可靠性。

3. 应用实例

现列举 EPA 系统在某化工厂生产过程中的应用。控制对象为三套联碱碳化塔，检测、控制参数为碳化塔中段气和下段气的压力与流量，尾气温度与压力，清洗气压力、温度与流量，制碱气压力与流量等，共有 30 多个 I/O 点。

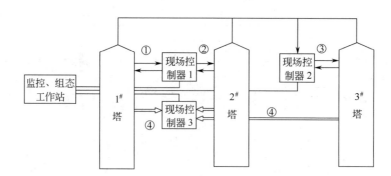

图 7-28　EPA 系统应用方案示意图

该系统将三套联碱碳化塔的 I/O 点划分为三个控制区域，如图 7-28 所示。图中信号组①、②、③分别为 1#、2#、3#塔的中、下段气的压力与流量、尾气温度与压力的检测信号及控制信号；④为清洗气压力、温度与流量及制碱气压力与流量的检测信号。

每个控制区域设置一个 EPA 现场控制器、一个网络供电型 EPA-HUB 以及若干个 EPA 输入/输出通信模块。控制区域通过现场控制器连接到监控层网络，与操作员站、工程师站进行数据通信。

由于各控制区相互隔离，其网络负荷均可以控制在较小（小于 5%）的范围内，使传输的报文之间发生碰撞的概率很小，从而大大提高了通信实时性。具有网络隔离功能的现场控制器除了执行测量、控制运算任务外，还对报文进行过滤，以防止外部入侵，增强了系统安全性。系统控制功能的实现是由分散在各区域的现场控制器完成，任何一部分的故障不会影响整个系统的正常运行，从而提高了系统的可靠性。

（三）蒸汽计量监测系统

本例针对某厂的现场工况和监测要求，采用以神经元芯片为核心的数据采集与网络接口装置以及有关软件，组成一个分布式的蒸汽计量监测系统。

1. 系统结构

蒸汽计量监测系统如图 7-29 所示。它由 PC、智能数据采集装置、网络通信接口（网络适配器）、网络通信软件、双绞线通信介质以及 OPC 服务器和监控软件等组成。

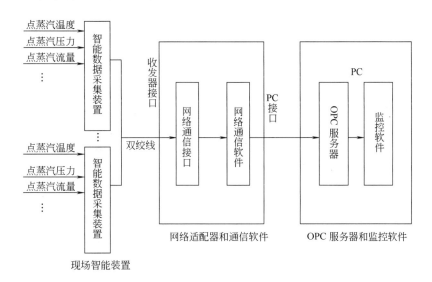

图 7-29　基于 LonWorks 总线的蒸汽计量监测系统结构

智能数据采集装置完成对点蒸汽温度、压力、流量值的采集和处理，并输出数字通信信号。网络通信接口、网络通信软件和 OPC 服务器实现 PC 与现场智能装置之间的双向数据通信。PC 和监控软件实现网络管理功能，并通过人机界面对现场数据进行监测及对现场智能装置进行操作，以完成蒸汽计量任务。

2. 智能数据采集装置

该装置的主要部件是神经元芯片。如前所述，神经元芯片不仅是一种通信处理器，还具有数据采集和控制的功能。芯片提供的 I/O 接口可实现与传感器、执行器或其他外部设备之间的数据传输，并通过嵌入的 LonTalk 协议固件和适用于不同通信介质的收发器模块，在网络上实现数据通信。

装置内另有高精度 A/D 转换器（MAX 186），它将来自传感器的模拟量电压转换成数字信号，再通过 I/O 口送至运算控制单元，处理结果由收发器传至 LonWorks 总线。来自 PC 的监控命令则由收发器接收，经处理后再由 I/O 口输出。

3. 网络适配器

网络适配器是 LonWorks 总线与 PC 相互连接的网络通信接口，既可实现与挂接在总线上的所有智能节点之间的数据通信，又可快速地与 PC 进行信息交换，在通信过程中起着关键作用。

该适配器也是以具有通信处理功能的神经元芯片为核心，配以收发器和双端口 RAM 等器件，以实现"上传下达"的通信功能。收发器接收来自现场的信息，并将 PC 命令发至 LonWorks 总线。采用双端口 RAM 的目的是缓解系统内存的不足和防止瓶颈的产生，此 RAM 充当现场信息和监控命令的接收、发送缓冲区，可实现数据的存储、转发功能，以保证数据通信的实时畅通。

4. OPC 服务器和监控软件

OPC 服务器作为现场总线系统中的软件接口，将现场信号按照统一的标准，与多个监控软件无缝连接，并把硬件和监控软件有效地分离。OPC 服务程序通过对网络适配器中双端口 RAM 的数据存取，实现智能数据采集装置与监控软件之间的信息交换。

监控软件采用组态王软件，主要实现数据管理和屏幕显示等人机界面功能。该软件功能齐全，使用者可充分利用组态王提供的图形、画面、趋势曲线、实时数据库、报表等组态工具及简易的编程语言，设计出形象实用的监控界面，以满足系统监测和蒸汽计量的要求。

（四）基于工业无线技术的电厂监测系统

以下举例说明工业无线技术在某电厂监测系统中的应用。电厂配备了 4 套锅炉和机组，每套都配置了独自的 DCS。DCS 之间完全隔离，没有物理连接，即无直接的数据通信。一旦某套控制系统发生故障，操作人员将失去对相应机组的监控。为此，在原控制系统的基础上设计了一套基于 SP100.11a 标准的无线监测系统，保证机组最重要的参数仍然能够被监视。该系统采用霍尼韦尔公司的无线设备和解决方案，即由一个无线管理平台统一管理，负责无线网络的安全管理、通信管理，以及无线变送器的无线远程组态诊断和校验，如图 7-30 所示。

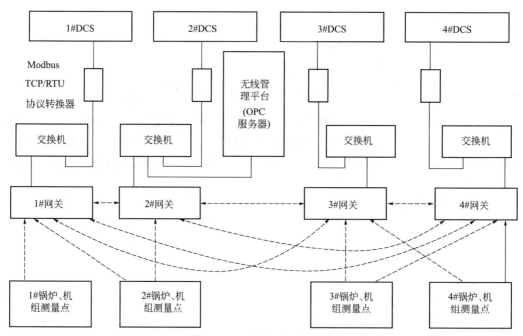

图 7-30　无线监测网络结构

无线监测系统为重要参数（温度、流量、压力、振动和转速）都配置了无线变送器，每套锅炉和机组都分别配置一台无线网关（具有网关和路由作用的多功能节点），负责接收本机组的基于 802.15.4 协议的无线变送器数据，并通过以太网接口输出 Modbus TCP 协议信号，实现与上位系统的数据通信。图中虚线表示无线数据的传输。

无线网关通过相互间无线通信（802.11a/b/g 协议）构建成无线主干网络，形成一个统一的无线信号覆盖区域。每套锅炉、机组的无线数据通过各自的网关可集中汇入统一的无线数据库。2#网关除了和 2#DCS 连接外，还与无线管理平台相连，它将无线主干网所提供的数据存入到无线管理平台中，以备调用。OPC 服务器通过交换机与网络相连，支持数据访问、浏览、报警、事件记录等，实现对无线网络的统一管理。

每套 DCS 都可以通过各自的网关及协议转换模块获得所有机组的无线数据。由于 DCS 通信协议是 Modbus RTU，故需加接 Modbus TCP/RTU 转换器转成 RS-485 信号，接入 DCS。这样一旦某一套机组的 DCS 发生故障，那么其他机组的 DCS 中仍然能够通过各自的网关获取和监视发生 DCS 故障的机组的所有重要监测数据。

思考题与习题

7-1 试对现场总线控制系统与集散控制系统做一比较。

7-2 说明现场总线国际标准的形成过程和主要内容。

7-3 如何看待多种现场总线标准并存的局面？

7-4 简述几种流行现场总线的技术特点和网络结构。

7-5 比较几种流行现场总线的通信模型。

7-6 简述几种典型的实时以太网，它们各采用何种技术方案实现通信的实时性？

7-7 说明工业短程无线技术的特点。比较几种短程无线网络通信协议的拓扑结构。

7-8 现场总线控制系统由哪几部分组成？试举例说明。

附　录
本书主要符号说明

A	集成运算放大器开环增益、面积；		M	互感、力矩；
B	磁感应强度；		p	压力；
VT	晶体管、场效应管；		PV	测量值；
b	基极；		SP	给定值；
C	电容、计数器；		Q	电荷量、体积流量；
C_D	微分电容；		R	电阻，磁阻、可调比；
C_I	积分电容；		R_P	电位器；
c	集电极；		R_D	微分电阻；
VD	二极管；		R_f	反馈电阻；
VZ	稳压管；		R_I	积分电阻；
D	场效应管漏极、直径、数据寄存器；		R_i	输入电阻；
E	直流电动势、偏差；		R_L	负载电阻；
e	发射极、感应电势、偏差；		R_t	热电阻；
F	反馈系数、力、相互干扰系数；		S	距离、拉氏算子、场效应管源极；
f	频率；		S	开关；
G	场效应管栅极、质量流量；		T	周期、时间常数、变压器、定时器；
I	直流电流；		T_D	微分时间；
I_i	输入电流；		T_I	积分时间；
I_f	反馈电流；		T_S	采样周期；
I_o	输出电流；		t	时间、温度；
i	交变电流；		U	运算模块输出；
IC	集成组件；		U_0	直流电压；
K	电压放大倍数、运算系数、常数；		U_i	输入电压；
K_D	微分增益；		U_f	反馈电压；
K_I	积分增益；		U_o	输出电压；
K_P	比例增益；		U_{os}	失调电压；
K_V	流量系数；		U_S	给定电压；
L	电感；		U_T	集成运算放大器同相输入端电压；
l	力臂；		U_F	集成运算放大器反相输入端电压；

U_B　集成运算放大器基准电平；

u　　交变电压；

$W(s)$ 传递函数；

X　　电抗、输入、输入继电器；

Y　　导纳、输出、输出继电器；

Z　　阻抗；

α　　运算系数、热电阻温度系数；

β　　运算系数；

Δ　　调节精度；

δ　　比例度；

ε　　偏差；

τ　　时间常数；

Φ　　磁通；

θ　　转角；

$*$　　可调元件符号；

$\stackrel{\downarrow}{\bigtriangledown}$　基准电平符号、虚地；

$\perp$　　电路公共点；

$\stackrel{\perp}{=}$　接大地。

参考文献

[1] 吴勤勤. 控制仪表及装置. 4 版. 北京：化学工业出版社，2013.

[2] 张雪申，叶西宁. 集散控制系统及其应用. 北京：机械工业出版社，2006.

[3] 周泽魁. 控制仪表与计算机控制装置. 北京：化学工业出版社，2002.

[4] 张永德. 过程控制装置. 3 版. 北京：化学工业出版社，2010.

[5] 张毅，张宝芬，曹丽，等. 自动检测技术及仪表控制系统. 3 版. 北京：化学工业出版社，2020.

[6] 向婉成. 控制仪表与装置. 北京：机械工业出版社，2003.

[7] 丁炜. 过程控制仪表及装置. 北京：电子工业出版社，2007.

[8] 徐建平. 仪表本安防爆技术. 北京：机械工业出版社，2002.

[9] 全国防爆电气标准化技术委员会. 爆炸性环境 第 1 部分：设备 通用要求：GB 3836. 1—2010. 北京：中国标准出版社，2011.

[10] 徐建平. 基于设备保护级别的防爆标志新方法. 自动化仪表，2011，32（5）：1-5.

[11] 何衍庆，邱宣振，杨洁，等. 控制阀工程设计与应用. 北京：化学工业出版社，2005.

[12] 廖常初. 大中型 PLC 应用教程. 北京：机械工业出版社，2005.

[13] 王兆义，陈治川，王生学. PLC 发展的几个特点和国产化. 自动化博览，2006（5）：14-16.

[14] 彭瑜. 试论传统 PLC、现代 PLC 和 PAC 的渊源和区别. 电气时代，2006（9）：16-22.

[15] 彭瑜. 运用 IEC61131-3 实现工控软件的结构化、分解和复用. PLC&FA，2012（1）：35-39.

[16] 范铠. 智能化现场仪表的结构. 世界仪表与自动化，2005（1）：16-24.

[17] 何衍庆，俞金寿. 集散控制系统原理及应用. 2 版. 北京：化学工业出版社，2002.

[18] 王锦标. 计算机控制系统. 2 版. 北京：清华大学出版社，2008.

[19] 张新薇，高峰，陈旭东，等. 集散系统及系统开放. 2 版. 北京：机械工业出版社，2008.

[20] 凌志浩. DCS 与现场总线控制系统. 上海：华东理工大学出版社，2008.

[21] 斯可克，王尊华，伍锦荣. 基金会现场总线功能块原理及应用. 北京：化学工业出版社，2003.

[22] 王慧锋，何衍庆. 现场总线控制系统原理及应用. 北京：化学工业出版社，2006.

[23] 缪学勤. 论六种实时以太网的通信协议. 自动化仪表，2005（4）：1-6.

[24] 冯冬芹，王少勇，邵黎勋，等. 我国第一个拥有自主知识产权的 EPA 标准及其验证应用. PLC&FA，2004（7）：10-13.

[25] 缪学勤. 20 种类型现场总线进入 IEC 61158 第四版国际标准. 自动化仪表，2007，28：25-29.

[26] 夏德海. 现场总线的应用分析. 石油化工自动化，2012（1）：10-12.

[27] 曾鹏，于海斌. 工业无线网络 WIA 标准体系与关键技术. 自动化博览，2009（1）：24-27.

[28] 彭瑜. 工业无线标准 WIA-PA 的特点分析和应用展望. 自动化仪表，2010（1）：1-4.

[29] 缪学勤. HART 现场总线走向 Wireless HART 现场网络. 自动化仪表，2012（3）：1-5.

[30] Profibus 中国组织. Profibus&PROFINET 研讨会资料. 2006.

[31] 王华忠. 工业控制系统及应用——PLC 与组态软件. 北京：机械工业出版社，2016.

[32] 张建国. 安全仪表系统在过程工业中的应用. 北京：中国电力出版社，2010.

[33] 王雁飞，陈觋. 安全仪表系统在加压釜的应用. 有色设备，2020（2）：37-40.